高等学校"十三五"规划教材

虚拟仪器系统集成与工程应用

杨小强　张海涛　李焕良　编著

北京

冶金工业出版社

2018

内 容 提 要

本书介绍了虚拟仪器的总线技术，虚拟仪器硬件的通用集成方法与基本理论，虚拟仪器控制软件的 VISA、VPP 和 IVI 软件规范以及 SCPI 可编程仪器控制语言，VXI 总线模块化仪器的基本规范、硬件构成与系统集成步骤和方法，PXI 模块化仪器系统的构成、特点与构建方法，基于 PC 的数据采集系统的工作原理与构建方法等。最后以工程装备检测系统集成设计为例，阐述了检测系统的硬、软件构成，系统的总体方案设计、检测流程分析与确定、硬件模块的选型、软件模块的开发以及系统的集成。

本书可作为高等院校机械类、电类和自动化类专业测试、控制与故障检测技术等专业的教材，也可供从事虚拟仪器应用开发的工作者自学和参考。

图书在版编目(CIP)数据

虚拟仪器系统集成与工程应用/杨小强，张海涛，李焕良编著. —北京：冶金工业出版社，2018.1

高等学校"十三五"规划教材

ISBN 978-7-5024-7703-5

Ⅰ.①虚… Ⅱ.①杨… ②张… ③李… Ⅲ.①虚拟仪表—系统集成技术—高等学校—教材 Ⅳ.①TH86

中国版本图书馆 CIP 数据核字(2017)第 313451 号

出 版 人　谭学余
地　　址　北京市东城区嵩祝院北巷 39 号　邮编　100009　电话　(010)64027926
网　　址　www.cnmip.com.cn　电子信箱　yjcbs@cnmip.com.cn
责任编辑　程志宏　徐银河　美术编辑　吕欣童　版式设计　禹　蕊　孙跃红
责任校对　郑　娟　责任印制　牛晓波
ISBN 978-7-5024-7703-5
冶金工业出版社出版发行；各地新华书店经销；三河市双峰印刷装订有限公司印刷
2018 年 1 月第 1 版，2018 年 1 月第 1 次印刷
787mm×1092mm　1/16；14.5 印张；352 千字；222 页
39.00 元
冶金工业出版社　投稿电话　(010)64027932　投稿信箱　tougao@cnmip.com.cn
冶金工业出版社营销中心　电话　(010)64044283　传真　(010)64027893
冶金书店　地址　北京市东四西大街 46 号(100010)　电话　(010)65289081(兼传真)
冶金工业出版社天猫旗舰店　yjgycbs.tmall.com
(本书如有印装质量问题，本社营销中心负责退换)

前　言

美国国家仪器公司（NI）的虚拟仪器技术为测试测量和自动化领域带来了一场变革，将信息技术、测试技术、传感器技术和人工智能等各种技术与创新的软、硬件平台进行组合与集成，从而为嵌入式设计、工业控制以及测试和测量提供了一种独特的解决方案。

使用虚拟仪器技术使开发人员可以利用图形化的开发平台方便高效地构建完全自定义的解决方案，以满足多种多样的需求趋势。以 NI 为代表的仪器生产厂商提供了从串口总线仪器、GPIB 总线设备、CAN 总线设备到模块化的仪器设备，如 PXI 和 VXI 等仪器设备，供开发人员进行虚拟仪器和测试系统的构建与集成应用，还提供了从 LabVIEW、Agilent VEE 图形化开发语言到 LabWindows/CVI、Measuremt Studio 等基于文本编程的虚拟仪器开发平台，极大地方便了开发人员的科研、教学与工程应用。与此同时，虚拟仪器的硬、软件开发平台涉及多种技术，虚拟仪器系统的组件和集成牵涉到多学科、多领域、多环境和多用户的合作，虚拟仪器系统中的总线技术、软件控制技术、编程技术、硬件技术、测试与诊断技术、集成技术又是复杂多样的。国际国内虽有标准可依，但各标准之间的一致性、适用性和规范性不完全一致，而且标准还处于变化之中，这些都给虚拟仪器系统的开发、集成、使用与维护带来了极大的挑战和压力。

为了借鉴各方面的成功经验，提高虚拟仪器的研发水平，本书集作者长期的教学经验和科研工作成果，并荟萃了虚拟仪器系统开发与系统集成技术的理论与成果，尽量反映这一学术领域的当代发展水平，力图使读者掌握虚拟仪器硬、软件集成的基本技术和方法，重点掌握系统集成，以提高解决实际问题的能力。全书努力做到表述清晰、深入浅出，对典型虚拟仪器系统的集成技术进行全面的阐述。

全书共分 7 章。第 1 章绪论，主要介绍了仪器技术的发展概况，虚拟仪器的基本概念与系统构成以及虚拟仪器系统集成的基本概念与意义。第 2 章在简述虚拟仪器总线技术的基础上，详细介绍了虚拟仪器系统的硬件集成过程，重点是控制器（主控计算机）的选型与配置、通讯总线接口配置等，并论述了虚拟仪器硬件系统的可靠性和安全性设计。第 3 章对虚拟仪器控制软件的技术规范进行了系统介绍，包括可编程仪器标准指令 SCPI 的定义与应用，虚拟仪器软件架构 VISA 的结构与使用方法，即插即用软件规范 VPP 的特点、框架与应用方法等，最后介绍了可互换虚拟仪器规范 IVI 的工作原理与开发技术。第 4 章介绍了 VXI 总线的机械规范、电气规范和通讯规范以及 VXI 总线虚拟仪器系统的硬件集成步骤，包括机箱、控制器、仪器模块和信号连接装置等的选型与设计。第 5 章介绍了 PXI 总线模块化仪器系统的各种规范、工作原理、构建与集成步骤，并介绍了其中的注意事项、相关应用和典型单元的选型与设计。第 6 章介绍了基于 PC 的数据采集系统的种类、特点与工程应用，讨论了基于数据采集系统的虚拟仪器的构建与集成方法，包括传感器选型、DAQ 硬件选型、总线和控制器的选型及驱动程序和软件平台的选择等。第 7 章为案例分析，以一个工程装备故障检测系统为例，具体地介绍了该设备的总体设计，包括需求分析、硬件结构确定、总线选型、适配器设计等，并阐述了系统硬件的构建与集成。

　　本书由杨小强总体设计，编著者均为从事机械装备测试、维修和信息化等方面的教学科研方面的有关专家。编写人员的具体分工为：张海涛编写第 1 章、第 3 章的部分内容，李焕良编写第 2 章的部分内容，马光彦编写第 4 章的部分内容，李峰编写了第 5 章的部分内容，其余内容均由杨小强编写并完成了全书的汇总并统稿。

　　由于虚拟仪器技术涉及学科门类众多，其本身又处于不断发展之中，加之编著者水平所限，书中错误与不当之处，敬请批评指正，不吝赐教。

编著者

于中国人民解放军陆军工程大学

2017 年 10 月

目　录

第1章 绪 论

1.1 仪器技术发展概况

仪器是人类认识世界的基本工具，也是信息社会人们获取信息的主要手段之一。电子测量仪器发展至今，经历了指针式仪表、模拟器件仪器、数字器件仪器、智能仪器、个人仪器、虚拟仪器等发展阶段。其间，微电子学和计算机技术对仪器技术的发展起了巨大的推动作用。

自20世纪70年代以来，随着微处理器和计算机技术的发展，微处理器或微型计算机被越来越多地嵌入到测量仪器中，构成了所谓的智能仪器或灵巧仪器（Smart struments）。智能仪器实际上是一个专用的微处理器系统，一般包含有微处理器电路（CPU、RAM、ROM等）、模拟量输入输出通道（A/D、D/A、传感器等）、键盘显示接口、标准通讯接口（GPIB或RS-232）等。智能仪器使用键盘代替传统仪器面板上的旋钮或开关，对仪器实施操控，这就使得仪器面板布置与仪器内部功能部件的分布之间不再互相限制和牵连；利用内置微处理器强大的数字运算和数据处理能力，智能仪器能够提供自动量程转换、自动调零、触发电平自动调整、自动校准和自诊断等"智能化"功能；智能仪器一般都带有GPIB（General Purpose Interface Bus）或RS-232接口，具备可程控功能，可以很方便地与其他仪器实现互联，组成复杂的自动测试系统。

随着智能仪器和个人计算机的大量应用，在工程技术人员的工作台上常常会有多台带有微机的仪器与PC机同时使用的情况。一个系统中拥有多台微机、多套存储器、显示器和键盘，但又不能相互补充或替代，造成资源的极大浪费。1982年，美国西北仪器系统公司推出了第一台个人仪器（Personal Instrument）。个人仪器也称为PC仪器（PC Instrument）或卡式仪器。在个人仪器或个人仪器系统中，使用通用的个人计算机代替了各台智能仪器中的微机及其键盘、显示器等人机接口，由置于个人计算机扩展槽或专门的仪器扩展箱中的插卡或模块来实现仪器功能，这些仪器插卡或模块通过PC总线直接与计算机相连。个人仪器充分利用了PC机的软件和硬件资源，相对于传统仪器，大幅度地降低了系统成本、缩短研制周期。因此，个人仪器的发展十分迅速。

个人仪器最简单的构成形式是将仪器卡直接插入PC机的总线扩展槽内。这种构成方式结构简单、成本很低，但缺点是PC机扩展槽数目有限，机内干扰比较严重，电源功率和散热指标也难以满足重载仪器的要求。此外，PC总线也不是专门为仪器系统设计的，无法实现仪器间的直接通讯以及触发、同步、模拟信号传输等仪器专用功能。因此，这种卡式个人仪器性能不是很高。

为了克服卡式仪器的缺点，美国HP（Hewlett Packard）公司于1986年推出了6000系列模块式PC仪器系统，该系统采用了外置于PC机的独立仪器机箱和独立的电源系统；专门设计了仪器总线PC-IB；提供了8种常用的个人仪器组件，即数字万用表、函数发生器、通用计数器、数字示波器、数字 I/O、继电器式多路转换器、双 D/A 转换器和继电器驱动器，每种组件都封装在一个塑料机壳内，并具有 PC-IB 总线接口。在将一块专用接口卡插入 PC 机扩展槽后，PC 机与外部仪器组件就可以通过 PC-IB 总线实现连接。随后，Tektronix 公司及其他一些公司也相继推出了各自的高级个人仪器系统。

个人仪器系统以其突出的优点显示了它强大的生命力。然而，由于各厂家在生产个人仪器时没有采用统一的总线标准，不同厂商的机箱、模块等产品之间兼容性很差，在很大程度上影响了个人仪器的进一步发展。1987 年 7 月，Colorado Data Systems、HP、Racal Dana、Tektronix 和 Wavetek 五家公司成立的一个专门委员会颁布了用于通用模块化仪器结构的标准总线——VXI（VMEbus Extensions for Instrumentation）总线的技术规范。VXI 总线是在 VME 计算机总线的基础上，扩展了适合仪器应用的一些规范而形成的。VXI 总线是一个公开的标准，其宗旨是为模块化电子仪器提供一个开放的平台，使所有厂商的产品均可在同一个主机箱内运行。自诞生之日起，VXI 总线仪器就以其优越的测试速度、可靠性、抗干扰能力和人机交互性能等，吸引了各仪器厂商的目光，VXI 总线自动测试系统被迅速推广应用于国防、航空航天、气象、工业产品测试等领域，截止到 1994 年，生产 VXI 产品的厂商已有 90 多家，产品种类超过 1000 种，安装的系统总数超过 10000 套。

在个人仪器发展的过程中，计算机软件在仪器控制、数据分析与处理、结果显示等方面所起的重要作用也越来越深刻地为人们所认识。1986 年，美国国家仪器公司（National Instrument，NI）提出了虚拟仪器（Virtual Instrumentation）的概念。这一概念的核心是以计算机作为仪器的硬件支撑，充分利用计算机的数据运算、存储、回放、调用、显示及文件管理等功能，把传统仪器的专业功能软件化，使之更加紧密地与计算机融为一体，构成一种从外观到功能都与传统仪器相似，但在实现时却主要依赖计算机软硬件资源的全新仪器系统。

到 20 世纪 90 年代，PC 机的发展更加迅速，面向对象和可视化编程技术在软件领域为更多易于使用、功能强大的软件开发提供了可能性，图形化操作系统 Windows 成为 PC 机的通用配置。虚拟现实、虚拟制造等概念纷纷出现，经济发达国家更是在这一虚拟技术领域研究上投入了巨资，希望有朝一日能在它的带动下率先进入信息时代。在这种背景下，虚拟仪器的概念在世界范围内得到广泛的认同和应用。美国 NI 公司、HP 公司、Tektronix 公司、Racal 公司等相继推出了基于 GPIB 总线、PC-DAQ（Data Acquisition）和 VXI 总线等多种虚拟仪器系统。

在虚拟仪器得到人们认同的同时，虚拟仪器的相关技术规范也在不断地完善。1993 年 9 月，为了使 VXI 总线更易于使用，保证 VXI 总线产品在系统级的互换性，GenRad、NI、Racal Instruments、Tektronix 和 Wavetek 公司发起成立了 VXI 即插即用（VXIplug&play，VPP）系统联盟，并发布了 VPP 技术规范。作为对 VXI 总线规范的补充和发展，VPP 规范定义了标准的系统软件结构框架，对 VXI 总线系统的操作系统、编程语言、仪器驱动器、高级应用软件工具、虚拟仪器软件体系结构（VISA）、产品实现和技术支持等方面做了详细的规定，从而真正实现了 VXI 总线系统的开放性、兼容性和互换性，进一步缩短了 VXI 系统的集成时间，降低了系统成本。VXI 总线系统也因此成为虚拟仪器系统的理想硬件平台，完整的虚拟仪器技术体系即已经建立起来。

为了进一步方便虚拟仪器用户对系统的使用和维护，解决测试软件的可重用和仪器的

互换性问题，1997 年春季，NI 公司又提出了一种先进的可交换仪器驱动器模型——IVI
（Interchangeable Virtual Instruments，可互换式虚拟仪器）。1997 年夏天，IVI 基金会成立
并发布了一系列 IVI 技术规范。在 VPP 规范的基础上，IVI 规范建立了一种可互换的、高
性能的、更易于维护的仪器驱动器，支持仿真功能、状态缓冲、状态检查、互换性检查和
越界检查等高级功能。允许测试工程师在系统中更换同类仪器时，无需改写测试软件，也
允许开发人员在系统研制阶段或价值昂贵的仪器没有到位时，利用仿真功能开发仪器测试
代码，这无疑将有利于节省系统开发、维护的时间和费用，增加了用户在组建虚拟仪器系
统时硬件选择的灵活性。目前，IVI 技术规范仍在不断完善之中。

在虚拟仪器技术发展的初期，虚拟仪器系统主要采取三种结构形式：基于 GPIB 总
线、PC-DAQ 或 VXI 总线，但这三种系统却都有各自的不足之处，GPIB 实质上是通过计
算机对传统仪器功能的扩展和延伸，数据传输速度较低；PC-DAQ 直接利用了 ISA 总线或
串行总线，没有定义仪器系统所需的总线；VXI 系统是将用于工业控制的 VME 计算机总
线而建立的，价格昂贵，适用于大型或复杂仪器系统，应用范围集中在航空、航天、国防
等领域。为适应虚拟仪器用户日益多样化的需求，1997 年 9 月，NI 公司推出了一种全新
的开放式、模块化仪器总线规范——PXI（PCI eXtensions for Instrument），直接将 PC 机中
流行的高速 PCI（Peripheral Component Interconnect）总线技术、Microsoft Windows 操作系
统和 CompactPCI（坚固 PCI）规范定义的机械标准巧妙地结合在一起，形成了一种性价比
极高的虚拟仪器系统。CompactPCI 是将 PCI 电气规范与耐用的欧洲卡机械封装及高性能
连接器相结合的产物，这种结合使得 CompactPCI 系统可以拥有多达 7 个外设插槽。在享
有 CompactPCI 的这些优点的同时，为了满足仪器应用对一些高性能的需求，PXI 规范还
提供了触发总线、局部总线、系统时钟等资源，并且做到了 PXI 产品与 CompactPCI 产品
可以双向互换。目前，PXI 模块仪器系统以其卓越的性能和极低的价格，吸引了越来越多
的虚拟仪器界工程技术人员的关注。

从 20 世纪 80 年代 NI 公司提出虚拟仪器的概念至今只有 30 多年的时间，但虚拟仪器
产品已占有了世界仪表仪器市场近 30% 左右的份额。从事仪器仪表研究和研制的科学家
和工程师们清楚地认识到虚拟仪器不仅毋庸置疑是 21 世纪仪器发展的方向，而且必将逐
步取代传统的硬件电子化仪器，使成千上万种传统仪器都融入计算机体系中。到那时，电
子仪器在广义上已不是一个独立的分支，而是已演变成为信息技术的本体。

1.2 虚拟仪器基本概念

虚拟仪器是指以通用计算机为系统控制器、由软件来实现人机交互和大部分仪器功能
的一种计算机仪器系统。它利用目前计算机系统的强大功能，结合专用的硬件（包括数
据采集卡、PXI 仪器、GPIB 卡、VXI 仪器、PLC、串行设备、图像采集卡、运动控制卡
等），大大突破传统仪器在数据处理、显示、传送、存储等方面的限制，使用户可以很方
便地对其进行维护、扩展和升级等，其典型结构如图 1-1。虚拟仪器的出现模糊了测量仪
器与个人计算机的界限。

虚拟仪器实质是将可以完成传统仪器功能的硬件和最新计算机软件技术充分地结合起
来，用以实现传统仪器的功能，来完成数据采集、分析与显示。虚拟仪器系统技术的基础
是计算机系统，核心是软件技术。美国 NI 公司提出其著名的口号：The software is the In-

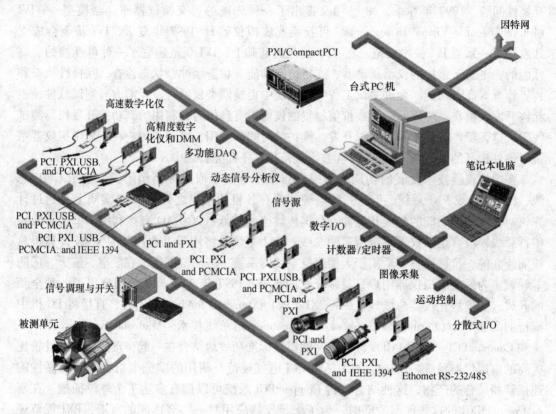

图 1-1　虚拟仪器典型结构

strument（软件就是仪器），所以通常把用 G 语言（Graphical Language）、LabWindwos/CVI 开发语言、Measurement Studio 开发包、Delphi 平台虚拟仪器扩展开发包等编制的可视化测控系统程序统称为虚拟仪器 Virtual Instrument，简称 VI，本书统一使用 VI 作为虚拟仪器的英文缩写。

虚拟仪器一词中的"虚拟"一般有两方面的含义。

1.2.1　虚拟仪器面板

在使用传统仪器时，操作人员是通过操纵仪器物理面板上安装的各种开关（通断开关、波段开关、琴键开关等）、按键、旋钮等来实现仪器电源的通断、通道选择、量程、放大倍数等参数的设置，并通过面板上安装的发光二极管、数码管、液晶或 CRT（阴极射线管）等来辨识仪器状态和测量结果。

在虚拟仪器中，计算机显示器是唯一的交互界面，物理的开关、按键、旋钮以及数码管等显示器件均由与实物外观很相似的图形控件来代替，操作人员通过鼠标或键盘操纵软件界面中这些控件来完成仪器的操控。

1.2.2　由软件编程来实现仪器功能

在虚拟仪器系统中，仪器功能是由软件编程来实现的。测量所需的各种激励信号可由软件产生的数字采样序列控制 D/A 转换器来产生；系统硬件模块不能实现的一些数据处理功能，如 FFT 分析、小波分析、数字滤波、回归分析、统计分析等，也可由软件编程来实现；通过不同软件模块的组合，还可以实现多种自动测试功能。

1.3 虚拟仪器的系统构成

一个典型的数据采集控制系统由传感器、信号调理电路、数据采集卡（板）、计算机、控制执行设备五部分组成。按照系统中各部分之间的依赖关系，又可以把一套虚拟仪器系统划分成几个层次，如图 1-2 所示。一个好的数据采集产品不仅应具备良好性能和高可靠性，还应提供高性能的驱动程序和简单易用的高层语言接口，使用户能较快速地建立可靠的应用系统。近年来，由于多层电路板、可编程仪器放大器、即插即用、系统定时控制器、多数据采集板实时系统集成总线、高速数据采集的双缓冲区以及实现数据高速传送的中断、DMA（直接存储器存取）等技术的应用，使得最新的数据采集卡能保证仪器级的高准确度与可靠性。

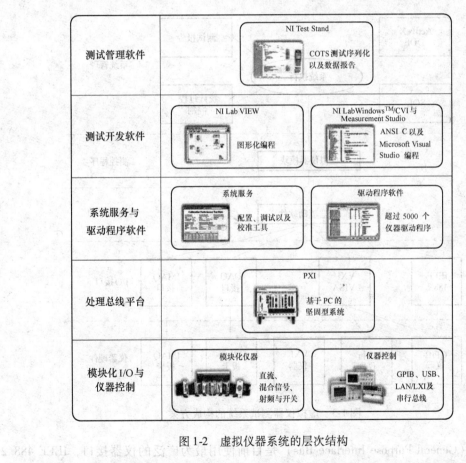

图 1-2 虚拟仪器系统的层次结构

软件是虚拟仪器测控方案的关键。虚拟仪器的软件系统主要分为四层结构：系统管理层、测控程序层、仪器驱动层和 I/O 接口层。

I/O 接口驱动程序完成特定外部硬件设备的扩展、驱动和通讯。DAQ（数据采集卡）硬件是离不开相应软件的，大多数的 DAQ 应用都需要驱动软件。驱动软件直接编制 DAQ 硬件的登录、操作管理和集成系统资源，如处理器中断、DMA 和存储器等的软件层管理。

驱动软件隐含了低级、复杂的硬件编程细节，而提供给用户的是容易理解的界面。控制 DAQ 硬件的驱动软件按功能可分为模拟 I/O、数字 I/O 和定时 I/O。驱动软件有如下的基本功能。

(1) 以特定的采样频率获取数据。

(2) 在处理器运算的同时提取数据。

(3) 使用编程的 I/O、中断和 DMA 传送数据。

(4) 在磁盘上存取数据流。

(5) 同时执行几种功能。

(6) 集成一个以上的 DAQ 卡。

(7) 同信号调理器结合在一起。

虚拟仪器硬件系统包括 GPIB（IEEE488.2）、VXI、插入式数据，图像采集板、串行通讯与网络等几类 I/O 接口。虚拟仪器测试系统构成方案如图 1-3 所示。

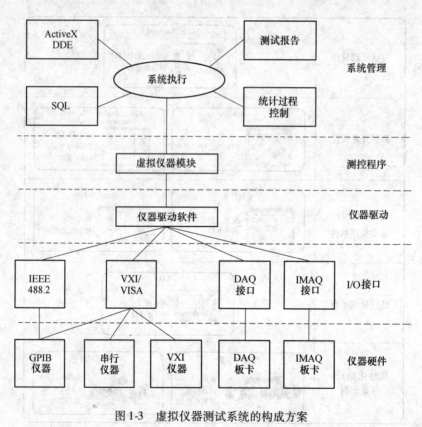

图 1-3 虚拟仪器测试系统的构成方案

GPIB（General Purpose Interface Bus）是目前使用最为广泛的仪器接口，IEEE 488.2 标准使基于 GPIB 的计算机测试系统进入了一个新的发展阶段。GPIB 总线的出现，提高了仪器设备的性能指标。利用计算机对带有 GPIB 接口的仪器实现操作和控制，可实现系统的自动校准、自诊断等要求，从而提高了测量精度，便于将多台带有 GPIB 接口的仪器组合起来，形成较大的自动测试系统，高效地完成各种不同的测试任务，而且组建和拆散灵活，使用方便。

VXI 总线是 VMEbus eXtension for Instrumentation 的缩写，即 VME 总线在测量仪器领域中的扩展。它能够充分利用最新的计算机技术来降低测试费用，增加数据吞吐量和缩短开发周期。VXI 系统的组建和使用越来越方便，其应用面也越来越广，尤其是在组建大、中规模自动测量系统以及对精度、可靠性要求较高的场合，有着其他仪器系统无法比拟的优势。

PCI（Peripheral Component Interconnect Special Interest Group，PCISIG 简称 PCI），即外部设备互连。PCI 总线是一种即插即用（PnP，Plug-and-Play）的总线标准，支持全面的自动配置，PCI 总线支持 8 位、16 位、32 位、64 位数据宽度，采用地址/数据总线复用方式。其主要特点有：突发传输，多总线主控方式，同步总线操作，自动配置功能，编码总线命令，总线错误监视，不受处理器限制，适合多种机型，兼容性强，高性能价格比，预留了发展空间等。PC-DAQ 测试系统是以数据采集卡、信号调理电路及计算机为硬件平台组成的测试系统，如图 1-4 所示。这种方式借助于插入 PC 中的数据采集卡和专用的软件，完成具体的数据采集和处理任务。由于系统组建方便，数据采集效率高，成本低廉，因而得到广泛的应用。

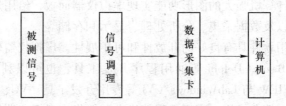

图 1-4　PC-DAQ 数据采集系统

设计虚拟仪器的硬件部分时需要考虑多路因素，下面列举其中最主要的几个：

（1）被测量物理信号的特性。不同的物理信号需要使用不同类型的传感器将其转换为可供计算机分析的电信号，而不同的传感器又需要配备不同的信号调理模块。某些早期虚拟仪器系统直接通过 GPIB 等总线与传统仪器连接，利用传统仪器的硬件部分转换和采集被测信号。

（2）硬件技术指标。不同档次的数据采集设备可以支持的采样率、分辨率以及精度等都有差别。通常，一套系统会选取能够满足测量需要的最低级别硬件或是不超出资金预算的最高级别硬件。

（3）满足应用需求。根据虚拟仪器系统工作环境的不同，需要为系统选择不同种类的运算、控制单元。比如，工作在恶劣环境下的虚拟仪器系统需要采用工业级别计算机作为载体；被放置在工业现场狭小空间内的虚拟仪器需要采用嵌入式系统；需要满足多种测量功能的虚拟仪器系统可以选用 PXI 机箱作为载体。

当虚拟仪器的硬件平台建立起来之后，设计、开发、研究虚拟仪器的主要任务就是编制应用程序。软件是虚拟仪器的关键，通过运行在计算机上的软件，一方面实现虚拟仪器图形化仪器界面，给用户提供一个检验仪器通讯、设置仪器参数、修改仪器操作和实现仪器功能的人机接口；另一方面使计算机直接参与测试信号的产生和测量特征的分析，完成数据的输入、存储、综合分析和输出等功能。虚拟仪器的软件一般采用层次结构，包含以下三部分：

（1）输入/输出（I/O）接口软件。I/O 接口软件存在于仪器与仪器驱动程序之间，是一个完成对仪器内部寄存器单元进行直接存取数据操作、为仪器驱动程序提供信息传递的底层软件，是实现开放的、统一的虚拟仪器系统的基础和核心。虚拟仪器系统 I/O 接口软件的特点、组成、内部结构与实现规范等在 VPP（VXI Plug&Play）系统规范中有明确的规定，并被定义为 VISA（Virtual Instrument Software Architecture）软件。

（2）仪器驱动程序。仪器驱动程序的实质是为用户提供用于仪器操作的较抽象的操作函数集。对于应用程序，它和仪器硬件的通讯、对仪器硬件的控制操作是通过仪器驱动程序来实现的；仪器驱动程序对于仪器的操作和管理，又是通过调用 I/O 软件所提供的统一基础与格式的函数库来实现的。对于应用程序的设计人员，一旦有了仪器驱动程序，在不是十分了解仪器内部操作过程的情况下，也可以进行虚拟仪器系统的设计。仪器驱动程序是连接顶层应用软件和底层 I/O 软件的纽带和桥梁。虚拟仪器的组成结构和实现在 VPP 规范中也做了明确定义，并且要求仪器生产厂家在提供仪器模块的同时，提供仪器驱动程序文件和 DLL 文件。

（3）顶层应用软件。顶层应用软件主要包括仪器面板控制软件和数据分析处理软件，完成的任务有利用用计算机强大的图形功能实现虚拟仪器面板，给用户提供操作仪器、显示数据的人机接口，以及数据采集、分析处理、显示和存储等。

VPP 规范要求应用软件具有良好的开放性和可扩展性。虚拟仪器软件的开发可以利用 Visual C++、Visual Basic、Delphi 等通用程序开发工具，也可以利用像 HP 公司的 HP VEE、NI 公司的 LabVIEW 与 LabWindows/CVI 等专用开发工具。VC、VB 作为可视化开发工具具有友好的界面、简单易用、实用性强等优点，但作为虚拟仪器软件开发工具，一般要在仪器硬件厂商提供的 I/O 接口软件、仪器驱动程序的基础上进行应用软件开发。HP VEE、LabVIEW 和 LabWindows/CVI 等虚拟仪器软件开发平台是随着软件技术的不断发展而出现的功能强大的专用开发工具，具有直观的前面板、流程图式的开发能力和内置数据分析处理能力，提供了大量的功能强大的函数库供用户直接调用，是构建虚拟仪器的理想工具。

设计虚拟仪器系统的软件部分首先需要考虑的是使用何种开发平台。开发平台的选择，一是要考虑系统硬件的限制，二是要考虑软件开发的周期和成本。某些硬件只支持特定的开发软件，比如某些嵌入式系统必须使用 Linux 操作系统和 C 编程语言。一般来说，基本台式机的虚拟仪器系统对开发软件的支持更全面，可以选择 Windows 或其他操作系统，可以选择 LabVIEW、VB、VC 等各种常用编程语言。这其实也是在硬件设计时应当考虑的因素，选择虚拟仪器硬件系统的结构时，应当尽量选择有完善软件支持的硬件设备。各种开发软件适用场合、难易程度都不尽相同。选择一种最为广泛应用的开发语言，可以提高软件开发效率，节省开发成本，保证系统质量。根据 TIOBE 公司统计的种类编程语言的使用情况，近年来 Java、C、C++ 始终是使用的最为广泛的编程语言。但就测试测量领域来说，情况并非如此。在测控领域，使用最为广泛的编程语言是 LabVIEW 和 Lab-Windows。

1.4 虚拟仪器系统集成的基本概念及意义

由上可知，虚拟仪器技术是一门多学科交叉的边缘学科，任何一门其他科学都可以在其中找到其踪迹，而虚拟仪器技术的发展也促进了其他学科的发展。随着微电子技术和信息科学的发展，测试技术与虚拟仪器技术也得到了迅猛的发展。新的传感技术和原理不断被发现和创造出来，新的信号调理技术、新的数据处理手段，加之现代网络技术和总线通讯技术的不断应用，使得虚拟仪器和测试技术的发展呈现一个全新的面貌。总的趋势是朝着高精度、微型化和智能化的方向发展。这种发展趋势中的一项关键技术便是系统的集成技术。

广义而言，系统的集成是以信息的采集、传输、转换、处理、存储、显示和利用为目的，将属于一个系统的各功能部件或元素，采用计算机软件技术按照一定的功能关系有机地组合在一起，以在一个更高层次上形成一个新的功能系统。对于一个虚拟仪器系统来说，系统的集成则意味着将不同的功能元素，即不同的传感器、信号接口装置、信号调理单元、数据处理器、执行器和终端输出装置，在某种情况下也包括主控计算机或控制器，以最优的形式结合在一起，以实现一个针对目标测量或控制任务的虚拟仪器功能实体或系统。而在这种集成中，贯穿始终的是信息和信息的传递，并且这种系统的集成往往是通过计算机技术、虚拟仪器硬件和软件技术来实现的。前面提到，系统有大和小，有简单和复杂之分，但无论是何种系统，它们的集成必然是在一个更高层次上的实现，所产生的新的系统必须具有更优的功能关系，而并不仅仅是各子系统功能的简单综合，更不能是原系统的重复。因此在系统的集成过程中，必然涉及不同信息在集成系统各层次上的融合、各不同层次的总体配置、信息流的分配和控制、系统的优化及多目标优化与决策、系统的建模、系统接口和操作系统的设计以及系统的可靠性问题和技术。

举例来说，三坐标测量机是机械加工过程中常用的精密测量仪器，其优点是测量精度高。但它的缺点是测量时间长，且一般仅能测量简单几何体零件的尺寸。而光学非接触测量技术，如干涉技术、全息测量技术、结构光三维形貌测量技术等，其最大的特点是测量时间短，能测量复杂的自由曲面开关的零件，但其测量的精度一般不如三坐标测量机。而生产过程中往往需要实时灵活地测量不同种类的零件尺寸，最大限度地提高生产效率，实现过程的自动化。将这两种测量技术结合起来，在 CAD 技术的基础上实现多传感测量技术的集成质量保证系统，实施加工过程从 CAD 开始一直到产品的加工和最终产品质量检测的自动化，便能提高生产的效率，保证产品的质量，提升产品的市场竞争能力。为实现这样的系统，计算机信息集成技术起着关键的作用。微机电系统是当今高科技发展的热点之一。微机电系统的定义是：若将传感器、信号处理器和执行器以微型化的结构形式集成为一个完整的系统，而该系统具有"敏感"、"决定"和"反应"的能力，则称这样的系统为微系统或微机电系统。由此可见，一个微机电系统装置便是一个典型的集成系统。较之一个普通的传感器或执行器，它往往能实现更多的功能。且由于它具有体积小、功耗低等特点，因此在许多领域具有越来越多的应用。此外，即使是一台普通的精密测量仪器，由于它通常是机、光、电技术相结合的产品，且往往设置有主控计算机，因此也是一个虚拟仪器集成的例子。由此看到，大到复杂的航天器、大型化工厂的生产流程控制过程等，小到单个的仪器甚至传感器，系统集成的例子随处可见。可以说，系统集成技术的发展水平是衡量仪器仪表、测量控制和虚拟仪器等技术发展水平的一个标志，因此也直接影响到其他科学技术领域的发展水平，加大对系统集成技术的研究和发展是虚拟仪器和测试技术研究人员的重要的任务。

习　题

1-1　简述仪器技术的发展简史，说明各个阶段仪器技术的主要特点。

1-2　什么是虚拟仪器？简述虚拟仪器的组成和特点。

1-3　什么是系统集成？什么是仪器仪表和虚拟仪器系统的集成？请举例说明。

第2章 虚拟仪器系统的硬件集成技术

为了降低成本、缩短开发周期和提高系统的可靠性，以虚拟仪器系统为典型的现代测试系统中广泛采用各种商业货架产品（COTS）和模块化产品，而尽量减少自制专用设备的数量。目前各类虚拟仪器系统和测控系统中，80%～90%以上的测控资源采用货架产品，而硬件集成技术正是要解决如何以最优的性能价格比把来自不同供应商的测试或控制硬件模块/单元进行整合，形成满足用户使用需求的虚拟仪器或测控系统。硬件集成技术将贯穿于整个虚拟仪器系统的设计与工程实现过程。随着大量货架/模块化产品的出现，虚拟仪器系统的集成也变得越来越方便和快捷。但是，由于测控系统/虚拟仪器系统集成涉及被测对象、测控设备、计算机软/硬件等多方面的理论和实践知识，所以硬件集成技术始终是设计与实现中的重点与难点。本章详细介绍虚拟仪器系统硬件集成的全过程，重点讨论控制器选型、开关系统设计、信号接口装备的设计以及测控系统可靠性和安全性设计等硬件集成中的关键问题。

2.1 虚拟仪器硬件

虚拟仪器的硬件平台由计算机和I/O接口设备两部分组成。I/O接口设备主要执行信号的输入采集、放大、模/数转换的任务。

对于单台虚拟仪器而言，虚拟仪器开发平台LabVIEW和LabWindows/CVI程序所涉及的I/O接口设备是数据采集卡，对于多台虚拟仪器组成的仪器测量控制系统时，LabWindows/CVI所涉及的I/O接口设备为总线，总线的类型有USB总线、RS-232总线、GPIB总线、VXI总线和PXI总线等。

通过数据采集卡和总线获取数据通常应用于测量系统中，实现仪器间的数据获取。图2-1为典型的虚拟仪器系统I/O接口设备构成图。

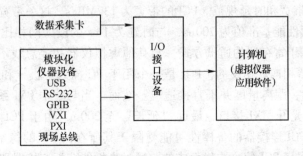

图 2-1　典型的虚拟仪器硬件设备构成图

从图2-1中可以看出，由数据采集卡（PC-DAQ系统）、GPIB系统、VXI/PXI/LXI系统、串口系统和现场总线等组成虚拟仪器测试系统。

（1）PC-DAQ系统。该系统就是一个具有仪器特征的数据采集系统，它将具有信号调理、数据采集等功能的硬件板/卡插入 PC 的总线插槽内，再配合各种功能的软件，实现了具有电压测量、示波器、频率计、频谱仪等多种功能的仪器。这是最基本的虚拟仪器硬件系统，性价比相对比较高。这种系统的缺点在于，受 PC 机箱和微机总线的限制，电源功率有可能不足，机箱内部噪声电平较高，插槽数目有限、尺寸较小，机箱内各板卡间无屏蔽等。

（2）GPIB 系统。工程中用到的仪器设备种类繁多、功能各异、独立性强，一个系统经常需要多台不同类型的仪器协同工作，而一般串、并口难以满足要求。为此，人们开始研究能够将一系列仪器设备和计算机连成整体的接口系统。GPIB 正是这样的接口，它作为桥梁，把各种可编程仪器与计算机紧密地联系起来，从而将电子测量由独立的、传统的单台仪器向大规模自动测试系统的方向发展。GPIB 仪器系统的构成是迈向"虚拟仪器"的第一步，即利用计算机增强和扩展传统仪器的功能，组织大型柔性自动测试系统，具有技术易于升级、维护方便、仪器功能和面板自定义，开发和使用容易等诸多优点。对于现有仪器的自动化或要求高度专业化仪器的系统，GPIB 是理想的选择。

（3）USB 系统。USB 数据采集设备是 NI 公司推出的比较理想的虚拟仪器硬件平台，其应用从简单的数据记录系统到大型的嵌入式 OEM 系统，非常广泛。目前，高速 USB 的最大传输速率已达 60MB/s，这使其成为一种比较流行的仪器连接和控制手段（这里的仪器包括分立仪器和数据采样率低于 10^6 次/秒的虚拟仪器）。虽然大多数便携机、台式机和服务器可能有多个 USB 端口，但这些端口通常都连接到同一个主机控制器，所以 USB 的带宽是被这些端口共享的。USB 的时延属于中间级别（位于延迟最大的以太网与最小的 PCI 和 PCI Express 之间），线缆长度一般不超过 5m。USB 设备的优势在于自动检测功能，USB 设备不同于其他 LAN 或 GPIB 技术，当 USB 设备被接入 PC 时，PC 能够即刻识别并配置该 USB 设备（即所谓的即插即用功能）。在虚拟仪器所涉及的所有总线中，USB 连接器的鲁棒性是最差的而安全性是最低的。USB 设备比较适合便携式测量、便携机或台式机的数据录入和车载数据采集的应用。由于 USB 在 PC 上的普及程度，使其成为一种分立式仪器中较为普遍的通讯方式，USB 数据采集设备为用户提供了一种低廉、便携的连接方案。

（4）PCI 总线系统。PCI 总线是使用最为广泛的内部计算机总线之一，它与 PCI Express 都具有最佳的带宽和时延规范。PCI 的带宽为 132MB/s，这一带宽为总线上的所有设备共享。PCI 的时延性能基准值为 700ns，与时延为 1ms 的以太网相比，这个指标是非常出色的。PCI 采用基于寄存器的通讯方式。与其他虚拟仪器相差总线不同的是，PCI 并不通过线缆与外部仪器相连。相反的，PCI 是一个用于 PC 插入式板卡和模块化仪器系统的内部 PC 总线。显然，距离量度并不直接适应。然而，当与一个 PXI 系统相连时，PCI 总线可以通过使用 NI 光纤 MXI 接口，最远"延长"至 200m。由于 PCI 总线用于计算机内部，所以可以认为 PCI 连接器的鲁棒性可能受限于其所在的 PC 的稳定性和鲁棒性。PXI 模块化仪器系统是围绕 PCI 信令构建而成的，通过高性能背板连接器和多个螺钉端子固定连接，从而增强了其连接性。如果 PCI 或 PXI 模块安装恰当，系统启动后，Windows 将自动检测并为模块安装驱动程序。PCI（以及 PCI Express）与以太网、USB 的共同优势在于，它们普遍存在于 PC 上。一般来说，PCI 仪器需要的成本更低，因为这些仪器可共用其所在主机的电源、处理器、显示和内存，而不再需要在仪器中另外配置这些硬件。

(5) 以太网/LAN/LXI。长久以来，以太网一直是仪器控制的一种选择。这是一种成熟的总线技术，并一直被广泛地应用于测试与测量外的应用领域。100BaseT 以太网技术的最大理论带宽为 12.5MB/s。千兆位以太网或 1000BaseT 能将最大带宽增加到 125MB/s。在所有情况下，以太网的带宽由整个网络共享。理论上千兆位以太网的带宽为 125×10^6 次/秒，其速度比高速 USB 更快，但当多个仪器和其他设备共享网络带宽时，其性能就会急剧下降。该总线采用基于消息的通讯方式，通讯包添加一些头信息明显地增加了数据传输的开销。鉴于此，以太网的时延在前述这些总线中是最差的。尽管如此，以太网仍然是创建分布式系统网络的有力选择。在没有采用中继器的情况下，以太网的最大工作距离为 85~100m，如果使用中继器则没有任何距离限制。没有其他总线可以支持这么远的从控制 PC 到平台的间隔距离。就像 GPIB 一样，以太网/LAN 不支持自动配置。用户必须手动为其仪器分配 IP 地址进行子网配置。与 USB 和 PCI 相似，以太网/LAN 的连接普遍存在于现代 PC 中。这使得以太网成为分布式系统和远程监测的理想选择。以太网技术经常与其他总线和平台技术结合使用，以连接测量系统节点。这些本地节点或许由测量系统借助 GPIB、USB 和 PCI 组成。以太网的物理连接比 USB 的连接要稳定得多，但比 GPIB 或 PXI 的鲁棒性差。LXI（LAN 的仪器扩充）是一个已推出的基于 LAN 的标准。LXI 标准为带有以太网连接的分立仪器定义规范，增加了触发和同步的特性。

工业标准的 PCI 总线和 PXI 总线能为快速原型设计和测试应用提供现有最快的平台，达到 132MB/s，它是 GPIB 的 100 多倍。而且，标准的 PC 处理技术还为实现复杂的测量分析和显示提供了快速而稳定可靠的平台。随着更快的 PC 处理器的实现，可以很容易以极低的成本提高整个测量系统的性能。更高的总线带宽和增强的处理器性能意味着在更短时间内可以完成更多测量任务，从而在生产过程中降低测试成本、在设计过程中提供更精确、细致的测量。

2.2 虚拟仪器系统总线

总线是一级信息线的集合，它也是在一种系统中各功能部件之间进行信息传输的公共通道。总线也是虚拟仪器和自动测试技术的重要组成部分。一个虚拟仪器系统，就是利用一种向仪器测试功能扩展的计算机总线的技术形式，来组建一个虚拟仪器的硬件整体。

虚拟仪器与测试系统总线设计的目的是使仪器系统设计者只需根据总线的规则去设计，将各测试部件按照总结接口标准与总结连接，而无须单独设计连接，从而简化了系统软硬件的设计，方便了系统的组件与集成，且可靠性提高，也使系统更易于扩充和升级。

总线的特点在于其公用性和兼容性，它能同时挂接多个功能部件，且可互换使用。如果是某一两个部件之间的专用信号连接，我们就不能称它为总线。

2.2.1 总线的分类

总线的分类方法很多。按总线使用范围来分，可分为计算机总线、虚拟仪器或测控系统总线和网络通讯总线。按总线的数据传输方式来分，有并行总线和串行总线，并行总线按一次传送数据的宽度可分为 8 位、16 位、32 位和 64 位总线等。按照总线的用途和应用场合，则可分为以下四类：

(1) 片内总线。片内总线是指微处理器芯片内的总线，用于连接微处理器内部的各逻辑功能单元。总线的结构与功能设计由芯片生产厂家完成。

（2）片间总线。片间总线又称元件级总线，指一个微处理器应用系统中连接各芯片的总线。为了保证数据传输的速度，传统的片间总线均采用并行方式，一般包括地址总线、数据总线和控制总线，即所谓的三总线结构。近年来，随着集成电路制造工艺的发展，串行总线的数据传输速度已经可以达到数 Mbps，采用串行方式的片间总线日益增多。特别是在新一代单片机系统中，串行片间总线得到了较为广泛的应用。例如 Motorola 公司的 SPI 总线（Serial Peripheral Interface，串行外围接口）、NS 公司的串行同步双工通讯接口 MICROWIRE 和 Philips 公司的 I_2C 总线（Inter IC bus，片间总线）。

（3）内总线。内总线又称板级总线，是微机系统内连接各插件板的总线。内总线通常采用并行方式，除了包括地址总线、控制总线和数据总线外，还包括电源线、地线及用于功能扩展的备用线等。内总线的种类较多，如用于个人计算机的 PC/XT、PC/AT、ISA、EISA、MCA、PCI 等，用于工业控制的 STD、VME、CompactPCI 等，以及用于测控系统和虚拟仪器的 CAMAC、VXI 和 PXI 等。

（4）外总线。外总线又称通讯总线，用于微机系统间、微机系统与外设之间及微机与其他系统（如自动测试系统、虚拟仪器系统、控制系统等）之间的通讯连接。大多数类型的外总线采用串行方式，少数也采用并行方式。外总线的种类较多。例如，通用的 RS-232、RS-485、USB、IEEE 1394、SPP/EPP、SCSI 等，用于工业控制的现场总线 CAN、LONworks、FF 等，以及用于测控系统和虚拟仪器的 GPIB、CAMAC、HP-IL、MXI 等。

根据每种虚拟仪器总线所能担任的功能角色，又可把总线归纳分类成三种类型的总线。即控制总线、系统总线和通讯接口总线。

（1）控制总线。控制总线是一种流行的微型计算机总线。它是虚拟仪器总线的基础，且是最重要的核心部分。一个虚拟仪器总线是在一种高速的计算机总线的基础上，经测试仪器功能的扩展而构成的。控制总线由微处理器（CPU）主总线（Host Bus）和数据传输总线（DTB）所组成。在一个 DTB 中包括了地址线、数据线和控制线的数据。为了满足更高的带宽和高速可靠的数据传送功能，在新一代的计算机总线中引入了局部总线技术。采用局部总线，一个高性能的 CPU 主总线，即可以支持很高的数据传输率给挂在主总线上的各个器件模块。目前，在虚拟仪器中测试总线常见的控制总线有 VME 总线和 PCI 总线等。

（2）系统总线。系统总线又称为内总线，这是指模块式仪器机箱内的底板总线。用来实现系统机箱中各种功能模块之间的互联，并构成一个虚拟仪器测试系统。系统总线包括计算机局部总线、触发总线、时钟和同步总线、仪器模块公用总线、模块识别总线和模块间的接地总线。选择一个标准化的系统总线，并通过适当选择各种仪器模块来组建一个符合要求的虚拟仪器测试系统，可使得开放型互联模块式仪器在机械、电气、功能上兼容，以保证各种命令和测试数据在测试系统中准确无误地传递。目前较普遍采用的标准化系统总线有 VXI 总线、CompactPCI 总线和 PXI 总线。

（3）通讯接口总线。通讯接口总线又称为外总线。它用于系统控制计算机与挂在系统内总线上的模块仪器及各种处理卡之间，或系统控制器与台式仪器之间的通讯通道。可以是并行的（如 MXI-2 和 GPIB 总线），也可以是串行的（如 RS232、USB 或 CAN 总线）。并行接口总线采用相同的数据传输方式，有多条数据线、地址线和控制线，因此传输速度快，但并行总线的长度不能过长，这就要求采用并行外总线的系统必须与控制器相邻；串行接口总线采用数据串行传输方式，数据按位的顺序依次传输，因此数据总线的线数较少，仅有 2～4 根线，总线的地址和控制功能多是通过通讯协议软件来实现的。串行外总线虽然传输速度较慢，但是可以适用在外控器件与虚拟仪器系统有较远传输距离的要求。目前，较普遍采用的通讯接口总线有 IEEE488（GPIB）总线、MXI-2 总线、USB 总线、IEEE1394 总线、RS232C/RS-485 总线和 CAN 总线等。

下面将分门别类地讨论这几类总线的特点、标准规范和应用技术。

2.2.2 总线的基本规范内容

一个测试总线要成为一种标准总线，使不同厂商生产的仪器器件都能挂在这条总线上，可互换与组合，并能维持正常的工作，就要对这种总线进行周密的设计和严格的规定，也就是制定详细的总线规范。各生产厂商只要按照总线规范去设计和生产自己的产品，就能挂在这样的标准总线上运行，这既方便了厂家生产，也为用户组装自己的自动测试系统带来灵活性和便利性。无论哪种标准总线规范，一般都应包括以下三方面内容：

（1）机械结构规范。规定总线扩展槽的各种尺寸，规定模块插卡的各种尺寸和边沿连接器的规格及位置。

（2）电气规范。规定信号的高低电平、信号动态转换时间、负载能力及最大额定值等。

（3）功能结构规范。规定总线上每条信号的名称和功能、相互作用的协议及其功能结构规范是总线的核心。通常以时序和状态来描述信息交换、流向和管理规则。总线功能结构规范包括：

1）数据线、地址线、读/写控制逻辑线、模块识别线、时钟同步线、触发线和电源/地线等。

2）中断机制，其关键参数是中断线数量、直接中断能力、中断类型等。

3）总线主控仲裁。

4）应用逻辑，如挂钩联络线、复位、自启动、状态维护等。

2.2.3 总线的性能指标

总线的主要功能是完成模块间或系统间的通讯。因此，总线能否保证其间的通讯通畅是衡量总线性能的关键指标。总线的一个信息传输过程可分为：请求总线、总线裁决、寻址目的地址、信息传送、错误检测几个阶段。不同总线在各阶段所采用的处理方法各异。其中信息传送是影响总线通讯通畅的关键因素。

总线的主要指标包括：

（1）总线宽度。主要是指数据总线的宽度，以位数（bit）为单位。如 16 位总线、32 位总线，指的是总线具有 16 位数据和 32 位数据的传送能力。

（2）寻址能力。主要是指地址总线的位数及所能直接寻址的存储器空间的大小。一般来说，地址线位数越多，所能寻址的地址空间越大。

（3）总线频率。总线周期是微处理器完成一步完整操作的最小时间单位。总线频率就是总线周期的倒数，它是总线工作速度的一个重要参数。工作频率越高，传输速度越快。通常用 MHz 表示。如 33 MHz、66 MHz、100 MHz、133 MHz、266MHz 等。

（4）传输率。总线传输率是指在某种数据传输方式下，总线所能达到的数据传输速率，即每秒传送字节数，单位为 MB/s，总线传输率 Q 用下式计算：

$$Q = W \times F/N$$

式中，W 为数据宽度，以字节为单位；F 为总线时钟频率，以 Hz 为单位；N 为完成一次数据传送所需的时钟周期个数。

如某数据总线宽度为 32 位，总线频率为 66MHz，且一次数据传送需 8 个时钟周期。则数据传输率为

$$32 \times 66/8 = 264 \text{MB/s}$$

即每秒传输 264 兆字节。

（5）总线的定时协议。在总线上进行信息传送，必须遵守定时规则，以使源与目的同步。定时协议主要有以下几种：

1）同步总线定时。信息传送由公共时钟控制，公共时钟连接到所有模块，所有操作都是在公共时钟的固定时间发生，不依赖于源或目的。

2）异步总线定时。一个信号出现在总线上的时刻取决于前一个信号的出现，即信号的改变是顺序发生的，且每一操作由源（或目的）的特定跳变所确定。

3）半同步总线定时。前两种总线挂钩方式的混合。它在操作之间的时间间隔可以变化，但仅能为公共时钟周期的整数倍。半同步总线具有同步总线的速度以及异步总线的通用性。

（6）负载能力。负载能力是指总线上所有能挂连的器件个数。由于总线上只有扩展槽能提供给用户使用，故负载能力一般是指总线上的扩展槽个数，即可以连到总线上的扩展电路板的个数。

2.2.4 总线系统的优越性

采用总线结构的计算机系统、测控和虚拟仪器系统与采用非总线结构的系统相比，在系统设计、生产、使用和维护等方面具有很多优越性，这也是总线技术得以迅速发展的原因。这种优越性概括起来有以下几点：

（1）易于实现模块化硬件设计。采用总结技术进行系统设计时，设计者可根据系统总体要求，将一个复杂的大系统分成若干功能的子系统或功能模块，然后通过总线将这些子系统或功能模块联系起来，按一定的规则协调工作。这种模块化的硬件设计方法，可以降低系统的复杂程度，提高系统的灵活性，降低产品生产、调试、维修的难度。

（2）多厂商产品支持。多数总线技术规范都是由一些国际标准化组织或技术联盟制定并公开颁布的，没有版权或知识产权方面的问题。各国的生产厂商只要认为有市场需求，就可以设计、产生符合某种总线规范的功能模板和配套的软件，不断促进符合这种总线规范产品的发展，提高其性能，最终使广大用户从中受益。

（3）便于组织生产。总线式模块化结构的产品与系统的联系仅有总线，各模块之间有一定的独立性，易于实现专业化生产，产品的性能和质量能够得到充分保证。由于模板功能较为单一，产品调试和维护也较为简单，对工人的技术水平要求较低，便于组织大规模生产，降低产品造价。

（4）易于实现系统升级。现代的电子技术发展很快，产品的升级、换代也日益频繁。对于总线型系统，只需要更换某一块或某几块功能模板、甚至个别器件就能实现系统升级，而不必对系统做大的更改。

（5）良好的可维修性。总线式或模块化的产品，易于实现故障定位。一旦发现某块模板有故障，立即将其更换，系统就能很快重新投入运行。

（6）经济性。总线式模块化产品具有价格优势，用于测控系统和制造自动化系统的现场总线，还可以节省大量的连接电缆。

2.2.5 虚拟仪器与测控系统总线

众所周知，总线技术在测控系统和虚拟仪器技术等领域起着十分重要的作用。作为连接控制器和程控仪器的纽带，总线的能力直接影响着系统的总体性能。总线技术的不断升级、换代推动了虚拟仪器技术的发展和测控技术水平的提高。

在目前用于虚拟仪器与测控系统的总线中，其中一些是专门为虚拟仪器与测控系统设计的总线，通常提供同步、触发和高精度时钟等专用信号线，另外一些则借用了计算机总线或通用的通讯总线。下面对这两类总线性能和特点做简要的介绍。

2.2.5.1 测控系统和虚拟仪器专用总线

A GPIB

GPIB 是通用串行接口总线的简称。GPIB 的硬件规范和软件协议先后被纳入两个国际工业标准：ANSI/IEEE488.1 和 ANSI/IEEE488.2。今天，几百家厂商的数以万计的仪器配置了遵循 IEEE488 规范的 GPIB 总线接口，应用遍及科学研究、工程开发、医药卫生、自动测试设备、射频、微波等各个领域。通过 GPIB 接口，可以将若干台基本仪器搭成积木式的测试系统，在计算机控制下完成复杂的测量。

GPIB 仪器系统的构成是迈向"虚拟仪器"的第一步，即利用计算机增强和扩展传统仪器的功能，组织大型柔性自动测试系统，具有技术易于升级、维护方便、仪器功能和面板自定义，开发和使用容易等诸多优点。

在使用 GPIB 接口总线的自动测试系统中，每个仪器及器件的背板上都装有 GPIB 接口卡。使用两端都装有总线连接器的 GPIB 电缆线，将每个仪器在接口连接器的插头和插座背靠背相叠连接，这个器件就被接入了系统。这种用相互并接的总线可以把仪器器件拼成链形，也可以把器件接成星形或混合连接成系统，如图 2-2 所示。

GPIB 连接总线接口系统具有以下四个显著特点：

（1）GPIB 接口编程方便，减轻了软件设计负担，可使用高级语言编程。

（2）提高了仪器设备的性能指标。利用计算机对带有 GPIB 接口的仪器实现操作与控制，可实现系统的自校准、自诊断等要求，从而提高了测量精度。

（3）便于将多台带有 GPIB 接口的仪器组合起来，形成较大的测试系统，高效灵活地完成各种不同的测试任务，而且组建和拆散灵活，使用方便。

（4）便于扩展传统仪器的功能。由于仪器与计算机相连，因此，可在计算机的控制下对测试数据进行更加灵活、方便的传输、处理。综合、利用和显示，使原来仪器采用硬件逻辑很难解决或无法解决的问题迎刃而解。

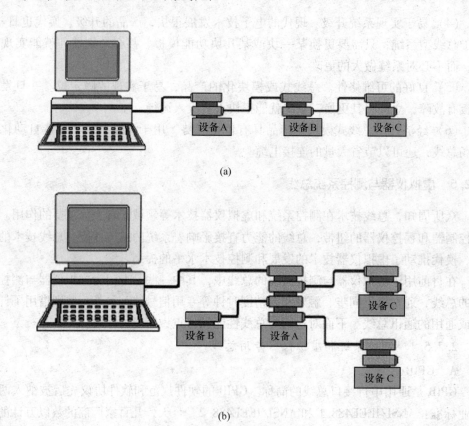

图 2-2　GPIB 两种系统的连接构造

（a）链形构造；（b）星形构造

B　CAMAC 系统

CAMAC 系统是一种总线型的模块化仪器系统。国内外对 CAMAC 这个词有多种解释。一种认为 CAMAC 是 "Computer Aided/Automated Measurement And Control"（计算机辅助/自动测量和控制）词头的缩写，或是 "Computer Application to Measurement And Control"（计算机在测量和控制中的应用）的缩写。另一种说法是，CAMAC 的前身称为 "JANUS"系列，"JANUS" 的原意为古希腊 "双面神"，当 ESONE（欧洲核电子学标准委员会）对 "JANUS" 进行了一些修改而变为欧洲标准时，就把它改称为 CAMAC。从字面上看，CA-MAC 左右对称，仍保留了双面的意义，象征着 CAMAC 系统一面是仪器，另一面是计算机。IEEE 标准化组织在制订 CAMAC 标准时，则把它解释为 "标准模块化仪器和数字接口系统"。这几种解释都有道理，但 IEEE 给出的定义是比较恰当的。

CAMAC 系统的最大特点是它是一种模块化系统。任何 CAMAC 系统都由各种功能模块组成。不同厂商制造的功能模块都能插入到标准机箱中，一个机箱有 25 个站，机箱背板装有 25 个 86 芯插座，每个插座对应一个站，控制站一般占用两个站。各模块通过 86 芯插座与背板数据相连。数据路的标准和所用插件均与计算机的类型无关，用户可以自由选择。CAMAC 使用范围广，系统规模可大可小，大系统可容纳多达 62 个机箱，仅一个机箱就有 $23 \times 16 = 368$ 个测点，而小系统仅需一个机箱，内插一个模块和一个控制器即可构成。此外，CAMAC 规范是公开的，无需许可证和其他授权就可使用。

数据路是 CAMAC 机箱的组成部分，也是 CAMAC 规范的核心内容。数据路由 86 条信号线组成，普通站有 10 条命令线、2 条定时线、48 条数据线（读、写信号线各 24 条）、4 条状态线、3 条公共控制线、5 条非标准线和 14 条电源线，控制站有 33 条命令线、2 条定时线、27 条状态线、3 条公共控制线、7 条非标准线和 14 条电源线。数据路上的信号传输采用负逻辑形式的 TTL 电平。此外，CAMAC 规范还定义了并行分支总线和串行总线，用于将单机箱系统扩展为多机箱系统。

CAMAC 系统具有标准化程度高、数据传输速率高和应用范围广等一些优点，在核工业、航空航天、国防、工业控制、医疗卫生、交通管理、数据处理和实验室自动化等领域得到了广泛应用。二十世纪七八十年代我国在国防、航空航天和核工业领域的一些大规模自动测试系统采用的也多是 CAMAC 系统。但是 CAMAC 系统造价较高、总线规范中也没有定义专门用途的仪器触发线、同步时钟线等，电磁屏蔽考虑得不十分充分，限于当时计算机的发展水平，指令传输率仅为微秒级，使系统的性能扩展和系统应用受到了限制。

C VXI

VXI 总线是 VMEbus 在仪器领域的扩展（VMEbus eXtensions for Instrumentation），是计算机操纵的模块化自动仪器系统。经过十年的发展，它依靠有效的标准化，采用模块化的方式，实现了系列化、通用化以及 VXIbus 仪器的互换性和互操作性。其开放的体系结构和 P&P 方式完全符合信息产品的要求。今天，VXIbus 仪器和系统已被世人普遍接受，并成为仪器系统发展的主流。

目前，全世界有近 400 家公司在 VXIbus 联合会申请了制造 VXIbus 产品的识别代码（ID 号），其中大约 70% 为美国公司，25% 为欧洲公司，亚洲各国仅占 5%。在大约 1300 多种 VXI 产品中，80% 以上是美国产品，其门类几乎覆盖了数采和测量的各个领域。

经过 VXIbus 仪器系统十年的冲击，美国传统的仪器产业结构已经发生了很大的变化，新的 VXI 产业雏形结构已基本形成：VXI 仪器模块和硬件厂商占三分之一弱（近 100 家）；VXI 系统集成商占三分之一强（超过 100 家）；其余近 100 家公司则从事软件开发、测试程序开发，VXI 附件、配件、服务等业务。

VXI 总线具有以下特点：

（1）与标准的框架及层叠式仪器相比，具有较好的系统性能。VXI 总线具有比现有总线结构（如触发总线）高超的性能，相对底板来讲，具有内部开关的好处：模块在机架内彼此靠得很近，使时间延迟的影响大大缩小，因而 VXI 总线系统与通常的框架及层叠式测试系统相比，具有较高的性能。

（2）与现有其他系统兼容。能与现有的标准（诸如 IEEE488、VME、RS-232 等）充分兼容，可以对一个 VXI 总线底板进行访问，就像它是一个现有总线系统中单独存在的仪器一样。

（3）不同制造商所生产的模块可以互换。使用标准 VXI 总线的仪器的一个主要特点是，不管该仪器由哪一家制造商所生产，都使用相同的机架。过去，一块插件板上的仪器系统须由同一货源提供的仪器来构成，所以如果某个制造商要对某一插件系统进行重新设计，必须考虑老用户的要求。对于使用 VXI 模块的仪器来说，不管哪个货源的插件都能插入机架中，用来替代已经过时的插件，而仅需对软件作最小的变动。

（4）用户对于系统的构成具有灵活性。由于大多数测试和计量仪器公司都支持 VXI 总线概念，使用这种总线的仪器在今后将会在许多领域中涌现出来。不同于老的测试系统，VXI 总线的用户可以可以将仪器进行组合搭配，以构成一个能准确执行新任务的系统的系统。如果 A 公司不能提供一个专用模块，那么可选用 B 公司的模块，使货源不同的插件在一个系统中共同工作。

（5）采用模块化的严密设计和工艺保证。采用了优良性能的 VXI 机箱，内置有多种规格的高质量电源，使得 VXI 模块化系统不仅具有良好的电磁兼容和强抗干扰能力的屏蔽条件，还具有良好通风散热条件的冷却系统。系统同时提供了有效的自检与自诊断，保证了很高的可靠性和良好的可维修性，大大地延长了使用寿命。VXI 系统的平均无法故障工作时间（MTBF）一般可达 10 万小时，最高可达 70 万小时（折合 80 年使用时间）。

（6）配置简化，编程方便，容易实现系统集成。VXI 系统的资源利用率高，配置简化方便，适用范围和后续改进非常方便，易于实现系统资源共享和升级扩展。虽然 VXI 总线的标准中没有专门的地址编程版本，但其内部控制器会执行子程序，克服老的组成部件（如计算机、VXI 机箱、VXI 模块）所带来的问题。受菜单控制的软件系统，也能用来开发一种小型且简明的编码。VXI 资源的重复利用率高达 76% ~ 86%，能将设备的成本及投资风险降至最低。

D　MXI

MXI（Multisystem Extension Interface），中文翻译成多系统延伸接口，实际上是 MXI-bus 的一种简称。MXIbus 是一种多路并行总线架构，主要用于仪器间的高速通讯。通过这样一种多功能网关，可以实现个人 PC、工作站、VXIbus 大型机、VMEbus PC、独立仪器设备，以及模块化仪器设备之间的通讯。MXIbus 的一大应用就是连接独立仪器设备和模块化仪器设备，这可以很大程度上扩展核心计算机所能处理的应用范围。

目前 NI 使用的 MXI 总线主要包括两大类，MXI 和 MXI-Express（也称作 MXIe）：MXI-3，MXI-4，MXIe x1，MXIe x4，MXIe x8，MXIe x16。其中，MXI-3 和 MXI-4 是比较老的总线类型，带宽较小，其中 MXI-3 已经由 MXI-4 替代，能支持 3.3V 和 5V 两种信号环境，应用在以前使用 MXI-3 的场合。NI 推荐使用带宽更大的 MXI-Express 总线设备。

E　PXI

PXI 是 PCI 在仪器领域的扩展，是 1997 年 NI 公司推出的一种全新的开放式、模块化仪器总线规范。PXI 将 CompactPCI 规范定义的 PCI 总线技术扩展为适合于试验、测量与数据采集场合应用的机械、电气和软件规范，把台式 PC 机的性能价格比优势与 PCI 总线面向仪器领域的必要扩展完美地结合起来，形成一种新的虚拟仪器测试平台（详见 5.1 节）。

PXI 继承了 PCI 总线适合调整数据传输的优点，支持 32 位或 64 位数据传输，最高数据传输速率可达 132MBps 或 528MBps；也继承了 CompactPCI 规范的一些优点，包括采用耐用的欧洲卡机械封装和高性能连接器，外设插槽由普通 PC 机的 4 个扩展为 7 个，并可通过 PCI-PCI 桥进行扩展，这些优点使得 PXI 系统体积小、可靠性高，适合于台式、机架式或便携式等多种场合应用。为了满足仪器应用对一些高性能的需求，PXI 还提供了 8 条 TTL 触发总线、13 条局部总线、10MHz 系统时钟和高精度的星形触发线等资源，定义了较完善的软件规范，保持了与工业 PC 软件标准的兼容性。

作为一种开放式的体系结构，目前已经有多家厂商的 PXI 产品可供选用，而且众多与 PXI 兼容的 CompactPCI 产品也可直接用于 PXI 系统。PXI 产品填补了低价位 PC 系统与高价位 GPIB 和 VXI 系统之间的空白，已经被应用于数据采集、工业自动化与控制、军用测试和科学实验等领域。与 VXI 总线系统相比，虽然 PXI 还具有机箱功率受限等不足，但这些都不能抵消 PXI 的核心竞争优势，PXI 的发展前景十分广阔。

2.2.5.2 其他总线

A CompactPCI 总线

PCI（Peripheral Component Interconnect）总线是当今最先进的微型计算机总线。它将外围部件直接与微处理器互连，从而提高了数据的传输速度。该总线的优点是结合了通用的微软公司的 Windows 操作系统软件和英特尔（Intel）公司微处理器的先进硬件技术，成为目前世界上整个微型计算机的工业标准。

CompactPCI 是由 PCI 计算机总线加上欧式插卡连接标准所构成的一种面向测控应用的自动测试总线。该总线最大带宽可达每秒 132 兆字节（32 位）和每秒 264 兆字节（64位）。

由于 PCI 总线具有开放性、高性能、低成本和通用性等优点，已得到迅速发展和普及。CompactPCI 利用了 PCI 计算机总线的优势，也在工业控制、通讯和仪器测试的应用领域开发出密集化、模块化和高可靠性的自动测试系统。

美国 PCIMC（PCI 工业计算机制造商协会）把 CompactPCI 标准扩展到工业系统，使 CompactPCI 规范成为工业化标准。PCIMC 相继公布了 CompactPCI 1.0 和 2.0 版本技术规范。

设计 CompactPCI 的目的在于把 PCI 的优点与传统的测量控制功能相结合，并增强系统的 I/O 和其他功能。原有的 PCI 规范只允许容纳 4 块插卡，不能满足测量控制的应用，因此 CompactPCI 规范采用了无源底板，其他主系统可容纳 8 块插卡。CompactPCI 在芯片、软件和开发工具方面，充分利用现已大量运用的 PC 机资源，从而大幅度降低了成本。

另外，CompactPCI 也采用了经 VME 总线实践验证是非常可靠和成熟的欧式卡的组装技术。其他主要优点是：

（1）插卡垂向而平行地插入机箱，有利于通风散热。

（2）每块插卡都有金属前面板，便于安装连接和指示灯。

（3）每块插卡用螺钉锁住，有较强的抗震、防颤能力。

（4）采用插入式电源模块，便于维修保养；适合安装在标准化工业机架上。

CompactPCI 机箱系统由机箱、总线底板、电路插卡，以及电源部分所组成。各插卡上电路通过总线底板彼此相连，系统底板提供 +5V、+3.3V、±12V 电源给各路插卡。

CompactPCI 的主系统最多允许有 8 块插卡，垂直及平行地插入机箱，插卡中心间距为 20.32mm。总线底板上的连接器标以 P1～P8 编号，插槽标以 S1～S8 编号，从左到右排列。其中一个插槽被系统插卡占用，称为系统槽，其余供外围插卡使用，包括普通 I/O、智能 I/O 和设备插卡等。规定最左边或最右边的槽为系统槽。系统插卡上装有总线仲裁、时钟分配、全系统中断处理和复位电路等功能，用来管理各外围插卡。

B 通用串行总线 USB

通用串行总线 USB（Universal Serial Bus）是一种能为 PC 外部设备实现即插即用连接

的串行通讯系列的总线，它是一种快捷方便地将外设连接到 PC 的串行总线标准。

USB 是一个外部总线标准，用于规范电脑与外部设备的连接和通讯。USB 接口支持设备的即插即用和热插拔功能。USB 接口可用于连接多达 127 种外设，如鼠标、调制解调器和键盘等。USB 是在 1994 年底由英特尔、Compaq、IBM、Microsoft 等多家公司联合提出的，自 1996 年推出后，成功替代串口和并口，并成为当今个人电脑和大量智能设备的必配的接口之一。从 1994 年 11 月 11 日发表了 USB V0.7 版本以后，USB 版本经历了多年的发展，到现在已经发展为 3.0 版本。

USB 总线的基本性能特点如下：

（1）USB 接口支持即插即用和热插拔，具有强大的可扩展性，为外围设备提供了低成本的标准数据传输形式。在 USB 总线上连接设备时，不需要开启 PC 机箱去增加一个新的外围设备卡，而仅仅通过 PC 即插即用 BIOS 和芯片组中的软件自动地将外设连上 PC。USB 可智能地识别 USB 链上外设的动态插入或拆除，具有自动配置和重新配置外设的能力，且不必关闭 PC 主机电源，因此连接机外设备既快捷又方便。

（2）每个 USB 系统中有一个主机，采用级联方式 USB 总线可连接多个外部设备。每个 USB 设备用一个 USB 插头连接到上一个 USB 设备的 USB 插座上，而其本身又提供一个或多个 USB 插座供下一个或多个 USB 设备连接使用。这种多重连接是通过集线器 Hub 来实现的，整个 USB 网络中最多可连接 127 个设备，并支持多个设备同时操作。

（3）USB 2.0 标准对于高速设备可支持高达 480Mb/s 的数据传输速率，可适用于高画质的摄像头、高分辨率扫描仪，以及大容量的便携存储器之类的高性能外部设备。而由 Intel 等公司发起的 USB 3.0 规范是目前的最新的 USB 规范，为与 PC 或音频/高频设备相连接的各种设备提供了一个标准接口，从键盘到高吞吐量磁盘驱动器，这些器件均可采用这种低成本接口进行平稳运行的即插即用连接。而且 USB3.0 还保持了对 USB 2.0 协议的兼容性，并在更多的方面有所增强，用户避免了由于兼容性引起的问题。

（4）适用于带宽范围在几千位/秒（kb/s）至几百兆/秒（Mb/s）的设备。USB 总线既可以连接键盘、鼠标、摄像头、游戏设备、虚拟现实外设这样的低速外设，也可连接电话、声频、麦克风、压缩视频这样的全速设备，还可连接视频、存储器、图像这样的高速设备。此外，USB 总线还允许复合设备（既具有多种功能的外设）连接到 PC 机。

C　CAN 总线

CAN 是 Controller Area Network 的缩写（以下称为 CAN），是 ISO 国际标准化的串行通讯协议。在汽车产业中，出于对安全性、舒适性、方便性、低公害、低成本的要求，各种各样的电子控制系统被开发了出来。由于这些系统之间通讯所用的数据类型及对可靠性的要求不尽相同，由多条总线构成的情况很多，线束的数量也随之增加。为适应"减少线束的数量"、"通过多个 LAN，进行大量数据的高速通讯"的需要，1986 年德国电气商博世公司开发出面向汽车的 CAN 通讯协议。此后，CAN 通过 ISO 11898 及 ISO 11519 进行了标准化，在欧洲已是汽车网络的标准协议。

CAN 的高性能和可靠性已被认同，并被广泛地应用于工业自动化、船舶、医疗设备、工业设备等方面。现场总线是当今自动化领域技术发展的热点之一，被誉为自动化领域的计算机局域网。它的出现为分布式控制系统实现各节点之间实时、可靠的数据通讯提供了强有力的技术支持。

CAN 总线是德国 BOSCH 公司从 80 年代初为解决现代汽车中众多的控制与测试仪器之间的数据交换而开发的一种串行数据通讯协议，它是一种多主总线，通讯介质可以是双绞线、同轴电缆或光导纤维。通讯速率最高可达 1Mbps，其基本特点如下：

（1）数据通讯没有主从之分，任意一个节点可以向任何其他（一个或多个）节点发起数据通讯，靠各个节点信息优先级先后顺序来决定通讯次序，高优先级节点信息在 $134\mu s$ 通讯。

（2）多个节点同时发起通讯时，优先级低的避让优先级高的，不会对通讯线路造成拥塞。

（3）通讯距离最远可达 10km（速率低于 5Kb/s），速率可达到 1Mb/s（通讯距离小于 40m）。

（4）CAN 总线传输介质可以是双绞线，同轴电缆。CAN 总线适用于大数据量短距离通讯或者长距离小数据量，实时性要求比较高，多主多从或者各个节点平等的现场中使用。

D 以太网

以太网（Ethernet）是一种用于连接仪器和 PC 的总线之一。尽管人们常说以太网（或其他总线）适用于所有的应用，但实际上每种总线都有不同的优势，真正的系统是在一个统一的软件架构中充分利用多种总线的优势。以太网总线特别适用于分布式应用，但对于桌面测量或自动化测试就不是最合适的。此处将详细分析以太网在适合的仪器控制方面的应用，并对其特性做一些讨论。

以太网总线（也称为 LAN 总线）是一种为计算机网络连接所设计的标准。它是非常普遍的连接方式，用它连接到其他计算机和 Internet。以太网总线最明显的优势是允许存在连接距离。当系统需要长距离的分布式测量或需要将测量仪器靠近测量源而远离控制 PC 时，这种距离上的优势就显得至关重要。通过适当的网络安全配置，以太网还能够用于远程诊断，如查看过程测试地点的仪器配置情况。以太网在分布式处理系统中也有用武之地。多个处理单元可以通过以太网完美地相连，并对等地进行通讯。比如，一个高性能的分析程序能够通过以太网，将不同的处理任务分配到多个相连的 PC 上，从而扩展系统的处理性能。另外，在一个分布式的数据记录程序中，每一个本地节点都能够完成数据记录和控制，而仅仅将需要的数据通过网络传送到监督控制系统中。最后，以太网总线对于仪器控制来说也具有相当的吸引力，因为就像 USB、RS-232 和并行端口一样，以太网也已成为台式 PC 的标准。另一方面，在非分布式系统中，如台式机或机架环境下时，以太网也存在一些缺陷，包括较长的延时、较长的处理时间和复杂的配置以及可供选择的以太网仪器相对较少等。

总线的吞吐量一般由总线的延时和带宽共同决定。延时度量数据传送的迟滞，而带宽度量数据通过总线的传输速率，通常以 MB/s 为单位。低延时能够提高需要传输大量短小指令或小型数据包的应用。高带宽对于诸如波形生成和采集的应用程序非常重要。尽管更高速度的选择，如千兆位以太网，能够为许多应用提供足够的带宽，但是以太网的延时在各种总线中却是最长的，这直接限制了以太网总线在许多仪器中的应用性能。

在数据密集的应用中，由于协议栈是在软件中实现，因此以太网通讯需要强大的处理能力。一般的判断原则是"每赫兹一位"的规律，这是一种对给定以太网连接速度所需

CPU 处理性能的粗略估计，一般每秒需要处理一位网络数据，就需要 1Hz 的 CPU 处理能力。使用这个原则，大约可以判定一个千兆位以太网连接在全速进行数据流传输时，大约需要 1GHz 的现代台式处理器的处理能力。因而在高速系统中，CPU 可能在通讯链路上的处理会超过实际应用。这可通过成为系统获取更高数据吞吐量的瓶颈，例如，依赖数据总线将数据流传回主机处理器的模块化系统。以太网的处理性能可能在两个方面增加一个以太网仪器的成本。首先，在高速系统中，可能需要台式机或服务器级别的处理器来处理 TCP/IP 协议栈。其次，当通过以太网无法达到实时数据传输速率要求时，仪器设计者必须在仪器内嵌数据消减处理单元。而这样既增加了成本，也降低了用户灵活性。以太网的另一个缺陷是需要现有的以太网支持才能够进行安装。对于一个复杂的应用而言，这可能不是个问题，但是和桌面应用中的 USB 相比，这却是额外负担。以太网需要 IP 地址和其他网络设置，而这些都可能受到其安装所在网络 IT 政策的影响。实际上，许多针对以太网仪器的远程诊断的优势都会被公司的关于防火墙或是其他网络安全的 IT 政策的所否定。尽管以太网比 GPIB 的历史更长，但它在仪器控制总线中的应用所占份额仍不大，相对于超过 10000 种的 GPIB 控制仪器，以太网仪器仅有区区几百种。现有，以太网主要用于仪器间距离较长的系统。对于台式应用，更常使用 GPIB 和 USB，而在验证和生产中，GPIB 和模块化系统，如 PXI 总线是最常用的选择。当然，实际应用中经常是将多种不同的总线集成到一个混合系统中，其中实际仪器的接口在软件中被抽象了。

E LXI 总线

Agilent 公司和 VXI 科技公司在 2004 年 9 月联合推出了新一代基于局域网（LAN）的模块化平台标准-LXI（LAN-based extensions for Instrumentation）。它集台式仪器的内置测量原理及 PC 标准 I/O 连通能力和基于插卡框架系统的模块化和小尺寸于一身，满足了研发和制造工程师为航天/国防，汽车、工业、医疗和消费品市场开发电子产品的需要。

LXI 是一种基于以太网等技术、由中小型总线模块组成的新型仪器平台。LXI 仪器是严格基于 IEEE802.3、TCP/IP、网络总线、网络浏览器、IVI-COM 驱动程序、时钟同步协议（IEEE1588）和标准模块尺寸的新型仪器。与带有昂贵电源、背板、控制器、MXI 卡和电缆的模块化插卡框架不同，LXI 模块本身已带有自己的处理器、LAN 连接、电源和触发输入。

为了满足和 PC 标准 I/O 的需求，LXI 标准 LAN 和 USB 接口应用到电子仪器上，并通过去除前面板、显示器和扩展卡部分为配置系统缩小物理尺寸，为用户提供高可靠性、低成本、灵活紧凑、性能优异的自动测试系统。相对于其他的仪器测试总线，LXI 有以下特点：

（1）开放式工业标准。LAN 和 AC 电源是业界最稳定和生命周期最长的开放式工业标准，也由于其开发成本低廉，使得各厂商很容易将现有的仪器产品移植到该 LAN-Based 仪器平台上来。

（2）向后兼容性。因为 LAN-Based 模块只占 1/2 的标准机柜宽度，体积上比可扩展式（VXI，PXI）仪器更小。同时，升级现有的 ATS（Automatic Test Systems）不需重新配置，并允许扩展为大型卡式仪器（VXI，PXI）系统。

（3）低成本。在满足军用和民用客户要求的同时，保有现存台式仪器的核心技术，结合最新科技，保证新的 LAN-Based 模块的成本低于相应的台式仪器和 VXI/PXI 仪器。

（4）互操作性。作为混合仪器（Synthetic Instruments）模块，只需 30～40 种左右的通用模块即可解决军用及民用客户的主要测试需求。如此相对较少的模块种类，可以高效且灵活地组合成面向目标服务的各种测试单元，从而彻底降低自动测试系统（ATS）和虚拟仪器系统的体积，提高系统的机动性和灵活性。

（5）新技术及时方便的引入。由于这些模块具备完备的 I/O 定义文档，所以，模块和系统的升级仅需核实新技术是否涵盖其替代产品的全部功能。

实际上，现有的 LXI 总线设备大部分都是在之前产品的基础上升级所得到的，一般具有可选的同步功能，非常适合于长距离的分布式仪器的应用。实际的系统会在一个模块化系统架构下使用多种总线技术，以最大限度地利用每个系统的特性。例如，可以使用基于 PXI 的具有高采集和生成速度的系统连接现有的 GPIB 仪器和 USB 仪器，并且通过以太网将数据传递到其他应用程序。购买仪器时，最好确定仪器带有驱动程序，可以在所选的软件中方便地构成混合系统。

2.2.6 虚拟仪器应用总线的选型

2.2.6.1 总线数据吞吐量

所有的 PC 总线在一定的时间内可以传输的数据量都是有限的，此即为总线带宽，一般以兆字节每秒（MB/s）表示。如果构建动态波形测量应用程序，一定要考虑使用有足够带宽的总线。

根据用户选择的总线，总带宽可以在多个设备之间共享，或只能专用于某些设备。例如，PCI 总线的理论带宽为 132MB/s，计算机中的所有 PCI 板卡共享带宽。千兆以太网提供 125MB/s 的带宽，子网或网络上的设备共享带宽。提供专用带宽的总线，如 PCI Express 和 PXI Express，在每台设备上可提供最大数据吞吐量。

当进行波形测量时，采样率和分辨率需要基于信号变化的速度来设置。可以记录每个采样的字节数（向下一个字节取整），乘以采样速度，再乘以通道的数量，计算出所需的最小带宽。

例如，一个 16 位设备（2 字节）以 4×10^6 次/秒的速度采样，四个通道上的总带宽可表述为

$$\frac{2\text{bytes}}{\text{S}} \times \frac{4\text{MS}}{\text{sec}} \times 4\text{channels} = 32\text{MB/s}$$

所选择的总线带宽需要能够支持数据采集的速度，需要注意的是，实际的系统带宽低于理论总线限制。实际观察到的带宽取决于系统中设备的数量以及额外的总线负载。如果需要在很多通道上传输大量的数据，带宽是用户选择 DAQ 总线时最重要的考虑因素。

2.2.6.2 对单点 I/O 的要求

需要单点读写的应用程序往往取决于需要立即和持续更新的 I/O 值。由于总线架构在软硬件中实现的不同方式，单点 I/O 的要求将是用户选择总线的决定性因素。

总线延迟是 I/O 的响应时间。它是调用驱动软件函数和更新 I/O 实际硬件值之间的时间延迟。根据所选择总线的不同，延迟可以从不足一微秒到几十毫秒。

例如，在一个比例积分微分（PID）控制系统中，总线延迟可以直接影响控制回路的最快速度。

单点 I/O 应用的另一个重要因素是确定性，也就是衡量 I/O 能够按时完成测量的持续性。与 I/O 通讯时，延迟相同的总线比有不同响应的总线确定性要强。确定性对于控制应用十分重要，因为它直接影响控制回路的稳定性。许多控制算法的设计期望就是控制回路总是以恒定速率执行。预期速率产生任何的偏差，都会降低整个控制系统的有效性和稳定性。因此，实现闭环控制应用时，应该尽量避免选用高延迟、确定性差的总线，如无线、以太网或 USB。

软件在总线的延迟和确定性方面起着重要的作用。支持实时操作系统的总线和软件驱动提供了最佳的确定性，因此也为用户提供了最高的性能。一般情况下，对于低延迟的单点 I/O 应用来说，PCI Express 和 PXI Express 等内部总线比 USB 或无线等外部总线更好。

2.2.6.3 多个设备的同步

许多测量系统都有复杂的同步需求，包括同步数百个输入通道和多种类型的仪器。例如，一个激励–响应系统可能需要输出通道与输入通道共享相同的采样时钟和触发信号，从而使 I/O 信号具有相关性以更好地分析结果。不同总线上的 DAQ 设备提供不同的方式来实现同步。多个设备同步测量的最简单的方法就是共享时钟和触发。许多 DAQ 设备提供可编程数字通道用于导入和导出时钟和触发。有些设备甚至还提供专用的 BNC 接头的触发线。这些外部触发线在 USB 和以太网设备上十分常见，因为这些 DAQ 硬件处于 PC 机箱外部。然而，某些总线内置有额外的时钟和触发线，使得多设备的同步变得非常容易。PCI 和 PCI Express 板卡提供实时系统集成（RTSI）总线，由此桌面系统上的多块电路板可以在机箱内直接连接在一起。这就免除了额外通过前连接器连线的需要，简化了 I/O 连接。

用于同步多个设备的最佳总线选件是 PXI 平台，包括 PXI 和 PXI Express。这种开放式标准是专门为高性能同步和触发设计的，为同一机箱内同步 I/O 模块以及多机箱同步提供了多种选件。

2.2.6.4 便携性要求

便携式计算的极速增长是毋庸置疑的，它为基于 PC 的数据采集提供了许多新的创新方式。便携性是许多应用的一个重要部分，也可能成为总线选择的首要考虑因素。例如，车载数据采集应用得益于结构紧凑、易于运输的硬件。如 USB 和以太网等外部总线，因为其快速的硬件安装以及与笔记本电脑的兼容性，特别适用于便携式 DAQ 系统。总线供电的 USB 设备意味着更多的便利，因为它们并不需要一个单独的电源供电。使用无线数据传输总线也可提高便携性，因为当计算机保持不动时，测量硬件本身可以移动。

2.2.6.5 虚拟仪器与测量对象的距离

各个数据采集应用不同，需要测量的物体和计算机之间的距离也可以大大不同。为了达到最佳的信号完整性和测量精度，应该尽可能地将 DAQ 硬件靠近信号源。但这对于大型的分布式测量，如结构健康监测或环境监测来说就十分困难。将长电缆跨过桥梁或工厂车间成本昂贵，还可能会导致信号嘈杂。该问题的一个解决方案就是使用便携式计算平台，将整个系统移近信号源。借助于无线通讯技术，计算机和测量硬件之间的物理连接已完全移除，且可以采取分布式测量，将数据发回到一个集中地点。

2.2.6.6 常用总线的选择指南

常用数据采集系统总线的选择指南如表 2-1 所示。

表 2-1 虚拟仪器系统总线的选择指南

总线	带 宽	单点 I/O	多设备	便携性	分布式测量	范 例
PCI	132MB/s（共享）	最好	更好	好	好	M 系列
PCI Express	250MB/s（每通道）	最好	更好	好	好	X 系列
> PXI	132MB/s（共享）	最好	最好	更好	更好	M 系列
PXI Express	250MB/s（每通道）	最好	最好	更好	更好	X 系列
USB	60MB/s	更好	好	最好	更好	NI CompactDAQ
以太网	125MB/s（共享）	好	好	最好	最好	NI CompactDAQ
无线	6.75MB/s（每个 802.11g 通道）	好	好	最好	最好	无线 NI Compact DAQ

2.3 虚拟仪器系统硬件集成

本节详细介绍虚拟仪器系统的硬件集成过程，分析影响硬件集成的主要因素，描述硬件集成的步骤。

2.3.1 影响虚拟仪器系统硬件集成的主要因素

虽然测试或控制对象的种类繁多，虚拟仪器最终用户的需求也有千差万别，但虚拟仪器系统的硬件集成过程中仍存在一些共性的，需要虚拟仪器系统开发人员统筹考虑。在虚拟仪器系统硬件集成设计的初期，应该把如下这些关键的限定因素一一罗列出来，并同系统的最终使用方就各项要求和解决方案达到一致。

（1）经费预算。虚拟仪器系统硬件经费预算是在整个测控系统集成过程中首要考虑的因素。开发人员往往要在总预算经费的限制下，进行系统资源的选型与配置，有时还需要与最终用户一起重新审定测控需求，做出合理调整以满足经费预算。

（2）运行环境。虚拟仪器系统最终的运行环境决定了虚拟仪器工作的温度、湿度、洁净度条件，如果需要经常移动或运输的虚拟仪器系统，还要考虑振动和冲击的影响。虚拟仪器系统的开发人员必须考虑硬件设备是否满足运行环境要求，或采取哪些防护和加固措施（如恒温包装、减震等）使硬件设备达到运行环境要求。

（3）数据吞吐量。当虚拟仪器系统用于批量被测对象的检测与控制时，虚拟仪器系统必须满足单位时间内测控对象数量的要求。为提高测控数据的吞吐量，可能需要选用调整的测控计算机以提高虚拟仪器或测控软件的运行速度，选用具有高速总线的仪器模块（如 VXI 总线仪器）来提高数据传输率，或采用更快捷的测控对象与虚拟仪器系统的接口连接方式。

（4）安装空间与便携能力。运行场所为虚拟仪器系统提供的安装空间，系统是否需要满足快捷运输的便携能力，也是决定虚拟仪器的控制器（计算机）选型，测控系统机柜/机箱等包装设计的因素。

（5）应用范围。虚拟仪器的设计目标可能是针对特定型号对象的专用系统，也可能是覆盖多种型号的通用系统。虚拟仪器系统的应用范围不仅影响测控系统与使用对象的接口连接方式、仪器模块的选型，而且也决定开关系统的选择与规模。

（6）扩展能力。根据用户对虚拟仪器系统未来扩展能力的需要，确定虚拟/测控仪器的选型和开关系统的容量。VXI/PXI 等模块化仪器机箱，通常应该保留 20% 以上的空槽位以备未来扩展。机箱电源也应保持相应的功率储备。采用机柜结构的虚拟仪器同样应该考虑留有一定的扩展空间。但过度地强调扩展能力的超前配置，也会带来资源的闲置和浪费，所以需要统筹考虑。

（7）交付周期。用户要求的虚拟仪器交付周期也将直接影响虚拟仪器硬件设计与集成方案，如仪器模块的选型、可以接受的外购件供货周期、对设备的熟悉和掌握（人员培训）所需要的时间、自制设备的数量和开发周期等，都将受到虚拟仪器交付周期的制约。

（8）软件运行环境。虚拟仪器的运行环境，影响虚拟仪器系统计算机（控制器）的选型、计算机（控制器）外设的配置，同时影响虚拟仪器系统的实时性。通常测试实时性要求高的场合，采用实时操作系统软件（VxWorks），控制器选用嵌入式计算机或控制器。

2.3.2　虚拟仪器系统硬件集成过程

虚拟仪器硬件集成过程可分为如下述的几个阶段。

2.3.2.1　需求定义

首先应该明确虚拟仪器研制需求，包括测试需求、维护需求、操作需求和后勤保障需求。

测试需求是在详细分析和理解被测对象功能和工作原理的基础上，定义被测对象所需信号的种类、范围和精度要求，同时考虑某些信号参数的折中处理及可行的技术途径。

维护需求的定义，包括系统的结构、布局、布线，选用的测控仪器的技术支持能力、备份替代品的考虑，虚拟仪器与测控设备的自检/计量校准要求等。

操作需求的定义，包括最终操作人员的基本素质、操作接口和界面布局、上电/断电顺序、应急保护等。

后勤保障要求的定义，包括虚拟仪器的运行环境（温度、湿度、空气洁净度、通风、供电、供气）、测试系统移动运输能力（人工搬运、车载、航空运输）、体积大小等。

2.3.2.2　测控资源选型

当需求定义完成后，下一步就是仪器资源的选型工作，对比测控需求定义和各种仪器指标来决定最佳的测控资源选择方案。在满足测试信号指标的前提下，通常体积大小和费用因素决定虚拟仪器/测控设备是选用 GPIB 总线、VXI 总线、VXI/GPIB 混合系统、PXI 总线及混合系统、USB 总线、CAN 总线等。程控电源系统一般选用成熟可靠的 GPIB 总线、PXI 总线或其他总线产品。高密度的检测、激励资源（如 A/D、D/A）和开关系统，选择 PXI 或 VXI 产品往往性价比更高。NI 公司和一些仪器厂商最近推出的 USB 总线产品、SCXI 系列产品和现场总线产品，在面向实际应用时，也展现出比较优越的性价比。当某些测试需求无法采用现成的测试仪器实现时，可能需要调整相应的参数或变通实现的技术途径。但尽量不要研制专用测试仪器，否则会给测试系统未来的维护和升级带来麻烦。由于各仪器厂商定义的产品参数的规格并不统一，在挑选测试仪器时应该特别注意，例如多通道 A/D 转换器采用扫描方式和多个 A/D 并联方式实现，在性能和价格上的差距是很大的。所以了解仪器的工作原理和正确理解仪器设备的参数指标，是合理选择测试仪器的关键。

2.3.2.3 控制器（主控计算机）选型

目前，以 VXI/PXI 总线仪器为主的虚拟仪器或测试系统，其控制器主要有两种类型，嵌入式控制器和外置控制器。

嵌入式控制器直接插入 VXI 或 PXI 控制机箱，占用 1～2 个槽位。由于嵌入式控制器直接连接仪器总线，具有集成化程度高、体积小、数据传输率高的优点，所以嵌入式控制器更适合于便携与要求实时测控的应用。

外置控制器是采用工业控制计算机或台式计算机，通过各种外部总线与 VXI 或 PXI 主机箱中的 0 槽控制器通讯，实现外置控制器总线与 VXI/PXI 仪器总线的信息传输。外置控制器不受 VXI/PXI 主机箱物理结构的限制，选择灵活，系统互换性好，系统升级和维护都非常方便。

选择控制器的主要依据，包括可供选择的软件操作系统、控制器的数据吞吐量、使用的难易程度、外形尺寸、配置灵活性、成本价格和技术支持，可以根据具体的应用有所侧重和取舍。

2.3.2.4 测控系统信号接口的设计与实现

设计和实现测试资源与被测单元之间的接口是虚拟仪器设计中的关键环节，通常可选择的接口方式有两种：专用接口和通用接口。

专用接口一般针对特定的被测对象或具有相同测试接口的被测对象系列。

通用接口是针对多种被测对象，每个被测对象或一组被测对象对应一个专用的接口适配器，虚拟仪器系统资源统一连接到通用接口上，通过接口适配器实现测试所需信号从通用接口到被测对象专用接口的转换。通用接口方式的优点是：由于连接操作都在通用接口上进行，减少了仪器面板损坏的可能性，实现了大量接口信号的快速交连。连线规范，维护方便。

2.3.2.5 虚拟仪器的详细设计

虚拟仪器系统集成的最后阶段是详细设计，包括电气设计、机械设计、设计文档形成。详细设计为虚拟仪器今后的技术支持、维护和复制奠定基础。准确和详尽的文档资料使相同虚拟仪器的研制和维护工作不再依赖特定的人员和设备。

A 电气设计

电气设计阶段应该完成以下设计文件：

（1）按层次关系列出的虚拟仪器组成清单。该清单详细描述了虚拟仪器的结构，系统的集成可以按功能模块组合实现，表 2-2 为虚拟仪器层次化结构清单的范例。

（2）部件明细表。部件明细表是虚拟仪器采购清单，虚拟仪器中所有部件/元件（从各种精密的测试仪器单元到机架上的固定螺钉），无论大小都应该详尽列出。同时，明细表还应该标明版本修订说明，任何设计修改都应该详细跟踪记录，这样将为今后研制开发相同的系统提供保障。

（3）连线表。连线表描述了虚拟仪器中测试仪器、接口端子、开关系统和功率电源间的连接关系，连线表应该详尽地标示出连线的规格、长度和颜色。连线表的详尽程度应该能够保证组装相同的虚拟仪器不再依靠特定的人员，同时连线表应该包括修改、更正及审批的详细记录，确保系统设计的完整性。

表 2-2 虚拟仪器层次化结构清单

123456			虚 拟 仪 器
	12345		VXI 机箱组件
		1234	VXI 机箱 1261B
		1234	NI MXI-2 0 槽模块
		1234	波形发生器 3151
		1234	定时/计数器 2251
		1234	Datron，万用表 1362
		1234	HF 开关模块，1260-50A
			123 开关控制器 1260 任选 01
		1234	多路开关 1260-35A
		1234	功率开关 1260-20
	12345		Elgar，直流电源
	12345		Marway，电源控制器
	12345		Knurr，机柜
	12345		VPC，接口装置 VPC-90

（4）功率和散热分析。为确保虚拟仪器安全可靠运行，应该在部件级和系统级分别进行功率和散热分析。对于 PXI 和 VXI 等种类的模块式的仪器的功率和散热分析，应该通过核算机箱内每个模块的功率和散热要求，确定整个机箱是否能够满足当前配置下的功率和散热需要。通常仪器单元可以接受的温升是高于环境温度 10℃ 左右，在过高的温度条件下工作，各种商业级仪器的寿命会大幅降低。

表 2-3 为一个 VXI 测试系统的功率分析。经过累计每个 VXI 模块所需的峰值电流（IMP）和动态电流（IMD），再与机箱中每种电源的额定功率进行比较，确定 VXI 机箱是否具有驱动所有模块的负载能力。其中动态电流影响 VXI 系统的电源的纹波和噪声，所以如果机箱电源无法满足 VXI 模块动态电流的要求，将直接影响纹波和噪声指标。为可靠安全运行，整个测试系统的功率核算应至少保留 25% 的余量。

表 2-3 VXI 机箱功率分析

序号	槽位	模块型号	+5V 电源		+12V 电源		−12V 电源		+24V 电源		−24V 电源		−5.2V 电源		−2V 电源		消息基
			I_{mp}	I_{md}	I_{mp}	I_{md}	I_{mp}	I_{md}	I_{mp}	I_{md}	I_{mp}	I_{md}	I_{mp}	I_{md}	I_{mp}	I_{md}	√
A	0	VXIbus/MXI	2.5	0.5	*	*	*	*	*	*	*	*	1.0	0.2			√
B	1	1695	2.0	0.2	*	*	*	*	0.1	0.1	0.1	0.1	1.5	0.1	0.2	0.1	√
C	2	2251	2.5	0.1	*	*	*	*	0.15	0.15	0.1	0.35	0.1	0.2	0.1		√
D	3	1260-50A	2.5	0.1	*	*	*	*	0.5	0.1	*	*	*	*	*	*	√
E	4	1260-20	0.4	0.1	*	*	0.2	0.1	0.2	*	*	*	*	*	*	*	√

序号	槽位	模块型号	+5V 电源		+12V 电源		−12V 电源		+24V 电源		−24V 电源		−5.2V 电源		−2V 电源		消息基
F	5	1260-35	0.4	0.1	*	*	*	*	0.5	0.1	*	*	*	*	*	*	√
G	6	1062	1.5	0.2	0.5	0.1	0.5	0.1	*	*	*	*	*	*	*	*	√
Totals（汇总）			11.8	1.5	0.5	0.1	0.5	0.1	1.45	0.4	0.25	0.2	2.85	0.4	0.4	0.2	
Available（1261AII）			60	5	12	2	12	2	6	6	6	6	60	5	10	1.3	

注：*代表无此项，√代表消息基。

测试系统散热设计，一般按温升10°F（约5.6℃）的条件下，系统总功率所需的风扇散热能力核算。如果虚拟仪器系统的功率为2125W，则温升10°F的条件下，需要散热能力为500ft^3/min（立方英尺/分钟）的风扇散热系统。

（5）系统配置表。记录虚拟仪器中各仪器模块的安装位置和逻辑地址的分配，形成系统配置表（见表2-4）。

表2-4 虚拟仪器配置表

1261A chassis Modules（机箱模块）

Slot Device （槽位）	Logical Address （逻辑地址）	Interrupt Level （中断级别）	ID Byte （SW1 5-6）	Module Address （模块地址）（SW1 1-4）
0 NI/MXI	0	NA	NA	NA
1 3151	8	1	3	1
2 2251	9	1	0	2
3 1260-50A-01	10	1	2	3
4 1260-20	NA	NA	0	4
5 1260-35	NA	NA	0	5
6 1362	11	1	0	6

Elgar，DCPS AT8000，GPIB Address = 5（GPIB 程控电源地址）

注：NA（Not Available）无效的，不可用的。

B 机械设计

机械设计主要针对虚拟仪器结构、布局、机柜/适配器的结构设计。机械设计应该从人体工程学角度充分考虑用户操作方便，例如操作开关、应急开关的位置应保证用户触手可及；信号接口装置的位置应大约到操作者的腰部，这样插拔接口适配器比较方便；需要观察的仪器放置高度应该与操作人员视线同高；较重的仪器应安排放置在机柜的下方，以使整个系统重心尽量低，确保系统的安全稳定性。

机械设计应该形成：虚拟仪器结构与布局图、机柜中仪器布局与安装图、接口适配器结构图等设计文件。

C 设计文档形成

虚拟仪器硬件集成设计工作完成后，应该形成完整的设计文档资料，同时建立一套完善的修订审核质量控制体系。系统最终形成的文档资料一般包括：部件连线图、系统功能/结构方块图、信号流图和系统原理图。交付用户的系统维护、操作手册中应该有针对性地包括上述内容。文档资料中还应包括所有仪器设备的操作手册、计量鉴定证书等所有第三方提供的有效文档资料。

2.3.3 虚拟仪器系统硬件集成策略

为提高系统集成工作的效率，降低集成设计的费用，目前所采取的主要集成策略包括：

（1）开发针对特定应用的标准系统。针对特定应用的标准虚拟仪器/测试系统，适合规模化产品的生产和维修测试需求。由于被测试对象的测试需求固定、批量大，虚拟仪器/测试系统集成商开发有针对性的标准系统，一般价格低廉、操作效率高。但由于这类标准系统的软硬件的针对性强，往往无法适用于其他产品的测试，也不能适应被测对象升级换代的需要。

（2）开发标准核心系统，针对特定应用进行客户化改造。目前各种通用测试系统和虚拟仪器的开发，通常形成公共基本（核心）系统，它能够覆盖各种被测对象基本测试需求。集成商往往采用标准规范的软/硬件接口来设计核心系统，形成通用的软/硬件平台，这样虚拟仪器/测试系统的开发效率提高，可靠性增强，开发成本降低。在核心标准系统的基础上，增加专用系统即可满足特定测试应用的需要，所以扩展方便灵活。

（3）通过演示验证系统引导用户的测试应用。集成商通过演示验证系统展示自身的研发实力，同时引导用户按演示系统的技术路线进行虚拟仪器/测试系统的配置和集成。演示验证系统往往采用当前流行或前沿的技术，能代表技术发展的潮流和方向，但在技术成熟性和维护支持上也会存在不足。在实际应用中可能需要在技术先进性与可靠性、可维护性间进行一定的取舍。

（4）客户化的虚拟仪器/测试系统集成开发。针对用户的具体测试应用，量体裁衣式的客户化集成开发，对集成商来说其难度和工作量都比较大，但可以形成紧凑、实用和高效的虚拟仪器/测试系统，更有利于用户的实际测试应用。目前有些集成商借助 CAD 等软件工具，辅助虚拟仪器和测试仪器选型、订货日程的安排和设计修改的跟踪，极大地简化了客户化虚拟仪器/测试系统的集成工作，降低了设计费用。

2.4 主控计算机（控制器）的选择与配置

本节介绍虚拟仪器中的主控计算机/控制器的选择与配置，讨论嵌入式和外置式两种类型的控制器的选型，外置控制器与测试设备间的通讯总线接口配置。

主控计算机（测试控制器）由 CPU 及其外设组成，通过执行系统软件、虚拟仪器软件以及人机交互，主控计算机实现对各种测试资源的控制与配置。在许多虚拟仪器/测试系统中，主控软件的开发环境往往也安装在主控计算机上，用户利用主控计算机编辑、编译和调试虚拟仪器及测试软件。

主控计算机的选型，不仅决定了虚拟仪器/测试系统的性能，而且对系统未来的扩展性和维护性产生影响。因为主控计算机的改变，必将带来一系列技术和费用的额外投入，所以具有稳定和长期的供货商是主控计算机选型的一条重要原则。除 CPU 外，主控计算机选型时应该配置的主要外设包括：内存、硬盘/光驱、显示器、打印机、标准仪器控制总线接口等。在参考硬件性能指标的同时，主控计算机选型还要特别关注供应商长期的技术支持能力，包括完备的文档资料、技术培训、零/部件维修、更换保障及全球范围的快捷的技术支持等。

目前，以 VXI、PXI、USB 等总线仪器为主的虚拟仪器/测试系统中，主控计算机的选择主要集中在是采用外置式控制器还是嵌入式控制器，其主要的性能指标包括：字串传送、随机读/写和数据块传送。下面分别就外置式控制器、嵌入式控制器的配置和选型进行讨论。

2.4.1 外置式控制器

当虚拟仪器/测试系统的外形尺寸无严格要求，也不强调机动运输的便携能力时，可选用外置式控制器。外置控制器一般采用通用个人计算机或工作站，其选择的主要依据是测试任务的需要和虚拟仪器/测试系统的成本预算。除计算机系统外，影响外置控制器乃至整个虚拟仪器/测试系统性能的主要因素，是计算机与 VXI/PXI 总线仪器或其他模块仪器间的通讯接口配置。目前可以选择的通讯总线包括：GPIB、RS-232、USB、MXI-2（3）、IEEE1394 和光纤等多种类型。

A GPIB-VXI/PXI

当通过 GPIB 总线实现外置计算机对 VXI/PXI 总线仪器模块的控制时，计算机上应配置 GPIB 总线接口卡，在 VXI/PXI 总线机箱中配置实现 GPIB-VXI 或 GPIB-PXI 总线转换的零槽控制器模块，计算机把各 VXI/PXI 仪器模块作为具有唯一 GPIB 地址的独立仪器进行控制。这种控制方式可以实现 VXI/PXI 系统与其他 GPIB 仪器间的无缝链接，并且成本低廉。通常 GPIB-VXI/PXI 总线零槽控制器还具有 RS-232 全双工串行通讯接口或通用串行总线 USB 接口。可以通过计算机的 RS-232 或 USB 总线接口，实现对 VXI/PXI 总线仪器的控制。

由于 GPIB 总线通讯采用了字串协议，可读性好与编程语言无关，但效率较低，所以采用 GPIB 总线的主要缺点是数据传输速率低（最大传输速率小于 1MB/s），不适应高速实时数据采集的要求。

B MXI-VXI/PXI

当采用 MXI 总线实现外置计算机对 VXI 或 PXI 总线仪器模块的控制时，计算机上应配置 MXI 接口卡。目前比较常用的 MXI 板卡，主要是 ExpressCard 8360 和 PXI-8360。对于 ExpressCard，主要是用在有 ExpressCard 扩展插槽的电脑或者 PXI 控制器上。在笔记本电脑上，通常是有 ExpressCard 扩展插槽的，由于笔记本电脑没有传统的 PCI/PCIe 插槽，要实现 MXI 应用的时候就需要这种 ExpressCard 8360 的设备了。另外，对于某些 VXI/PXI 控制器，也是有 ExpressCard 扩展插槽的，可以用来控制其他的 VXI 机箱、PXI 机箱或者 RIO 机箱。

要控制 VXI 机箱或 PXI 机箱，需要在 VXI 机箱或 PXI 机箱中安装 MXI 板卡，我们这里以 PXI-8360 为例。PXI-8360 有一个 MXI 接口，插入 PXI 机箱后，连接由上游机箱引出的线缆，这样，就可以将该机箱作为 MXI 应用中的下游机箱了。

针对 PXI-8360 和 ExpressCard 8360，用到的线缆为 MXI-Express/ExpressCard MXI Cable，这是用于 MXI-Express x1 的专用线缆。

采用 MXI 总线的缺点是：电缆导线较多，结束较粗较硬，使得 MXI 总线在虚拟仪器/

测试系统中布线较困难。另外与其他总线连接方式相比，MXI 总线的价格还较高。

　　C　IEEE1394-VXI/PXI

　　IEEE1394 是一种高速串行总线，具有高达 400Mbps 的传输速率，最新的 1394b 接口能够提高 800Mbps 或更高的传输速率，主要用于个人计算机与各种外部设备的连接。目前 IEEE1394 及 IEEE1394b 已经成为许多高性能计算机的标准配置。IEEE1394 系列总线与 GPIB 总线、MXI 总线和 USB 总线等相比，其性能价格比更具吸引力。通常在不追求高的数据传输速率的场合，可以选择 IEEE1394 系列接口总线作为外置计算机与 VXI 总线系统间的通讯总线。

2.4.2　嵌入式控制器

　　嵌入式控制器是插入 VXI 或 PXI 机箱的控制计算机。采用嵌入式控制器的虚拟仪器或测试系统的集成度高，是便携式 VXI/PXI 总线虚拟仪器/测试系统的理想选择。嵌入式控制器往往在占 VXI/PXI 机箱 1~2 槽位大小的模块中，集成有高性能 CPU，以及可连接多台显示器的显示端口、双千兆以太网、GPIB、串行和并行端口等丰富的外设 I/O，构成一个完整的虚拟仪器系统。嵌入式控制器的选型，主要围绕选择何种架构的机箱。目前主要的选择包括：

　　（1）普通的嵌入式控制器（EC：Embedded Controller）。在一组特定系统中，配置到固定位置，完成一定任务的控制装置就称为嵌入式控制器。其实在计算机当中就是一个微处理器芯片或单片机。嵌入式控制器是一种特殊用途的 CPU，通常放在非计算机系统，如：家用电器。嵌入式控制器是用于执行指定独立控制功能并具有复杂处理数据能力的控制系统。它由嵌入的微电子技术芯片来控制的电子设备或装置，从而使该设备或装置能够完成监视、控制等各种自动化处理任务。

　　（2）工业级嵌入式控制器。工业上的嵌入式控制器俗称 PC-BOX 或 e-box，是工控机的一种，属于紧凑型嵌入式计算机系统，常用的嵌入式产品功能强大且外形小巧，一般采用低功耗无风扇处理器，直流 12V 或 24V 电源输入。有效控制内部热量，使其能适应严苛的工作环境。而且嵌入式控制器各种 I/O 端口特别多，可以连接更多所需的设备。嵌入式控制器可以搭载容 Windows® XP、Windows® XP Embedded、Windows® 2000 以及 Linux 等主流操作系统和嵌入式操作系统。

2.5　信号接口装置设计

　　本节介绍信号接口装备的类型及其机械结构，为其设计奠定技术基础。

2.5.1　信号接口装置的类型

　　信号接口装置主要分为两种类型：

　　（1）面向特定被测单元的专用测试连接。这种连接方式成本低廉、连接紧凑、信号损失小，但由于接口的专用性，虚拟仪器/测试系统的适应面窄，测试资源的利用性、通用性和可互换性差。专用测试连接与具体应用密切相关，其通用性可参考性有限，因而此处不作为重点。

　　（2）针对多种被测单元的通用测试连接。虚拟仪器/测试系统上的测试接口是针对多种被测单元的通用接口，通过与被测单元对应的接口适配器实现通用接口到专用接口的转换，检测不同的测试对象只要更换相应的接口适配器。采用通用测试连接，虚拟仪器/测试系统的适应面宽，便于用户进行二次开发，为虚拟仪器的实用化奠定了基础。但相应的开发成本高、连接复杂、适配器中信号集中容易引入干扰。目前针对不同的测试对象系列，已出现了多种通用接口标准，如商用航空领域的 ARINC608A，军用测试领域的 CASS、IFTE、JSECST 和 TETS 等。

2.5.2 通用信号接口装置机械结构

通用信号接口装置主要包括信号适配器及其面板、适配器端信号接口、测试卡连接器和虚拟仪器/测试系统机箱及模块化仪器等。通过固定在虚拟仪器机箱端信号接卡器上的接口连接器组件，连接虚拟仪器中的各种测试资源，形成适应不同测试对象的公共接口。接卡器的机械结构应该确保接口连接器组件与测试适配器模块间的可靠对接和快速插拔。接卡器主要包括结构框架、用于测试资源链接的接口连接器组件模块、测试夹具定位与锁定装置等。测试夹具由测试适配器模块、适配器箱体及内部结构、被测对象 PCB 接口或被测对象线缆接口及测试电缆等组成。

为实现虚拟仪器测试资源与被测单元测试信号的可靠连接，信号接口装置必须具有测试要求的功率容量、信号频率和使用寿命，由信号接口装置所引入的附加信号衰减和干扰必须控制在测试所允许的范围内。信号接口装置的设计与选型是虚拟仪器/测试系统硬件集成工作中的关键步骤之一，大量的工程实践证明，信号接口装置往往是虚拟仪器/测试系统可靠性的薄弱环节，必须倍加关注。

2.6 可靠性与安全性设计

本节讨论可靠性和安全性设计，分析虚拟仪器/测试系统中可靠性指标的分配和可靠性措施，重点讨论接地和屏蔽等各种抗干扰设计原则，最后介绍了安全性设计的内容。

2.6.1 可靠性设计

可靠性设计是虚拟仪器系统设计、研制工作的重要组成部分。良好的可靠性、强有力的技术支持和技术服务保障是虚拟仪器/测试系统正常使用、发挥效能的重要保证。根据可靠性理论，虚拟仪器/测试系统可靠性工作主要包括建立可靠性模型、可靠性指标分配、可靠性管理以及制定和贯彻可靠性技术保证措施及可靠性验证等。

2.6.1.1 可靠性指标

虚拟仪器/测试系统的可靠性指标为：平均故障间隔时间（MTBF）交付使用时 MTBF 达到设计要求，产品研制结束时提供完整的产品可靠性验证参数及部件、分系统的 MTBF 数据，同时提出使用管理建议。目前美军 ATE 及其他虚拟仪器产品的平均故障间隔时间均大于 750h。

2.6.1.2 可靠性指标分配

系统设计阶段将基本可靠性指标分配到每个分系统，可靠性指标分配选用评分分配法，并遵循以下几条准则：

（1）对复杂度高的分系统、设备等，应分配较低的可靠性指标，因为产品越复杂，其组成单元就越多，要达到高可靠性就越困难并且更为昂贵。

（2）对于技术上不成熟的产品，分配较低的可靠性指标。对于这种产品提出高可靠性要求会延长研制时间，增加研制费用。

（3）对于处于恶劣环境条件下工作的产品，应分配较低的可靠性指标，因为恶劣的环境会增加产品的故障率。

（4）对于重要度高的产品，应分配较高的可靠性指标，因为重要度高的产品的故障会影响人身安全或任务的完成。

2.6.1.3 可靠性验证

可靠性验证的目的是在可靠性预计的基础上进一步考核、检查研制产品的可靠性水平。根据产品的使用环境和研制工作的具体情况，本系统在研制过程中，对重点的自研产品部件、单机进行可靠性考核。考虑到软件产品目前尚没有严格的可靠性考核、试验方法，软件的可靠性指标纳入系统的可靠性指标中一并检查、验收。

2.6.2 抗干扰设计

虚拟仪器/测试系统工作时处于较复杂的电磁环境中，被测信号种类繁多、频段跨度大，还可能伴随着较强的电磁辐射。虚拟仪器系统往往包含了不同厂家的多种仪器模块、测试设备、转接设备和复杂的连接导线，这些都将造成电磁环境的变化与繁杂，很可能产生不同程度的电磁干扰。电磁噪声轻则使测试精度降低，重则造成虚拟仪器/测试系统无法工作。

2.6.2.1 噪声的抑制

A 虚拟仪器系统抑制噪声

虚拟仪器系统对噪声的抑制，主要从确定噪声源、确定噪声的传入点和确定噪声的传播途径三个方面考虑。

B 虚拟仪器/测试系统的噪声来源

虚拟仪器系统中噪声的主要来源包括：导体耦合、共电阻耦合和电磁场耦合。经过噪声环境的导体往往将噪声带入工作电路，电源线是最常见的噪声耦合导体。由于串行接地的不同电路间存在着接地电阻，引起地电位差而耦合的噪声，称为共电阻耦合噪声。电磁场辐射干扰也是虚拟仪器或测试系统噪声的重要来源。

信号的开关切换电路是信号传输的中枢，开关系统中的噪声将严重影响虚拟仪器系统的性能指标。开关系统中的噪声既有来自开关系统内部，也有来自开关系统外部的。最常见的开关系统噪声是相邻开关通道间的串扰，如图 2-3 所示，开关系统噪声主要通过开路通道与相邻的导通通道间的杂散电容耦合到信号通道，由于噪声耦合是面积和距离的函数，所以随着开关密度的加工，噪声耦合越严重。减小开关系统噪声的主要措施包括：大信号开关与小信号开关通道应该发行量远离，信号通道间布地线抑制噪声，不用的开关接地。

C 抑制噪声的措施

（1）噪声源的处理。屏蔽噪声源，对所有经过噪声环境的导线进行滤波处理，限制脉冲上升时间，采用扼流环抑制浪涌电压/电流，双绞噪声导线，屏蔽/双绞噪声导线，屏蔽层两端接地抑制辐射干扰。

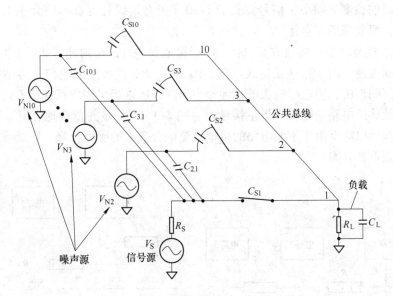

图 2-3 开关系统噪声耦合

(2) 噪声传播途径的处理。双绞低电平信号线，双绞/屏蔽信号线，避免形成地环路，保持系统地和信号地分离，信号的隔离与屏蔽，地线尽量短，单点接地，噪声敏感的设备放置在屏蔽罩中，噪声敏感的导线尽量短，高/低电平电路不共地线。

(3) 噪声引入点的处理。限制工作频带，采用带通滤波器，采用适当的电源去耦，信号/噪声/系统三类地分离，采用屏蔽罩，用小容量高频电容与电解电容并联。

2.6.2.2 虚拟仪器系统接地设计

虚拟仪器/测试系统中合理的接地、布线与屏蔽设计是抑制噪声干扰和信号串扰，保证获得可靠、可信的测试结果的关键。采用统一的接地、布线与屏蔽设计措施，也将减小不同的虚拟仪器系统间信号传输特性的差异，为虚拟仪器系统的扩展与移植创造条件。

不适当的接地设计常常是虚拟仪器/测试系统中主要的噪声来源，甚至危及操作人员和测试设备的安全，而合理的接地方案将降低或消除共地线阻抗产生的噪声压降，避免形成地环路而产生磁场和接地电位差，保证测试系统安全可靠运行。

"地"是工程应用中最容易混淆的概念，依据"地"在系统中的不同作用可按以下划分。

信号地：低电平信号的零电位参考点。也是构成电路信号回路的公共端。

功率地：大电流电路的零电位。其地线流过的电流较大，应与信号地分开。

安全地：接到虚拟仪器/测试系统金属机柜或机箱壳体的地。安全地应与交流供电电源的地线相连，安全地的作用是当发生漏电时，提供电流泄放回路，保护操作人员和虚拟仪器/测试系统的安全。

屏蔽地：信号传输线缆的屏蔽层的接地。主要目的是减小噪声和电磁干扰。

A 单点和多点接地原则

一般的接地设计原则是低频电路/系统采取单点接地，高频电路/系统采取多点接地。通常低于 1MHz 采用单点接地，高于 10MHz 采用多点接地，而 1 ~ 10MHz 之间可采用单点接地，但地线的长度必须小于信号波长的 1/20（所有地线长度都不应大于 1.5m），否则会产生辐射，只能采用多点接地。

（1）单点接地。单点接地方案包括：串行接地和并行接地两种，如图 2-4（a）所示，串行接地连线方便，由于存在接地线电阻，因此 A、B、C 各点的电位不再是零。又由于各电路地电流的汇流，将造成较大的接地噪声压降，所以当采用串行接地方式时，大电流和地电位差敏感的电路应尽量靠近主接地点。图 2-4（b）是并行接地方案，各电路采用单独的接地线可以降低由于不同电路的接地电流耦合造成的噪声压降，在低频应用中，单点并行接地是首选方案。

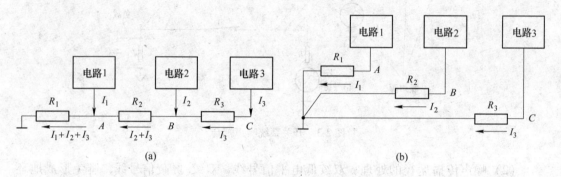

图 2-4　单点接地

（a）串行接地；（b）并行接地

（2）多点接地。随着信号的频率的增加，接地线电感造成的接地阻抗增加，同时地线间通过电容耦合产生干扰，甚至发射噪声。所以当频率大于 10MHz 应采用多点接地，如图 2-5 所示。电路以尽可能短的接线线就近接到接地盘上（通常为系统机箱/机柜）。

B　虚拟仪器/测试系统中的接地原则

虚拟仪器/测试系统中接地原则是采用独立的接地系统，将信号地、功率地和安全地完全分开，最终在虚拟仪器/测试系统工作现场的接地点共地，如图 2-6 所示。由于信号连接器接触电阻的存在，地线必须穿过相对阻抗较高的连接通道，为了减小信号在高阻抗地线通道上的相互影响，在接口适配器和虚拟仪器系统中分别采用两套完全独立的接地系统（信号地和安全地），如图 2-7 所示。这样连接的主要目的：

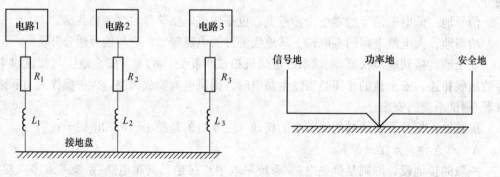

图 2-5　多点接地　　　　　　　图 2-6　不同的"地"相互独立

（1）保证安全，虚拟仪器系统资源的输出电压不可能出现在操作人员可接触的机柜/机箱表面。

（2）提供了静电的泄放回路，保护虚拟仪器系统静电敏感设备不受损坏上。

（3）避免了交流电源线噪声通过信号地耦合。

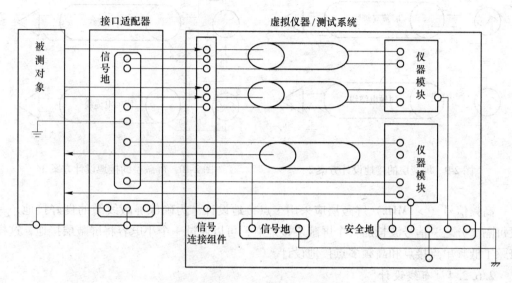

图 2-7　通用接口适配器的接地设计

采用同轴电缆的单端仪器的屏蔽层应通过开关接地（信号地），而不是直接与接口适配器中信号地连通，否则由于单端仪器的屏蔽层已接机壳安全地，那么通过屏蔽层又使安全地和信号地连通，这将违背虚拟仪器系统单点接地原则。而双绞屏蔽线的屏蔽层通过虚拟仪器信号接口装置连接到接口适配器中的信号地，形成单点接地，在仪器资源端屏蔽悬空，如图 2-7 所示。

此外，不要依靠机柜中的金属隔板或导轨实现仪器机箱接地，这种不可靠的接地方法将影响虚拟仪器/测试系统的测量重复性和可靠性，同时使不同的虚拟仪器/测试系统间的软硬件移植与互操作变得困难。

2.6.2.3　虚拟仪器/测试系统中的屏蔽设计

虚拟仪器/测试系统中通过屏蔽可以抑制由电容耦合的电场干扰噪声及电感耦合的磁场干扰噪声。只有当屏蔽完全覆盖信号线缆且屏蔽层良好接地时，才能获得满意的电场屏蔽效果。为实现最佳的磁场屏蔽作用，电路的一端必须与地隔离（不形成环路），屏蔽层不能是信号导体。

为减小屏蔽层噪声电流，低频信号线缆的屏蔽层应该采用单点接地，这样与信号电路的单点接地原则相一致。如果仅有信号源接地，则即使这个接地点不是真正的大地，屏蔽层接地点也应选在信号源端，如图 2-8 所示。同样，如果仅有负载端接地，即使接地点不是真正的

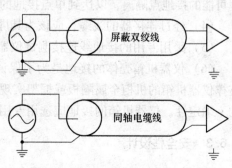

图 2-8　屏蔽层的接地设计方案 1

大地，屏蔽层接地点也应选在负载端，如图 2-9 所示。当信号电路的两端都接地时，由于形成了地环路，屏蔽层对噪声的抑制非常有限，屏蔽层也采取两端接地，效果比单端接地略好，如图 2-10 所示。

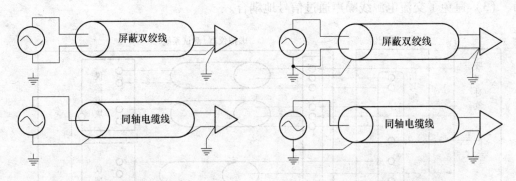

图 2-9 屏蔽层的接地设计方案 2   图 2-10 屏蔽层的接地设计方案 3

高频信号（＞1MHz）屏蔽层应采用多点接地设计，为确保屏蔽线缆的良好接地，一般每隔十分之一信号波长加一个屏蔽层接地点，可以通过一个小电容将屏蔽层接地，这样兼顾了低频单点接点和高频多点接地设计。

2.6.2.4 布线设计

A 线缆特性

双绞线的正常工作频率一般限制为 100kHz，当超过 1MHz 时线路损耗增加，所以频率超过 100kHz，信号传输应采用同轴电缆。双绞线对电容耦合的电场噪声几乎没有抑制作用，但对磁场耦合噪声的抑制能力很强。同轴电缆的阻抗从 DC ~ VHF（甚高频 30 ~ 300MHz）保持基本恒定，但同轴电缆不能用于低于 10kHz 的低频信号传输。

B 布线

（1）虚拟仪器/测试系统中的连线尽量短。为避免引入或发射噪声，系统中的连线应尽量短，线缆终端多余的导线也不要盘成卷，这样容易感应磁场，耦合噪声干扰。

（2）高电平信号与低电平信号分开走线，如果无法分开走线，可通过屏蔽和线间加地线等措施抑制噪声干扰。

（3）保持屏蔽层完整性。为了获得最佳的噪声抑制效果，在整个虚拟仪器/测试系统中都应该保持信号屏蔽层的完整性。对于低频信号传输，还应注意保证屏蔽层与系统中其他可能的接地点隔离，以达到单点接地的目的。

（4）经过连接器的线缆，应该为其屏蔽层分配独立的连接器引脚。

（5）采用专用的接地线连接测试仪器机壳与虚拟仪器/测试系统安全地。

（6）仪器机箱壳体的接地是为了保证操作人员和虚拟仪器系统的安全，不能依靠与支撑仪器机箱的机柜金属隔板或框架实现接地。这样既是安全的隐患，又会引起测试结果的不确定性。仪器机箱的接地应选用专用的铜编织带，保证可靠接地。

2.6.3 安全性设计

作为复杂的电子设备，当虚拟仪器/测试系统发生故障或操作人员误操作时，应该能够保护操作人员的安全和尽量减小和避免虚拟仪器/测试系统的损坏。因此虚拟仪器系统集成过程中安全性设计是不可忽视的重要环节。

2.6.3.1 防差错设计

虚拟仪器/测试系统在使用和维护中都可能出现因人为疏忽而造成的非正常操作，例如：用户可能接错测试适配器、专用测试线缆甚至被测对象，在进行维护检修中也可能接错或漏接线缆，操作过程中未按正常的工作流程等。虚拟仪器/测试系统防差错设计的目的就是从技术上消除产生人为差错的可能性，保证系统按正常工作状态运行。防差错设计的主要措施有：

（1）明确醒目的标识，合理的线缆/连接器配色。接口适配器、各种线缆都应该有明确的名称和编号标识。对系统或操作人员构成威胁的部件、开关应该有醒目的颜色（红色）和警示说明。通过合理的线缆颜色搭配标识其功能含义。

（2）选择不同结构的连接器。为从物理结构上杜绝线缆连接的错误，应该选择外形尺寸、连接点数或接触体类型（针、孔）不同的连接器，当必须使用相同的连接器时，也应该人为造成连接器的一些结构区别，例如：排除或填塞一些不用的接触体，使相同的线缆间失去互换性。

（3）合理的操作开关布局与结构设计。各种操作开关除要有显著的名称标识外，合理的布局和结构设计可以防止用户误操作或意外接触，也是防差错设计的重要措施。

（4）自动差错发现。由于有些差错的防止是无法完全通过硬件设计避免的，如测试接口适配器、测试线缆或被测对象的错接，需要在连接器物理结构防差错的基础上，通过虚拟仪器软件的配合，自动发现差错并禁进一步的操作运行。

为识别正确的接口适配器、测试线缆的连接，可在适配器中加入图 2-11 所示的识别电路。不同的适配器选择不同阻值的 $R_1 \sim R_4$ 电阻，测试线缆内预先连接与专用插座对应的短路线，如与插座 1 对应的测试电缆连好后，将造成电阻 R_1 短路，这样通过测量适配器中总的识别电阻 R_x，可以判断出是否连接了正确的适配器，测试慎用电缆是否连好以及是否连接正确。如果同一一插座上可以连接多个被测对象，可以在测试电缆中添加不同的电阻 R，这样总的识别电阻 R_x 随被测的不同而各异，对于那些测试接口完全相同的被测对象，可以通过测量被测对象端口上的特征电阻加以区别。

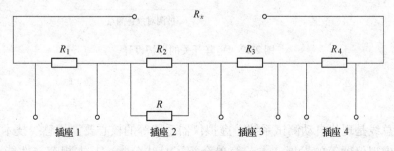

图 2-11 接口适配器和线缆识别电路

2.6.3.2 上电安全设计

只有满足一系统安全供电条件，虚拟仪器/测试系统才能向被测对象输出供电电源，否则将危及操作人员、被测设备或虚拟仪器系统自身的安全。上电安全设计就是要为供电操作建立强制性的前提条件，保障测试过程的安全。

A 上电安全的前提条件

只有在连接了正确的接口适配器、测试电缆和被测对象，并且被测对象内无电源短路现象，虚拟仪器系统自身的状态满足正常工作要求（例如：电源系统正常、前/后机柜门已经关闭、应急开关开启等），虚拟仪器/测试系统才能够通过测试接口安全地向被测对象供电。

B 主要设计思路

将安全供电条件转换为可检测的信号量，如开关量、电阻值，采用软件、硬件手段保证供电操作与安全上电条件间的逻辑约束关系，建立多组供电电源间的互锁逻辑，保证供电安全的一致性。

2.6.3.3 开关系统的保护设计

开关系统是虚拟仪器/测试系统中信号交换的中枢，开关系统的故障将直接影响虚拟仪器/测试系统正常工作，危及虚拟仪器及测试对象的安全。其中并联的多个开关的非正常同时导通造成的短路是开关系统最常见的故障。由于开关导通速度远低于软件执行速度，所以在开关通道切换时容易发生开关短路现象。一般是通过软件延时来避免开关短路，但过长的延时将降低测试效率，同时随着控制器的升级和虚拟仪器软件的移植，延时时间都要重新调整。开关系统的保护设计可以在适当软件延时的基础上，通过增加保护电阻避免测试通道间的直接短路，如图 2-12 所示。这样对开关速度不一致或开关故障造成的信号通道间的短路都能起到保护作用。

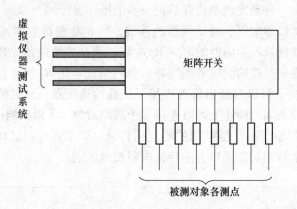

图 2-12 矩阵开关的保护设计

小 结

计算机总线是现代自动测试系统、虚拟仪器系统等的核心要素，总线技术的发展影响测试仪器和虚拟仪器等的发展。本节简单介绍了总线分类、基本规范、性能指标和优越性，总线技术、规范和使用为虚拟仪器的集成提供了技术基础。

本节还详细介绍虚拟仪器系统的硬件集成过程，分析影响硬件集成的主要因素，描述硬件集成的步骤。讨论了虚拟仪器中的主控计算机/控制器的选择与配置，讨论嵌入式和外置式两种类型的控制器的选型，外置控制器与测试设备间的通讯总线接口配置。

　　本节也讨论了可靠性和安全性设计，分析虚拟仪器及测试系统中可靠性指标的分配和可靠性措施，重点讨论接地和屏蔽等各种抗干扰设计原则，最后介绍了安全性设计的内容。

 习　题

2-1　什么是总线？简述总线的分类方法。

2-2　试通过列表的方式，比较各种测控与虚拟仪器专用总线的性能和优缺点。

2-3　试通过列表的方式，比较各种通用总线的性能和优缺点。

2-4　试说明虚拟仪器系统集成的过程，简述其集成策略。

2-5　如何选择与配置虚拟仪器系统的主控计算机？

2-6　虚拟仪器系统中的信号接口装置有哪几种类型？如何进行信号接口装置的设计？

2-7　如何保证虚拟仪器系统设计中的可靠性？如何进行虚拟仪器系统的抗干扰设计和安全性设计？

第 **3** 章 虚拟仪器控制软件技术

虚拟仪器系统或测控系统的核心技术是对系统中各组成硬件模块或设备进行控制。这些控制主要是通过各种计算机硬件接口设备，并编制相应的计算机程序实现的。为实现对计算机硬件接口设备及外部设备的控制而编制的计算机软件通常称为计算机控制软件，相对应的技术则称之为软件控制技术。随着软件工程技术的发展，软件控制技术得到了极大的完善，形成了不同层面的仪器控制软件规范，从仪器控制命令集、仪器驱动程序的开发到仪器驱动程序的使用，进行全方位的标准化定义。总的趋势是软件控制技术越来越独立于具体硬件，软件系统的控制层次越来越明晰，各层之间的调用关系也越来越规范。这种发展的趋势使得软件的核心作用在测量与控制系统的开发中越来越明显，并逐渐成为测控系统和虚拟仪器系统开发中的基础技术。

上述的软件规范在虚拟仪器的系统开发与集成中起着非常重要的作用，本章即对这些标准以及虚拟仪器软件体系结构进行介绍。

3.1 可编程仪器标准指令 SCPI

可程控仪器标准指令 SCPI（Standard Commands for Programmable Instrument）是架构在 IEEE488.2 上的新一代仪器控制语法，其着眼点在于能用相同的标准仪器控制语言就可以控制任一厂家的仪器，这样使用者就不必学习每一部仪器的命令语法，方便系统的组建。

SCPI 作为仪器程控命令，实现对仪器的控制，使得不同测试仪器的相同功能具有相同的命令形式，在横向上使测试仪器兼容。同时，SCPI 使用相同的命令来控制同一类仪器中的相同功能，从而使得仪器在纵向上兼容。

SCPI 的总目标是节省自动测试设备程序开发的时间，保护设备制造者和使用者双方的硬、软件投资。

定义的标准化的 SCPI 仪器的程控消息、响应消息、状态报告结构和数据格式的使用只与仪器测试功能及其性能、精度有关，而与仪器硬件组成、制造厂家、通讯物理连接硬件环境和测试程序编制环境等无关。

3.1.1 SCPI 仪器模型

为使 SCPI 命令具有更大限度的兼容性，SCPI 标准运用了一个程控命令仅面向测试功能而与仪器硬件和面板操作无关的准则。根据这一准则，SCPI 提出三种形式相容性："纵向相容性"、"横向相容性"、"功能相容性"。

（1）纵向相容性。同一家族的两代仪器应该有相同的控制，如两个示波器在时基、触发、电压设置上应该有相同的控制。

（2）横向相容性。要求不同家族的两个仪器应该使用同一命令进行相同的测量，如示波器和电子计数器都能使用 < :MEA:RTIM? > 命令完成脉冲上升时间测量。

（3）功能相容性。要求两个仪器用相同的命令能够实现相同的功能，如频谱分析仪和射频源两者都能扫频，如果两个仪器使用相同的频率和扫描测试功能，而不是仪器硬件组成、技术手段和前面板控制，SCPI 提出了一个描述仪器测试功能的仪器模型，如图 3-1所示，图 3-2 和图 3-3 分别是程控仪器的测量功能模型和信号产生功能模型。

程控仪器模型表示了 SCPI 仪器功能逻辑和分类。这种分类提供各种不同类型仪器可利用的各式各样的 SCPI 命令的构成机制和相容性。

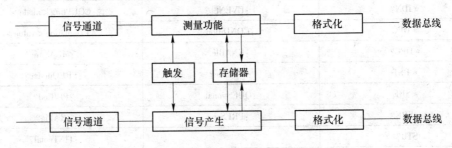

图 3-1　SCPI 程控仪器模型

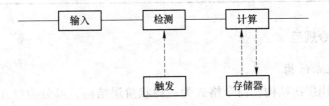

图 3-2　测量功能模型

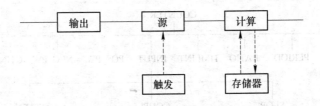

图 3-3　信号产生功能模型

3.1.2　SCPI 命令分类

SCPI 是架构在 IEEE488.2 上的仪器控制语言。整个 SCPI 命令可分为两个部分，一是IEEE488.2 公用命令，二是 SCPI 仪器特定控制命令。公用命令是 IEEE488.2 规定的仪器必须执行的命令，其句法与语义均遵循 IEEE488.2 规定。它与测量无关，用来控制重设、自动测试和状态操作。SCPI 的公用命令见表 3-1 中的 A 部分。SCPI 仪器特定控制命令用来从事量测、读取资料及切换开关等工作，包括所有测量函数及一些特殊的功能函数。仪器特定控制命令是与仪器相关的，针对不同的仪器命令也不同。SCPI 仪器特定命令分为必备命令（Required Commands）和选择命令（Optional Commands）。其必备命令见表 3-1中的 B 部分，选择命令见表 3-1 中的 C 部分。

表 3-1　SCPI 命令子集

A	B	C
＊CLS	:SYSTem	:SENSe[1][2]
＊ESE	:ERROR?	:EVEN
＊ESE?	:STATus	:SLOPe < POSI NEG >
＊ESR?	:OPERation	:INPut < 1 2 >
＊IDN?	[:EVENt]?	:COUPling < mode >
＊OPC	:CONDition	:ATTenuation < value >
＊OPC?	:ENABle	:MEASure
＊RST	:ENABle?	:FREQuence?
＊SRE	:QUEStional	:PERiod?
＊SRE?	:PRESet	:RATio?
STB?		:TINTemal?
＊TST?		:PWIDth?
＊WAI		NWIDth?

3.1.3　SCPI 命令规范

3.1.3.1　基本结构

SCPI 命令采用层次结构，命令格式为一树状阶层结构，可分为好几个次系统，每一个次系统均为阶层结构关系，分别由一个顶层命令（可称为根命令）配合一个或数个阶层命令构成。以通用计数器 SCPI 命令子集为例，其阶层结构如图 3-4 所示。

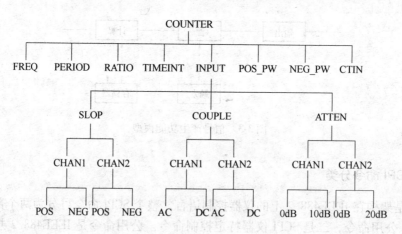

图 3-4　通用计数器 SCPI 命令层次结构

SCPI 指令集中相关的命令集合到一起构成一个子系统，各组成命令称为关键字，各关键字用冒号 ":" 分隔，如：

SENSe:

　FREQuency:

　　VOLTage:RANGe? [MINimum MAXimum]

从以上可以看出，SCPI 命令可以望文生义，简单明了，实际上 SCPI 语言等于把各仪器的各种功能命令罗列起来完成某项测量任务。一般来说，对于任意一个虚拟仪器来讲，基本上可按图 3-5 的步骤测量。

上述流程图基本综合了 SCPI 的主要命令，如"CONFigure"、"TRIGger"、"MEASure"、"CALCulate"等。而对于每项命令，又由多种功能命令组成，根据编程者需要进行调用，如使用数字电压表测量直流电压，可以按如下语句执行。

:CONF:VOLT:DC 10,0.003（设为直流电压挡，量程 10V，0.003V 分辨率）

:TRIG:SOUR EXT（使用外部触发）

:READ?（把测量数据读入缓冲器）

另外，SCPI 命令并不能独立进行编程，而需依靠其他的开发平台，如 Visual C++、C#、Visual Basic、Delphi 等平台以及虚拟仪器开发平台 LabWindows/CVI 和 LabVIEW 等，才能组成虚拟仪器测试系统。SCPI 的作用是能使仪器功能命令编程简单化。

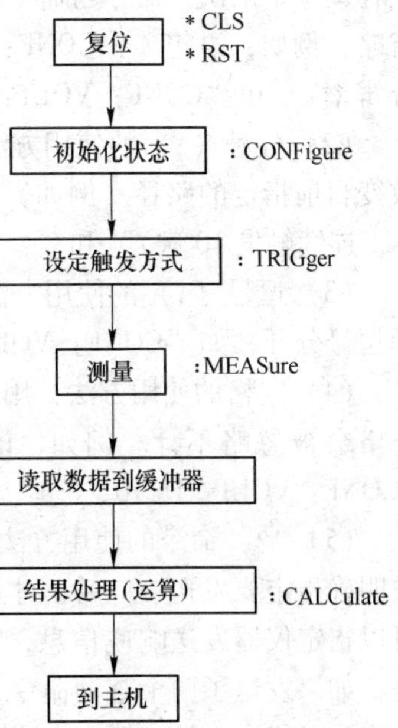

图 3-5　利用 SCPI 命令
实现仪器测量

3.1.3.2　助记符

SCPI 的助记符均按简略规则书写，具体规则如下：

（1）如果一个英文单词的字母数少于 4 个，则这个词本身就是一个助记符。

（2）如果一个英文单词的字母数超过 4 个，则用前 4 个字母作为助记符。

（3）如果一个助记符的结尾是一个元音字母，则去掉这个元音字母，只保留 3 个字母。

（4）如果不是一个单词，而是一个句子，则使用第一个单词中的第一个字母和最后一个单词的全部字母。

下面通过实例来说明，见表 3-2，左边为单词，右边为助记符。

表 3-2　SCPI 助记符生成举例

单　词	助记符	单　词	助记符
Frequency	FREQ	Free	FREE
Power	POW	ACVolts	ACV

这种结构的优点是，一旦选用一个特定的单词操作指令，即可根据上述原则方便地写出助记符，从而能迅速地学习和掌握仪器的编程方法，更好地从事虚拟仪器程序开发工作。由于可使用完整的单词作为助记符，所以能使测试程序非常容易看懂，而且便于作为文件保存起来。

3.1.3.3　符号用法

（1）冒号（:）的使用方法：当冒号位于命令关键字的第一个字符前面时，表示接下来的命令是根命令。当冒号位于两个命令之间时，表示从当前的层次（根层次命令）向下移动一个层次。命令与命令之间必须用冒号分开，一行程序的第一个命令前的冒号可以省略，例如，语句"：CONF：VOLT：DC 10，0.1（设为直流电压挡，量程 10V，0.1V 分辨率）"和"CONF：VOLT：DC 10，0.1"是等效的。

（2）分号（；）的使用方法：分号用来分离一个命令字符串中的两个命令，分号不能改变目前指定的路径。例如，语句"：TRIG：DELAY 1；：TRIG：COUNT 10（触发延时 1s，连续触发 10 次）"和"：TRIG：DELAY 1；COUNT 10"是等效的。

（3）逗号（，）的使用方法：如果一个命令需要一个以上参数时，相邻参数之间必须用逗号分开，如"CONF：VOLT：DC 10，0.1"。

（4）空格的使用方法：用空格或［TAB］来分隔命令关键字和参数。在参数列表中，空格会被忽略不计。例如，语句"：CONF：VOLT：DC 10，0.1"是正确的，而语句"CONF：VOLT：DC10，0.1"则是错误的。

（5）"？"命令的使用方法：控制器可以在任意时间发送命令，但是 SCPI 仪器只有在被明确指定要发送响应时，才会发送响应信息。而只有查询命令（以"？"结束的命令）可以指定仪器发送响应信息，查询的返回值为测量值或仪器内部的设置值。需要注意的是，如果发送了两个查询命令，而没有读取第一个命令的响应，便尝试读取第二个命令的响应，可能会先接收第一个响应的信息，接着才是第二个响应的完整信息。若要避免这种情形发生，在没有读取响应信息之前，不要发送查询命令。当无法避免这种状况时，在发送第二个查询命令之前，先发送一个元件清除命令。在同一行程序中，不能同时有命令和查询。因为这可能会产生太多信息，造成输出缓冲器超载。

（6）"＊"命令的使用方法：以"＊"开关的命令称为公用命令，用来执行所有的 IEEE488.2 标准规定的仪器功能。一般来说，"＊"命令可以用来控制仪器的复位、自检和状态设置等操作。例如，"＊RST"命令可以将仪器设定为初始状态。

3.1.3.4 参数用法

SCPI 语言定义了程序信息和响应信息的不同格式。虽然仪器本身都有一定的弹性，可以接收各种命令和参数，但是 SCPI 仪器都规定了比较精确的参数格式。也就是说，SCPI 仪器都会以预先定义过的格式，响应特定的查询。

（1）数值参数：在数值参数（Numeric Parameters）中，可以是常用的十进制数，包括正负号、小数点和科学记数法，也可以是特殊数值，如 MAXimum、MINimum 和 DEFault 等。数值参数可以加上工程单位字尾，如 M、k 或 μ 等。如果输入的数值参数为特殊数值，仪器会自动将输入数值四舍五入。

（2）离散参数：离散参数（Discrete Parameters）用来设定状态数值，如 BUS、IMMediate 和 EXTernal 等。和命令关键字一样，离散参数有简略形式和完整形式两种，而且可以大小写混用。查询响应的返回值，一定都是大写的简略形式。

（3）逻辑型参数：逻辑型参数（Boolean Parameters）表示单一的二进位状态，可以是真或假。如果状态为假，仪器可以接受"OFF"或 0；如果状态为真，仪器可以接受"ON"或 1。但是，在查询逻辑设定时，仪器返回值为 0 或 1。

（4）字符串参数：原则上，字符串参数（String Parameters）可以包含任何的 ASCII 字符。字符串的开头和结尾要有引号，引号可以是单引号或双引号。如果要将引号当作字符串的一部分，可以连续键入两个引号，中间不能插入任何字符。

3.1.4　工作流程

SCPI 命令的工作流程如图 3-6 所示。

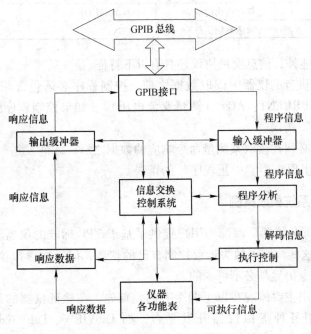

图 3-6　SCPI 命令工作流程

当主机通过 GPIB 接口（串口等其他接口）和总线发送命令到一个 SCPI 测试仪器时，则按下面的步骤处理：

（1）控制器（主控计算机）的主机通过 GPIB 接口访问测量仪器，并使该仪器作为听者，把传送来的命令放入输入缓冲器中。

（2）程序分析单元对于输入缓冲器中的命令进行语法检查。若发现错误，则通过状态寄存器发出错误命令代码到主机。同时程序分析单元也判断是否控制器需要仪器对命令进行响应，也就是判断命令中有无"?"。例如，语句"MEAS：VOLT：DC? 10, 0.004（测量直流电压，量程 10V, 0.004V 分辨率）"中的"?"表示需要把测量值通过输出缓冲器送入 GPIB 总线。

（3）可执行信息通过程序分析单元传送到执行控制单元。在这里，该模块寻找具有仪器功能的命令，并在恰当的时间请求执行该命令，同时对可执行命令进行检查，若发现错误，则通过状态寄存器发出错误命令代码到主机。

（4）当主机使仪器作为讲者时，则该仪器从输出缓冲器单元取出数据，通过 GPIB 接口和总线送到主机。

（5）信息交换控制单元规定了 GPIB 功能和仪器特殊功能联系标准，称为信息交换控制协议。该协议是 SCPI 的关键部分，规定了测试仪器怎样接收程序命令及怎样把响应信息送回主机，还定义了当出现命令错误、执行错误及仪器其他特定错误时如何响应。IEEE488.2 标准定义了表 3-3 所列的信号交换协议。

表 3-3 信息交换协议

状 态	功 能	状 态	功 能
IDLE	等待命令	RESPONSE	命令响应
READ	读、执行命令	DONE	结束响应
QUERY	存储将送出的响应	DEADLOCK	缓冲器数据满
SEND	发送响应信息		

除了以上的功能外，信息交换协议还具有以下特征。

（1）在从作为讲者的仪器中读取数据之前，控制程序必须包含带有"？"的结束标志，如"MEAS：CURRENT：AC？（测量交流电压）"。如果控制程序违反该规则，就会出现无"结束标志"错误。

（2）控制程序必须在读取某测量命令响应的数据之后，才能发送一个新的程序命令，若违反该规则，会出现一个"中止程序"的错误。

3.1.5 SCPI 命令系统集成案例

虽然目前绝大部分仪器厂商都为用户提供了基于 VPP 标准的仪器驱动函数，用户可以非常方便地利用这些高级函数去远程控制自己的仪器，但是在虚拟仪器/测试系统的开发过程中，SCPI 命令仍然是必不可少的。

SCPI 命令的应用主要体现在以下两个方面。首先，在验证仪器的某项功能时，用户可以很方便地使用各种虚拟仪器开发平台，如 LabVIEW、LabWindows/CVI、Delphi、Measurement Studio 等，在主控计算机上向仪器发送 SCPI 命令，实现对仪器的远程操作。这样实现了对仪器进行远程控制的简单易懂、操作方便。而如果要调用 VPP 高级驱动函数来远程控制仪器，则需要编写完整的测试程序和界面，实现起来比较复杂。其次，有些仪器厂商并不提供基于 VPP 标准的仪器驱动函数，有些仪器虽然提供了 VPP 函数但是并不完整（甚至带有错误）。对于这样的仪器就无法通过 VPP 函数来实现远程控制。但是这些仪器（包括所有功能）一般都支持 SCPI 命令，这样用户就只能通过在程序中发送 SCPI 命令来实现对仪器的远程控制。

下面举例说明 SCPI 命令的应用。

在某虚拟仪器测试系统中，需要集成三台 Agilent 公司的任意波形发生器 33250A，并通过 GPIB 电缆与主控计算机相连。现在对三台 33250A 进行配置，要求三台仪器均输出正弦波脉冲串，并且 33250A-2 的相位比 33250A-1 超前 60°，33250A-3 的相位比 33250A-1 滞后 60°。但是 33250A 本身提供的 VPP 函数不完整，无法实现上述要求，所以必须通过 SCPI 命令来完成。虚拟仪器程序采用 LabWindows/CVI 虚拟仪器开发语言编写，LabWindows/CVI 平台提供了 GPIB 操作函数库，开发者可以利用该库中的函数完成 SCPI 指令与数据的读入和写出。部分程序代码如下：

```
//配置任意波形发生器 33250A-1
int device0,device1,device2;              //定义 GPIB 设备序号
char * device;                            //定义 GPIB 设备名称
char * instPrefix;                        //定义设备名称前缀
static char buffer[100];                  //定义输出缓冲区
```

```
device0 = OpenDev("GPIB::11::INSTR","");          //指定 33250A-1 设备号
sprintf(buffer,"OUTP OFF \n");                      //关闭输出
ibwrt(device0,buffer,strlen(buffer));              //设定脉冲串波形为正弦波,频率为 150kHz,幅度为
                                                        0.1V,直流偏置为 0V

sprintf(buffer,"APPL: SIN 150000,0.1,0 \n");
ibwrt(device0,buffer,strlen(buffer));
sprintf(buffer,"BURS: MODE TRIG \n");              //脉冲串模式设定为触发模式
ibwrt(device0,buffer,strlen(buffer));
sprintf(buffer,"BURS: NCYC INF \n");               //脉冲串个数设置为无限
ibwrt(device0,buffer,strlen(buffer));
sprintf(buffer,"TRIG: SOUR BUS \n");               //脉冲串触发源设定为程序触发
ibwrt(device0,buffer,strlen(buffer));
sprintf(buffer,"OUTP:TRIG ON \n");                 //启用触发输出信号
ibwrt(device0,buffer,strlen(buffer));
sprintf(buffer,"OUTP: TRIG: SLOP POS \n");         //触发输出信号设为上升沿
ibwrt(device0,buffer,strlen(buffer));
sprintf(buffer,"UNIT: ANGL DEG \n");               //角度单位设为度
ibwrt(device0,buffer,strlen(buffer));
sprintf(buffer,"BURS: PHAS 0 \n");                 //相位设为 0°
                                                    //配置任意波形发生器 33250A-2
device1 = OpenDev("GPIB::12::INSTR","");          //指定 33250A-2 设备号
sprintf(buffer,"OUTP OFF \n");                      //关闭输出
ibwrt(device1,buffer,strlen(buffer));              //设定脉冲串波形为正弦波,频率为 150kHz,幅度为
                                                        0.1V,直流偏置为 0V

sprintf(buffer,"APPL: SIN 150000,0.1,0 \n");
ibwrt(device1,buffer,strlen(buffer));
sprintf(buffer,"BURS: MODE TRIG \n");              //脉冲串模式设定为触发模式
ibwrt(device1,buffer,strlen(buffer));
sprintf(buffer,"BURS: NCYC INF \n");               //脉冲串个数设置为无限
ibwrt(device1,buffer,strlen(buffer));
sprintf(buffer,"TRIG: SOUR BUS \n");               //脉冲串触发源设定为程序触发
ibwrt(device1,buffer,strlen(buffer));
sprintf(buffer,"OUTP:TRIG ON \n");                 //启用触发输出信号
ibwrt(device1,buffer,strlen(buffer));
sprintf(buffer,"OUTP: TRIG: SLOP POS \n");         //触发输出信号设为上升沿
ibwrt(device1,buffer,strlen(buffer));
sprintf(buffer,"UNIT: ANGL DEG \n");               //角度单位设为度
ibwrt(device1,buffer,strlen(buffer));
sprintf(buffer,"BURS: PHAS-60 \n");                //相位设为 -60°
ibwrt(device1,buffer,strlen(buffer));              //配置任意波形发生器 33250A-3
device2 = OpenDev("GPIB::13::INSTR","");          //指定 33250A-3 设备号
sprintf(buffer,"OUTP OFF \n");                      //关闭输出
ibwrt(device2,buffer,strlen(buffer));              //设定脉冲串波形为正弦波,频率为 150kHz,幅度为
                                                        0.1V,直流偏置为 0V
```

```
sprintf( buffer," APPL: SIN 150000,0.1,0 \n");
ibwrt( device2,buffer,strlen( buffer) );
sprintf( buffer," BURS: MODE TRIG \n");          //脉冲串模式设定为触发模式
ibwrt( device2,buffer,strlen( buffer) );
sprintf( buffer," BURS: NCYC INF \n");           //脉冲串个数设置为无限
ibwrt( device2,buffer,strlen( buffer) );
sprintf( buffer," TRIG: SOUR BUS \n");           //脉冲串触发源设定为程序触发
ibwrt( device2,buffer,strlen( buffer) );
sprintf( buffer," OUTP:TRIG ON \n");             //启用触发输出信号
ibwrt( device2,buffer,strlen( buffer) );
sprintf( buffer," OUTP: TRIG: SLOP POS \n");     //触发输出信号设为上升沿
ibwrt( device2,buffer,strlen( buffer) );
sprintf( buffer," UNIT: ANGL DEG \n");           //角度单位设为度
ibwrt( device2,buffer,strlen( buffer) );
sprintf( buffer," BURS: PHAS 60 \n");            //相位设为 60°
ibwrt( device2,buffer,strlen( buffer) );
sprintf( buffer," BURS:STAT ON \n");             //启用 33250A-1 的脉冲串模式
ibwrt( device0,buffer,strlen( buffer) );
sprintf( buffer," BURS:STAT ON \n");             //启用 33250A-2 的脉冲串模式
ibwrt( device1,buffer,strlen( buffer) );
sprintf( buffer," BURS:STAT ON \n");             //启用 33250A-3 的脉冲串模式
ibwrt( device2,buffer,strlen( buffer) );
sprintf( buffer," OUTP ON \n");                  //打开 33250A-1 的输出
ibwrt( device0,buffer,strlen( buffer) );
sprintf( buffer," OUTP ON \n");                  //打开 33250A-2 的输出
ibwrt( device1,buffer,strlen( buffer) );
sprintf( buffer," OUTP ON \n");                  //打开 33250A-3 的输出
ibwrt( device2,buffer,strlen( buffer) );
sprintf( buffer," TRIG \n");                     //触发 33250A-1
ibwrt( device0,buffer,strlen( buffer) );
```

程序执行后，如果用示波器观察三台任意波形发生器的输出信号，会得到如图 3-7 所示的波形。

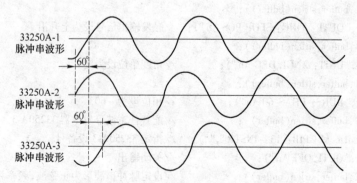

图 3-7   利用 SCPI 命令程控 33250A 输出的脉冲串波形

从本例可以看出，SCPI 命令并不能独立用于编程，可以通过 LabWindows/CVI 及其他编程语言的相关指令或控件向程控仪器发送 SCPI 命令来实现相应的功能。

3.2 VISA

随着虚拟仪器系统的出现与发展，I/O 接口软件作为虚拟仪器系统软件结构中承上启下的一层，其模型化与标准化越来越重要。I/O 接口软件驻留于虚拟仪器系统的系统管理器——计算机系统中，是实现计算机系统与仪器之间命令与数据传输的桥梁和纽带。许多仪器生产厂家在推出硬件接口电路的同时，也纷纷推出了不同结构的 I/O 接口软件，有的只针对某类仪器（如 NI 公司用于控制 GPIB 仪器的 NI-488 及用于控制 VXI 仪器的 NI-VXI），有的在向统一化的方向靠拢（如 HP 公司的 SICL——标准仪器控制语言），这些都是在仪器生产厂家内部通用和优秀的 I/O 接口软件。

一般 I/O 接口软件的结构都采用了自顶向下的设计模型：首先列出该 I/O 接口软件需要控制的所有仪器类型，然后列出了各类仪器的所有控制功能，最后将各类仪器控制功能中相同的操作功能尽可能地以统一的形式进行合并，并将统一的功能函数称为核心功能函数（如将 GPIB 仪器的读/写与 RS-232 串行仪器的读/写统一为一个核心功能函数）。所有统一形式的核心函数与其他无法合并的、与仪器类型相关的操作功能函数一起构成了自顶向下的 I/O 接口软件，实现不同类型的仪器的互操作性与兼容性。然而，这种构成方法只适用于消息基器件的互操作性（如消息读、消息写、软件触发、状态获取、异步事件处理等功能），对于如中断处理、内存映射、接口配置、硬件触发等属于器件特有的操作，根本无法得到统一的核心函数，消息基器件与寄存器基器件无法在自顶向下的 I/O 接口软件中得到统一。核心函数集在整个 I/O 接口软件中只有一个小子集，特定操作函数集是一个大子集。自顶向下结构的 I/O 接口软件实质上是建立在仪器类型层的叠加，并没有真正实现接口软件的统一性。同时自顶向下的设计方法为真正统一的 I/O 接口软件的设计与实现提供了经验借鉴与尝试。VPP 联盟在考察了多个 I/O 接口软件之后，提出了一种自底向上的 I/O 接口软件模型，也就是 VISA。

开发者在实际应用时，不必关心实际的传输介质是 GPIB、VXI、RS-232 或其他种类，只要采用了 VISA 标准，就可以不考虑时间及仪器 I/O 选择项，测试程序可以不加修改地应用到不同种类的接口上，驱动软件可以相互兼容使用，这就是 VISA 在接口级别上的可互换性表现。这为开发者提供了很大的便利。

3.2.1 VISA 概述

3.2.1.1 VISA 模型结构

VISA 虚拟仪器软件结构（Virtual Instrument Software Architecture 的缩写），实质是一个 I/O 接口软件及其规范的总称。一般情况下，将这个 I/O 接口软件称为 VISA。

如前所述，VISA 的构成是采用了自底向上的结构。与自顶向下的方法不同的是，VISA 的实现首先定义了管理所有资源的资源，这个资源称为 VISA 资源管理器，它用于管理、控制与分配 VISA 资源的操作功能。各种操作功能主要包括：资源寻址、资源创建与删除、资源属性的读取与修改、操作激活、事件报告、并行与存取控制、缺省值设置等。

在资源管理器基础上，列出了各种仪器各自的操作功能，并实现操作功能的合并。在这个基础上实现的资源实质可以包括不同格式的操作，如读资源包括了消息基器件的读，也包括了寄存器基器件的读；既可以包括同步读操作，又可以包括异步读操作。每一个资源内部，实质是各种操作的集合。这种资源在 VISA 中即为仪器控制资源，包含各种仪器操作的资源称为通用资源，而将无法合并的功能，称为特定仪器资源。

同时，需要定义与创建一个用 API 实现的资源，为用户提供单一的控制所有 VISA 仪器控制资源的方法，在 VISA 中称为仪器控制资源组织器。

与自顶向下的构成方式相比，VISA 的构成模型是从仪器操作本身开始的，它实现的统一是深入到操作功能中去而不是停留于仪器类型之上。在 VISA 的结构中，仪器类型的区别体现到统一格式的资源中的操作的选取，对于 VISA 使用者来说，形式上与用法上是单一的。在理论层次上，自顶向下的方法属于归纳范畴，而自底向上的方法则属于演绎范畴。因此，自顶向下是对过去所有仪器类型的总结，而不可能提供扩展接口，而自底向上的结构是从共性到个性的推广，它的兼容性不仅仅是过去、现在，还可以包括将来。正由于这种自底向上的设计方法，VISA 为虚拟仪器系统软件结构提供了一个共同的、统一的基础，来自于不同供应厂家的不同的仪器软件，可以运行于同一平台之上了。

VISA 的结构模型如图 3-8 所示。

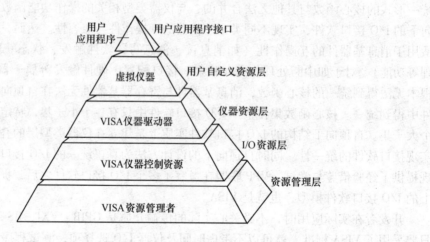

图 3-8　VISA 的结构模型

VISA 结构模型自下往上，构成一个金字塔结构，最底层为资源管理器，其上为 I/O 级资源、仪器级资源与用户自定义资源集。其中，用户自定义资源集的定义，在 VISA 规范中并没有规定，它是 VISA 的可变层，实现了 VISA 的可扩展性与灵活性，而在金字塔顶的用户层应用，是用户利用 VISA 资源实现的应用程序，其本身并不属于 VISA 资源。

3.2.1.2　VISA 特点

VISA 创造了一个统一形式的 I/O 函数库，它是现在的 I/O 接口软件的超集成，GPIB 有 60 多个函数，VXI 有 130 多个函数，HP 的 SIGL 有 100 多个函数，而 VISA 具有上述所有接口函数的功能，却只有 90 多个函数操作，且其在形式上与其他的 I/O 接口软件十分相似。对于初学者而言，VISA 提供了简单易学的控制函数集，应用形式十分简单；而对于复杂的系统组建和集成来说，VISA 却提供了非常强大的仪器控制功能。

与其他现存的 I/O 接口软件相比，VISA 具有以下几个特点：

（1）VISA 的 I/O 控制功能适用于各种类型仪器，如 VXI 仪器、PXI 仪器、GPIB 仪器、USB 总线仪器、RS-232 总线仪器等，既可用于 VXI 消息基器件，也可用于 VXI 寄存器基器件。

（2）与仪器硬件接口无关的特性，即利用 VISA 编写的模块驱动程序既可以用于嵌入式计算机 VXI/PXI 系统，也可用于通过 MXI、GPIB-VXI、IEEE1394 或 USB 接口控制的系统中。当更换不同厂家符合 VPP 规范的 VXI 总线仪器、嵌入式计算机或 GPIB 卡、IEEE1394 卡，模块驱动程序无需改动。

（3）VISA 的 I/O 控制功能适用于单处理器系统结构，也适用于多处理器构成或分布式网络结构。

（4）VISA 的 I/O 控制功能适用于多种网络机制，无论虚拟仪器系统网络构成为 VXI 多机箱扩展网络还是以太网，仪器操作是一致的。

（5）VISA 的 I/O 软件库的源代码是唯一的，其与操作系统及编程语言无关，只是提供了不同形式的 API 文件作为系统的引出。

由于 VISA 考虑了多种仪器接口类型与网络机制的兼容性，以 VISA 为基础的 VXI 系统不仅可以与过去已有的仪器系统相结合，将仪器系统从过去的集中式结构过渡到分布式结构，还保证新一代仪器完全可以加入到 VXI 总线系统中。

用户在组建系统时，可以从 VPP 产品中作出最佳选择，不必再选择某家特殊的软件或硬件产品，也可以利用其他公司生产的符合 VPP 规范的模块替代系统中的同类型模块而无需修改软件。这样就给开发人员带来了极大的方便，而且对于程序开发者来说，软件的编制无须针对某个公司的具体模块，可以避免重复性工作。这就使系统的标准化与兼容性得到了保证。

3.2.1.3　VISA 的资源类和资源

在 VISA 中，最基本的软件模块是定义在资源类上的各种资源。VISA 的资源类概念类似于面向对象程序设计方法中的类的概念。类是一个实例外观和行为的描述，是一种抽象化的器件特点功能描述，是对资源精确描述的专用术语。

VISA 的资源概念类似于面向对象程序设计方法中对象的概念。对象实例不仅包含数据实体，而且是一个服务提供者。作为一个数据实体，一个对象很像一个记录，由一些相同或不同类型的域构成，这些域的整体被称为一个对象的状态。改变这些域的值，逻辑上讲就是改变了一个对象的状态。

在 VISA 中，资源被定义为任何的仪器设备（如电压表、示波器等），同时这些仪器设备要能实现与 VISA 的通讯。通常情况下，VISA 中的资源由三个要素组成：属性集、事件集与操作集。以读资源为例，其属性集包括结束字符串、超时值及协议等，事件集包括用户退出事件，操作集包括各种端口读取数据操作。

VISA 资源是独立于编程语言与操作系统的，在 VISA 本身的资源定义与描述中并不包括任何有关操作系统或编程语言相关的限制。VISA I/O 接口软件的源程序可为不同的操作系统编程语言提供不同的 API 接口。VISA 的资源类共分为五大类：VISA 资源模板、VISA 资源管理器、VISA 仪器控制资源、VISA 仪器控制组织器及 VISA 特定接口仪器控制资源。在每一类中，定义与描述的 VISA 资源都遵循同样的格式。VISA 资源描述格式如表 3-4 所列，其中，X、Y 为各自对应的标号。

表 3-4　VISA 资源描述格式

X. 1	资源概述	
X. 2	资源属性表及属性描述	
X. 3	资源事件表	
X. 4	资源操作集 其中每个操作包括：	
	X. 4. Y	名字（含形参名）
	X. 4. Y1	目标
	X. 4. Y2	参数表
	X. 4. Y3	返回状态值
	X. 4. Y4	描述
	X. 4. Y5	相关项
	X. 4. Y6	实现要求

3.2.2　VISA 资源管理器

VISA 资源管理器提供了一种对于资源进行控制和管理的机制，以实现分配资源地址、分配资源识别号（ID）、操作调用和时间管理等。首先，资源管理器的本质也是一种系统资源，它从 VISA 资源模板中获得接口。其次，资源管理器可以与所有在其内部注册的资源实现链接，为应用程序提供资源查找和访问服务。

3.2.2.1　访问服务

VISA 资源管理器为应用程序提供了一个与资源管理器内部注册的所有资源建立通话链路的途径。应用程序通过 viOpenDefaultRM( ) 函数来访问默认的资源管理器。在获得与默认资源管理器通话的变量标识后，应用程序就可以使用 viOpen( ) 来建立与特定资源的通话链路，实现对资源的访问。在应用程序关闭通话链路或出现异常情况时，资源管理器负责释放与通话有关的所有系统资源。

（1）viOpenDefaultRM(sesn) 函数

该函数用于建立与默认资源管理器的通话，函数参数与返回值定义如表 3-5 所示。操作之前，应首先调用该函数，第一次调用该函数时实现包括默认资源管理器在内的整个 VISA 系统的初始化，返回与默认资源管理器的通话标识。重复调用该函数将返回另一个与默认资源管理器通话的新标识。

表 3-5　viOpenDefaultRM（sesn）函数

项　目		类型	参数名称/返回值代码	描　　述
输出参数		ViSession	sesn	默认资源管理器的通话标识
返回值	完成码	ViStatus	VI_SUCCESS	成功地建立了与默认资源管理器的通话链路
			VI_WARN_CONFIG_NLOADED	至少一个已配置的 Passport 模块无法加载
	错误码	ViStatus	VI_ERROR_SYSTEM_ERROR	VISA 系统初始化失败
			VI_ERROR_ALLOC	系统资源不足，无法建立通话
			VI_ERROR_INV_SETUP	某些与实现相关的配置文件已损坏或不存在
			VI_ERROR_LIBRARY_NFOUND	VISA 所需的代码库无法加载

应用程序通过调用 viClose() 函数来关闭与默认资源管理器的通话，此时由该资源管理器打开所有 VISA 通话以及与其相关的所有 VISA 资源也都关闭或释放。

（2）viOpen（sesn，rsrcName，accessMode，openTimeout，vi）函数

viOpen() 函数用于打开与指定器件的通话，函数参数与返回值定义如表 3-6 所示。应用程序可以调用 viClose() 函数来关闭与该器件的通话。

表 3-6　viOpen（sesn，rsrcName，accessMode，openTimeout，vi）函数

项　目	类型	参数名称/返回值代码	描　　述
输入参数	ViSession	sesn	由 viOpenDefaultRM() 返回的默认资源管理器的通话标识
	ViRsrc	rsrcName	表示资源名称的唯一符号
	ViAccess Mode	accessMode	指定访问资源的模式，值 VI_EXCLUSIVE _LOCK 表示通话启动后立即进入独占式锁定模式；值 VI_LOAD_CONFIG 表示资源属性将被配置为外部程序指定的值；否则为默认值，以上两值的"位或"表示支持两种访问模式
	ViUnit32	openTimeout	若 accessMode 请求锁定，该参数表示等待资源正确解锁的绝对时间值（ms），否则忽略此参数
输出参数	ViPSession	vi	所建立通话的唯一标识
返回值 完成码	ViStatus	VI_SUCCESS	成功建立了通话链路
		VI_SUCCESS_DEV_NPRESENT	成功建立了通话链路，但指定地址的器件没有响应
		VI_WARN_CONFIG_NLOADED	指定配置不存在或不能加载，使用了默认值
错误码	ViStatus	VI_ERROR_INV_OBJECT	指定的对话引用无效
		VI_ERROR_NSUP_OPER	指定的 sesn 不支持此项操作，仅默认资源管理器支持的操作
		VI_ERROR_INV_RSRC_NAME	指定的资源引用无效，解析错误
		VI_ERROR_INV_ACC_MODE	无效的访问模式
		VI_ERROR_RSRC_NFOUND	定位信息不足或资源找不到
		VI_ERROR_ALLOC	系统资源不足以打开对话
		VI_ERROR_RSRC_BUSY	资源有效，但目前 VISA 不能访问
		VI_ERROR_RSRC_LOCKED	无法获得指定类型的锁定，因为资源已被锁定为不相容的类型
		VI_ERROR_TMO	指定时间内无法建立通话
		VI_ERROR_LIBRARY_NFOUND	VISA 代码库无法定位或加载
		VI_ERROR_INTF_NUM_NCONFIG	接口类型有效但没有配置指定的接口号
		VI_ERROR_MACHINE_NAVAIL	远程机器不存在或不能接收任何连接，如果远程机器上安装并运行 NI-VISA 服务器程序，可能是版本不兼容或可在另一个端口上监听
		VI_ERROR_NPERMISSION	远程机器的访问被拒绝

　　viOpen（）函数中的 rsrcName 参数由表 3-7 所示的地址字符串来确定，viOpen（）不区分 rsrcName 参数的大小写。表中的关键字 GPIB 用于建立与 GPIB 总线仪器资源的通讯，关键字 VXI 用于通过嵌入式、MXIbus 或 1394 控制器建立与 VXI 仪器资源的通讯，关键字 ASRL 用于建立与异步串行设备（如 RS-232 或 RS-485）的通讯，PXI 关键字用于建立与 PXI 和 PCI 资源的通讯，TCPIP 关键字用于建立与以太网的通讯。关键字 INSTR、BACKPLANE、INTFC、SERVANT、MEMACC、SOCKET 和 RAW 表示不同的资源类型，详见本章第 3.2.4 节。

表 3-7　地址字符串语法说明

接口类型	语　法
ENET-Serial INSTR	ASRL[0]∷host address∷serial port∷INSTR
GPIB INSTR	GPIB[board]∷primary address[∷secondary address][∷INSTR]
GPIB INTFC	GPIB[board]∷INTFC
PXI BACKPLANE	PXI[interface]∷chassis number∷BACKPLANE
PXI INSTR	PXI[bus]∷device[∷function][∷INSTR]
PXI INSTR	PXI[interface]∷bus-device[.function][∷INSTR]
PXI INSTR	PXI[interface]∷CHASSISchassis number∷SLOTslotnumber[∷FUNCfunction][∷INSTR]
PXI MEMACC	PXI[interface]∷MEMACC
Remote NI-VISA	visa://host address[∷server port]/remote resource
Serial INSTR	ASRLboard[∷INSTR]
TCPIP INSTR	TCPIP[board]∷host address[∷LAN device name][∷INSTR]
TCPIP SOCKET	TCPIP[board]∷host address∷port∷SOCKET
USB INSTR	USB[board]∷manufacturer ID∷model code∷serial number[∷USB interface number][∷INSTR]
USB RAW	USB[board]∷manufacturer ID∷model code∷serial number[∷USB interface number]∷RAW
VXI BACKPLANE	VXI[board][∷VXI logical address]∷BACKPLANE
VXI INSTR	VXI[board]∷VXI logical address[∷INSTR]
VXI MEMACC	VXI[board]∷MEMACC
VXI SERVANT	VXI[board]∷SERVANT

　　注：[]中的参数为可选参数。可选字段"board"的默认值为"0"，"scondery address"的默认值为"none"，"LAN device name"的默认值为"inst0"，"bus"的默认值为"0"，"function"的默认值为"0"，"USB interface number"的默认值为最小数字序号的相关接口。

3.2.2.2　查找服务

　　VISA 资源管理器提供了一种与资源位置无关的资源查找和定位，前提是要求在整个系统中以资源字符串的形式唯一地标识每个资源。为了实现分类查找的功能，资源管理器还允许使用正则表达式来表示资源。实现查找服务的 VISA 函数有：viFindRsrc（）和 viFindNext（）。

　　A　viFindRsrc（sesn, expr, findList, retcnt, instrDesc[]）函数

　　该函数在 VISA 系统中查询特定接口相关的资源并实现资源定位，函数参数和返回值定义如表 3-8 所示。

表3-8 viFindRsrc (sesn, expr, findList, retcnt, instrDesc[]) 函数

项　目	类型	参数名称／返回值代码	描　述
输入参数	ViSession	sesn	由 viOpenDefaultRM() 返回的默认资源管理器的通话标识
	ViString	expr	正则表达式, 其后紧接一个可选的逻辑表达式
输出参数	ViFindList	findList	标识查找通话的句柄, 可作为 viFindNext 的输入参数
	ViPUInt32	Retcnt	匹配的资源个数
	ViChar	instrDesc	标识器件位置的字符串, 可作为 viOpen 的输入参数以建立通话
返回值	完成码 ViStatus	VI_SUCCESS	找到资源
	错误码 ViStatus	VI_ERROR_INV_OBJECT	指定的会话或对象引用无效
		VI_ERROR_NSUP_OPER	指定的 sesn 不支持此项操作
		VI_ERROR_INV_EXPR	无效的查找表达式
		VI_ERROR_RSRC_NFOUND	指定表达式不与任何器件匹配

a 正则表达式

正则表达式由一般字符与特殊字符组成, 用于描述指定资源字符串的匹配模式。正则表达式使用表3-9所示的通配符和操作符。

表3-9 正则表达式的通配符和标识符

符号	意　义
?	将该限定符前的任一字符或字符类标记为一个模式, 在输入字符串中出现0次或1次。该限定符默认匹配尽可能多的字符
\	取消当前表格中特殊字符的特殊用途, 将它们作为普通字符处理。例如, \? 表示问号; \. 表示句点; \\表示反斜杠
[list]	匹配 list 中列出的任意一个字符, 可用连字符表示字符范围
[^list]	匹配 list 中未列出的任意一个字符, 可用连字符表示字符范围
*	星号标记可匹配出现0次的模式, 因此, 如果整个模式使用星号标记, 正则表达式可能会返回一个空字符串。该限定符匹配尽可能多的字符
+	将该限定符前的任一字符或字符类标记为一个模式, 在输入字符串中出现1次或以上。该限定符匹配尽可能多的字符
Exp|exp	与"|"左侧或右侧的表达式匹配
(exp)	一组字符或表达式

例如, 表达式"GPIB[0-9]*::?*INSTR"匹配"GPIB0::2::INSTR"和"GPIB1::1::1::INSTR", 表达式"GPIB[^0]::?*INSTR"匹配"GPIB1::1::1::INSTR"但不匹配"GPIB0::2::INSTR"或"GPIB12::8::INSTR"。表达式"ASRL[0-9]*::?*INSTR"

匹配“ASRL1∷INSTR”但不匹配“VXI0∷5∷INSTR”。表达式“ASRL1 + ∷INSTR”匹配“ASRL1∷INSTR”和“ASRL11∷INSTR”但不匹配“ASRL2∷INSTR”。表达式“(GPIB|VXI)? * INSTR”匹配“GPIB1∷5∷INSTR”和“VXI0∷3∷INSTR”但不匹配“ASRL2∷INSTR”。表达式“? *”与所有资源匹配。表达式“visa://hostname/? *”与指定远程系统上的所有资源匹配。表达式“/? *”匹配本地计算机的所有资源，但不查询远程计算机上的配置资源。表达式“visa:/ASRL? * INSTR”匹配本地计算机上的所有 ASRL 资源，并以 URL 格式返回（如 Visa:/ASRL1∷INSTR）。

　　b　逻辑表达式

　　逻辑表达式是紧随正则表达式之后的，由“{}”括起来的表达式，其中允许使用逻辑与“&&”、逻辑或“‖”、逻辑非“!”、相等“= =”、不等“! =”以及“<”、“>”、“< =”、“> =”等运算符，且只能使用全局属性值。例如 expr 表达式 GPIB [0-9] * ∷? * ∷? * ∷ INSTR {VI_ATTR_GPIB_SECONDARY_ADDR > 0 && VI_ATTR_GPIB_SECONDARY_ADDR < 10} 表示查找所有副地址在 1 ~ 9 之间的 GPIB 器件。而表达式? * VXI?INSTR{VI_ATTR_MANF_ID = =0xFF6 && ! (VI_ATTR_VXI_LA = =0 ‖ VI_ATTR_SLOT < =0)} 表示查找出厂编号为 FF6、非逻辑地址 0、槽位号不为 0 且非外部控制器的所有 VXI 仪器资源。

　　B　viFindNext（ViFindList findList，ViChar instrDesc[]）函数

　　该函数返回前一次调用 viFindRsrc() 发现的资源列表中的下一个资源，函数参数和返回值定义如表 3-10 所示。

表 3-10　viFindNext（findList，instrDesc[]）函数

项　目		类型	参数名称/返回值代码	描　　述
输入参数		ViFindList	findList	查找列表，由 viFindRsrc 建立
输出参数		ViChar	instrDesc	标识器件位置的字符串，可作为 viOpen 的输入参数以建立通话
返回值	完成码	ViStatus	VI_SUCCESS	找到资源
	错误码	ViStatus	VI_ERROR_INV_OBJECT	指定的对象引用无效
			VI_ERROR_NSUP_OPER	给定的 findList 不支持该项操作
			VI_ERROR_RSRC_NFOUND	没有更多匹配的器件

3.2.3　VISA 资源模板

3.2.3.1　概述

　　VISA 是一种包含有多种类型资源的体系，为了保证各资源所提供服务的一致性、提高资源的可测试性与可维护性，VISA 定义了资源模板。资源模板精确描述了一种可扩展的、能够提供一整套公用服务的接口，各种 VISA 资源都从该模板继承这种接口。

　　VISA 资源模板提供控制服务和通讯服务两类服务，各类服务包含的服务类型和对应的操作如表 3-11 所示。

表 3-11 VISA 资源模板提供的服务与操作

服务类型		参数名称/返回值代码
控制服务	生存期控制服务	viClose(vi)
	属性控制服务	viGetAttribute(vi, attribute, attrState) viSetAttribute(vi, attribute, attrState) viStatusDesc(vi, status, desc)
	异步操作控制服务	viTerminate(vi, degree, jobId)
	访问控制服务	viLock(vi, lockType, timeout, requestedKey, accessKey) viUnlock(vi)
通讯服务	操作调用	各资源提供的操作函数。在应用程序建立通话链路后, 就可通过调用各资源提供的操作函数来与资源进行通讯
	事件服务	viEnableEvent(vi, eventType, mechanism, context) viDisableEvent(vi, eventType, mechanism) viDiscardEvents(vi, eventType, mechanism) viWaitOnEvent(vi, inEventType, timeout, outEventType, outContext) viInstallHandler(vi, eventType, handler, userHandle) viUninstallHandler(vi, eventType, handler, userHandle)

VISA 资源模板实现的属性如表 3-12 所示。

表 3-12 VISA 资源模板实现的属性

属 性	性质	类型	描 述
VI_ATTR_RSRC_NAME	全局只读	ViRsrc	符合 VISA 资源地址字符串结构的唯一标识符
VI_ATTR_RSRC_SPEC_VERSION	全局只读	ViVersion	唯一标识资源实现所符合的 VISA 规范版本, 默认值为 00300000h
VI_ATTR_RSRC_IMPL_VERSION	全局只读	ViVersion	唯一标识资源的修订版本或实现版本
VI_ATTR_RSRC_MANF_ID	全局只读	ViUInt16	实现该资源 VXI 生产厂商 ID
VI_ATTR_RSRC_MANF_NAME	全局只读	ViString	实现该资源 VXI 生产厂商名称
VI_ATTR_RM_SESSION	局部只读	ViSession	用于打开通话的资源管理器通话链路
VI_ATTR_USER_DATA VI_ATTR_USER_DATA_32 VI_ATTR_USER_DATA_64	局部读写	ViAddr ViUInt32 ViUInt64	应用程序在特定通话链路中使用的私有数据, VISA 不使用该数据
VI_ATTR_MAX_QUEUE_LENGTH	局部读写	ViUInt32	指定一个通话链路中可以排除的最大事件数, 队列数据满后新的事件将被丢弃
VI_ATTR_RSRC_CLASS	全局只读	ViString	资源类的名字, 以典型的资源名称定义, 例如 INSTR
VI_ATTR_RSRC_LOCK_STATE	全局只读	ViAccessMode	表明资源现在的锁定状态。资源可以是解锁的, 也可以是外部锁定的, 或者是共享锁定的

3.2.3.2 生存期控制服务

VISA 资源模板提供 viClose(vi) 函数, 用于关闭应用程序打开的一些通话链路, 也可用于清除 viFindRsrc() 操作返回的查找列表或 viWaitOnEvent() 操作返回的事件。函数的参数与返回值定义如表 3-13 所示。

表 3-13　viClose(vi) 函数

项　　目	类型	参数名称/返回值代码	描　　述
输入参数	ViObject	vi	通话、事件或查找列表的唯一逻辑标识符
返回值 完成码	ViStatus	VI_SUCCESS	会话关闭成功
		VI_WARN_NULL_OBJECT	指定的对象引用未初始化
错误码	ViStatus	VI_ERROR_INV_OBJECT	给定的对象引用无效
		VI_ERROR_CLOSING_FAILED	无法释放该对话或对象引用相应的数据结构

3.2.3.3　属性控制服务

每种 VISA 资源都拥有各自的一些属性，部分用于描述资源的瞬时状态，部分用于定义一些可变参数来修改资源操作的行为方式。VISA 资源模板提供了实现资源属性设定、读取的操作函数及一个返回错误代码文本描述的操作函数。

A　viGetAttribute (vi, attribute, attrState) 函数

该函数用于读取资源的属性值，函数参数和返回值定义如表 3-14 所示。

表 3-14　viGetAttribute(vi, attribute, attrState) 函数

项　　目	类型	参数名称/返回值代码	描　　述
输入参数	ViObject	vi	对话、事件或查找列表的唯一逻辑标识符
	ViAttr	attribute	所要查询状态的资源的属性
输出参数	void	attrState	指定资源的属性查询的状态，返回值的含义由各自对象定义
返回值 完成码	ViStatus	VI_SUCCESS	成功获取属性值
错误码	ViStatus	VI_ERROR_INV_OBJECT	给定的对象引用无效
		VI_ERROR_NSUP_OPER	指定属性未被引用对象定义

B　viSetAttribute(vi, attribute, attrState) 函数

该函数用于设定资源的属性值，函数参数和返回值定义如表 3-15 所示。

表 3-15　viSetAttribute(vi, attribute, attrState) 函数

项　　目	类型	参数名称/返回值代码	描　　述
输入参数	ViObject	Vi	通话的唯一逻辑标识符
	ViAttr	attribute	所要修改状态的属性值
	ViAttrState	attrState	指定对象属性设定的状态，属性值的解释由各自对象定义
返回值 完成码	ViStatus	VI_SUCCESS	成功设定属性值
		VI_WARN_NSUP_ATTR_STATE	虽然指定属性值有效，但该操作不支持
错误码	ViStatus	VI_ERROR_INV_OBJECT	给定的对象引用无效
		VI_ERROR_NSUP_ATTR	指定属性没有被定义
		VI_ERROR_NSUP_ATTR_STATE	不支持的属性值或属性值无效
		VI_ERROR_ATTR_READONLY	指定属性是只读的
		VI_ERROR_RSRC_LOCKED	由 vi 确定的资源标识符被这种访问锁定，因此指定的操作不能执行

C viStatusDesc（vi，status，desc）函数

该函数用于返回错误代码的文本说明，函数参数和返回值定义如表 3-16 所示。

表 3-16 viStatusDesc（vi，status，desc）函数

项 目		类型	参数名称/返回值代码	描 述
输入参数		ViObject	vi	对话的唯一逻辑标识符
		ViStatus	status	需要解释的状态码
输出参数		ViChar	desc	返回的描述性文本
返回值	完成码	ViStatus	VI_SUCCESS	成功返回描述性文本
		ViStatus	VI_WARN_UNKNOWN_STATUS	状态码不能被识别

3.2.3.4 异步操作服务内容

每种 VISA 资源都有与其相关的异步操作。在异步操作方式下，在所需执行的任务被注册后，操作立即返回，而不是等到任务完成后再返回。VISA 资源模板提供了异步操作控制函数 viTerminate（）。应用程序通过向该函数传递指定的任务标识符来终止异步操作。viTerminate（）函数的参数和返回值定义如表 3-17 所示。

表 3-17 viTerminate（vi，degree，jobId）函数

项 目		类型	参数名称/返回值代码	描 述
输入参数		ViObject	vi	通话的唯一逻辑标识符
		ViUInt16	degree	VI_NULL(0)
		ViJobId	jobId	指定操作标识符
返回值	完成码	ViStatus	VI_SUCCESS	服务请求成功
	错误码	ViStatus	VI_ERROR_INV_OBJECT	给定的对象引用无效
			VI_ERROR_INV_JOB_ID	指定的操作标识符无效
			VI_ERROR_INV_DEGREE	指定 degree 无效

3.2.3.5 访问控制服务

在 VISA 体系下，应用程序可以同时建立与特定 VISA 资源的多个通话链路，通过这些通话链路实现对 VISA 资源的并发访问。有些情况下，应用程序需要限制其他应用程序访问同一 VISA 资源。例如，应用程序在对某资源进行连续写操作时，要禁止其他通话链路对该资源进行操作。为此，VISA 定义了两类锁定机制来仲裁对 VISA 资源的访问，即独占式锁定（VI_EXCLUSIVE_LOCK）和共享式锁定（VI_SHARED_LOCK）。VISA 采用 viLock（）函数来实现资源的锁定，用 viUnLock（）来实现解锁。如果某通话链路建立了对于特定资源的独占式锁定，其他通话链路将不能改变该资源的全局属性，也不能对其进行任何操作。但如果某通话链路建立了对该资源的共享式锁定，其他通话链路则可调用 viLock（）函数，并向其传递相应的访问密钥参数（requestedKey），若该密钥与该资源被锁定的访问密钥相同，新的通话就获得了与原通话相同的、对于该资源的访问权限。当多个通话已获得对某资源的共享锁定时，VISA 也允许其中一个通话进一步申请对该资源的独占式锁定，以阻止其他获得共享式锁定的通话访问该资源。此外，VISA 支持嵌套锁定，

通话链路能以相同的锁定类型多次地锁定同一资源，对该资源的解锁则需要调用与 viLock
（）相同次数的 viUnLock（）函数。

3.2.3.6　事件服务

A　事件处理机制

在 VISA 体系下，以事件的形式向应用程序通报特定条件或情况的发生。事件是实现
VISA 资源与其他应用程序之间通讯的一种方式。VISA 提供两种独立的事件处理机制：排
队和回调处理，其中回调处理机制又包括立即回调和延迟回调两种模式。

a　排队处理机制

排队处理机制将已发生的事件保存在一个基于通话的队列中，应用程序通过调用
viWaitOnEvent（）函数使事件出队列并接收事件。这种机制常用于用户程序对事件处理的
实时性要求不是很严格的场合。下面是用 C 语言编写的用排队机制处理事件的一段例程。

```
status = viOpen(defaultRM," GPIB0::2::INSTR",VI_NULL,VI_NULL,&gpibSesn);
status = viEnableEvent(gpibSesn,VI_EVENT_SERVICE_REQ,VI_QUEUE,VI_NULL);
status = viWrite(gpibSesn," VOLT:MEAS?",10,&retcount);
status = viWaitOnEvent(gpibSesn,VI_EVENT_SERVICE_REQ,timeout,&context);
if(status == VI_SUCCESS)
    viRead(gpibSesn,rdResponse_Length,&retcount);
    ...
```

其中，应用程序首先用 viEnableEvent（）函数使能排队处理机制，参数 VI_EVENT_
SERVICE_REQ 表示排队处理的事件类型是硬件设备的服务请求；然后，应用程序通过调
用 viWaitOnEvent（）函数来对事件队列进行查询并等待事件的发生，如果在给定时间内指
定事件出现，将执行相关的处理程序。

此外，应用程序也可调用 viDisableEvent（）函数来禁止特定的事件处理机制，调用
viGetAttribute（）函数来得到事件的相关信息，调用 viClose（）函数来关闭事件。

b　回调处理机制

与排队机制不同，回调处理机制下，当事件发生立即执行用户率先定义的操作函数，
即回调函数，常用于对事件处理实时性要求较高的场合。下面是用 C 语言代码编写的回
调处理机制处理事件的一段例程。

```
    ⋮
status = viOpen(defaultRM," GPIB0::2::INSTR",VI_NULL,VI_NULL,&gpibSesn);
bufferHandle = (ViBuf)malloc(MAX_CNT + 1);
status = viInstallHandler(gpibSesn,VI_EVENT_SERVICE_REQ,myCallback,bufferHandle);
status = viEnableEvent(gpibSesn,VI_EVENT_SERVICE_REQ,VI_HNDLR,VI_NULL);
    ViStatus _VI_FUNCH myCallback(ViSession vi,ViEventType etype,ViEvent eventContext,ViAddr
userHandle)
    {
    ⋮
status = viReadSTB(vi,&stb);
status = viReadAsync(vi,(ViBuf)userHandle,MAX_CNT,&jobID);
return VI_SUCCESS;
    }
    ⋮
```

其中，应用程序首先调用 viInstallHandler（）函数为特定事件安装一个回调函数 myCallback（），然后采用 viEnableEvent（）函数来使能回调处理机制。

VISA 允许为同一通话链路的某一事件安装多个回调函数，这些回调函数将在每次事件发生时，按照后入先出的顺序（LIFO）被调用。应用程序也可将 viEnableEvent（）的第三个参数设置为 VI_SUSPEND_HANDLER 来全能延迟回调处理机制。在这种机制下，新发生的事件将被保存到延迟回调队列中，但不会导致回调函数被调用，只有当应用程序再以 VI_HNDLR 参数调用 viEnableEvent（）函数将事件处理机制切换到立即回调模式后，事件才会被处理。

B　异常处理机制

VISA 采用立即回调处理机制来处理异常事件。异常事件 VI_EVENT_EXCEPTION 用于通报操作调用过程中出现的错误，其属性如下。

VI_ATTR_EVENT_TYPE：只读，ViEventType 数据类型，值为 VI_EVENT_EXCEPTION，取值范围 0h ~ FFFFFFFFh。

VI_ATTR_STATUS：只读，ViStatus 数据类型，发生错误的操作返回的状态代码。

VI_ATTR_OPER_NAME：只读，ViString 数据类型，产生事件的操作名称。

C　事件操作函数

a　viEnableEvent（vi，eventType，mechanism，context）函数

该函数用于使能对指定事件的通报机制，函数参数和返回值定义如表 3-18 所示。

表 3-18　viEnableEvent（vi，eventType，mechanism，context）函数

项　目		类型	参数名称/返回值代码	描　述
输入参数		ViSession	vi	通话的唯一逻辑标识符
		ViEventType	eventType	事件的逻辑标识符
		ViUInt16	mechanism	确定被使能的事件处理机制，值为 VI_HNDLR 或 VI_SUSPEND_HNDLR 时，使能回调机制，值为 VI_QUEUE 时使能排队机制
		ViEventFilter	Context	VI_NULL（事件过滤文本）
返回值	完成码	ViStatus	VI_SUCCESS	事件使能成功
			VI_SUCCESS_EVENT_EN	至少一种指定机制已经被使能
	错误码	ViStatus	VI_ERROR_INV_OBJECT	指定的对象引用无效
			VI_ERROR_INV_EVENT	资源不支持指定事件类型
			VI_ERROR_INV_MECH	指定机制无效
			VI_ERROR_INV_CONTEXT	指定事件文本无效
			VI_ERROR_INV_SETUP	由于属性设置为不稳定状态使得设置无效，导致不能开始写操作
			VI_ERROR_HNDLR_NINSTALLED	指定事件的句柄目前未被安装，VI_HNDLR 回调机制不能使能
			VI_ERROR_NSUP_MECH	指定事件类型不支持指定机制

b viDisableEvent(vi，eventType，mechanism) 函数

该函数用于禁止对指定事件的通报机制，阻止新发生的事件加入队列，但不会丢弃队列中未处理的事件。函数参数和返回值如表 3-19 所示。

表 3-19 viDisableEvent(vi，eventType，mechanism) 函数

项 目		类型	参数名称/返回值代码	描 述
输入参数		ViSession	vi	通话的唯一逻辑标识符
		ViEventType	eventType	事件的逻辑标识符
		ViUInt16	mechanism	确定被禁止的事件处理机制，值为 VI_HNDLR 或 VI_SUSPEND_HNDLR 时，禁止回调机制，值为 VI_QUEUE 时禁止排队机制，值为 VI_ALL_MECH 禁止两种机制
返回值	完成码	ViStatus	VI_SUCCESS	成功禁止
			VI_SUCCESS_EVENT_DIS	至少一种指定机制已经被禁止
	错误码	ViStatus	VI_ERROR_INV_OBJECT	指定的对象引用无效
			VI_ERROR_INV_EVENT	资源不支持指定事件类型
			VI_ERROR_INV_MECH	指定机制无效

c viDiscardEvents(vi，eventType，mechanism) 函数

该函数用于删除通话中指定处理机制下已发生的指定类型事件，这种操作将使未处理事件的信息全部丢失，适用于清除应用程序不再需要的事件。函数参数和返回值定义如表 3-20 所示。

表 3-20 viDiscardEvents(vi，eventType，mechanism) 函数

项 目		类型	参数名称/返回值代码	描 述
输入参数		ViSession	vi	通话的唯一逻辑标识符
		ViEventType	eventType	事件的逻辑标识符
		ViUInt16	mechanism	确定被放弃的事件处理机制，值为 VI_HNDLR、VI_SUSPEND_HNDLR、VI_QUEUE 或 VI_ALL_MECH
返回值	完成码	ViStatus	VI_SUCCESS	事件队列已被成功清空
			VI_SUCCESS_QUEUE_EMPTY	事件队列在操作之前已空
	错误码	ViStatus	VI_ERROR_INV_OBJECT	指定的对象引用无效
			VI_ERROR_INV_EVENT	资源不支持指定事件类型
			VI_ERROR_INV_MECH	指定机制无效

d viWaitOnEvent(vi，inEventType，timeout，outEventType，outContext) 函数

该函数用于在一个通话链路中等待指定事件的发生，函数参数和返回值定义如表 3-21 所示。在执行 viWaitOnEvent() 操作时，将暂停应用线程的执行，而只是等待指定事件的发生。如果有与指定类型匹配的事件发生，该操作将从事件队列中清除该事件。此外，当 timeout 值为 VI_TMO_IMMEDIATE 时，viWaitOnEvent() 操作等待事件发生的时间为 0，常用于将事件清除出队列。

表 3-21 viWaitOnEvent（vi，inEventType，timeout，outEventType，outContext）函数

项目		类型	参数名称/返回值代码	描述
输入参数		ViSession	vi	通话的唯一逻辑标识符
		ViEventType	inEventType	等待事件的逻辑标识符
		ViUInt32	timeout	在返回超时错误前，资源等指定事件发生的绝对时间（ms）
输出参数		ViPEventType	outEventType	实际接收到事件的逻辑标识符
		ViPEvent	outContext	表示事件发生的句柄
返回值	完成码	ViStatus	VI_SUCCESS	事件已发生并成功结束了等待，且事件队列空
			VI_SUCCESS_QUEUE_NEMPTY	事件已发生并成功结束了等待，且事件队列非空
			VI_WARN_QUEUE_OVERFLOW	返回事件有效。因队列空间不足导致一个或多个事件发生后未被提交。这种情形产生于 VI_ATTR_MAX_QUEUE_LENGTH 没有设置足够大，导致应用程序或事件产生速度超过资源的服务能力
	错误码	ViStatus	VI_ERROR_INV_OBJECT	每层的对象引用无效
			VI_ERROR_INV_EVENT	资源不支持指定的事件类型
			VI_ERROR_TMO	在指定的时间内未发生指定事件
			VI_ERROR_NENABLED	通话链路没有使能指定事件的接收
			VI_ERROR_QUEUE_OVERFLOW	队列中无可用空间导致没有新的事件提交

e viInstallHandler（vi，eventType，handler，userHandle）函数

该函数用于为事件回调函数安装句柄，函数参数和返回值定义如表 3-22 所示。VISA 利用输入参数中的句柄引用和 userHandle 值来唯一地标识所安装的句柄。

表 3-22 viInstallHandler（vi，eventType，handler，userHandle）函数

项目		类型	参数名称/返回值代码	描述
输入参数		ViSession	vi	通话的唯一逻辑标识符
		ViEventType	eventType	事件的逻辑标识符
		ViHndlr	handler	句柄的有效引用（可以是回调函数名称），该句柄由客户程序安装
		ViAddr	userHandle	由应用程序确定的句柄值，用于唯一地标识对应于某种事件类型的句柄
返回值	完成码	ViStatus	VI_SUCCESS	成功安装事件句柄
	错误码	ViStatus	VI_ERROR_INV_OBJECT	指定的对象引用无效
			VI_ERROR_INV_EVENT	资源不支持指定事件类型
			VI_ERROR_INV_HNDLR_REF	给定的句柄引用无效
			VI_ERROR_HNDLR_NINSTALLED	句柄未被安装，通常是应用程序试图为同一通话的同一事件安装多个句柄

f viUninstallHandler（vi，eventType，handler，userHandle）函数

该函数用于卸载事件句柄，函数参数和返回值定义与表 3-22 类同。

g viEventHandler（vi，eventType，context，userHandle）函数

该函数是响应由 viInstallHandler（）函数安装的用户事件的服务处理过程原型，编程者可以参考该原型函数设计自己的 userHandle 回调函数。函数参数和返回值定义如表 3-23 所示。

表 3-23 viEventHandler（vi，eventType，context，userHandle）函数

项 目		类型	参数名称/返回值代码	描 述
输入参数		ViSession	vi	通话的唯一逻辑标识符
		ViEventType	inEventType	等待事件的逻辑标识符
		ViEvent	context	表示事件发生的句柄
		ViAddr	userHandle	由应用程序确定的句柄值
返回值	完成码	ViStatus	VI_SUCCESS	事件处理成功
			VI_SUCCESS_NCHAIN	事件处理成功，但没有为该事件调用任何其他的句柄

3.2.4 VISA 资源类

VISA 资源类包括仪器控制资源（INSTR Resource）、存储器访问资源（MEMACC Resource）、GPIB 总线接口资源（INTFC Resource）、VXI 主机箱背板资源（BACKPLANE Resource）、从器件侧资源（SERVANT Resource）、TCP/IP 套接字资源（SOCKET Resource）和 USB 总线仪器接口资源（RAW Resource）。大多数的 VISA 应用和仪器控制仅用到仪器控制资源。下面对这几种资源进行简单介绍。

3.2.4.1 仪器控制资源（INSTR RESOURCE）

仪器控制 INSTR 资源在 VISA 资源模板定义的基本操作集和属性集的基础上，封装了对于器件的读、写、触发等各种操作，允许控制器和器件之间进行交互式的通讯，为控制器提供向器件发送或请求数据块、发送器件清除命令、实现器件触发、查找有关器件状态的信息等服务。此外，还允许控制器访问位于存储器映射型总线上的器件寄存器。概括起来，INSTR 资源提供的服务可分为以下 4 类。

A 基本 I/O 服务

读服务：为控制器提供响应相关器件的数据块请求服务。根据器件的特定编程方式，读回的数据可被解释为消息、命令或二进制编码数据。INSTR 资源能以接口支持的基本模式或其他可选模式来接收数据，例如通过属性设置改变数据传送的方法和特性、设置不同的结束字符等。

写服务：为控制器提供向相关器件发送数据块的服务，数据同样可被解释为消息、命令或二进制编码数据，也可通过属性设置来修改数据传送的方法和特性。

触发服务：用于监视和控制与资源相关的器件触发功能。软件触发和硬件触发均通过 viAssertTrigger（）函数操作来实现。

状态/请求服务：允许控制器为系统中请求服务者提供服务。允许应用程序通过

viReadSTB( ) 操作获得器件状态信息，若在设定时间内得不到状态信息，则返回超时错误。

器件清除服务：允许控制器根据接口规则和器件类型向相关器件发出器件清除命令。对于 GPIB 器件，发送 IEEE488.2 选中器件清除命令，或发送 IEEE488.1 SDC（04h）命令；而对于 VXI 或 MXI 器件，则发送字串行清除命令 Clear（ffffh）。

B 格式化 I/O 服务

格式化 I/O 服务为器件提供有缓冲的格式化输入输出操作。格式写操作将数据写入缓冲器，格式化读操作从缓冲器中读出数据。这种缓冲机制使得大块数据的传输成为可能。系统为格式化 I/O 操作设置了独立的读缓冲器和写缓冲器，应用程序可以通过调用 viSetBuf( ) 操作来改变缓冲器大小或禁用缓冲器。

INSTR 资源的格式化操作包括 viPrintf( )、viVPrintf( ) 和 viBufWrite( )，格式化读操作包括 viScanf( )、viVScanf( ) 和 viBufRead( )。对于一个特定的通话，格式化读/写操作应分别使用同一个且是唯一的读/写缓冲器，格式化读操作不能与写操作共用一个缓冲器。应用程序可以通过 viFlust( ) 函数来清空缓冲器，但在一些情况下缓冲器的清空是隐含的。例如，对于写缓冲器，在以下三种情况下缓冲器将被自动清空，在 END 指示符发送后、缓冲器已满或响应带有 VI_WRITE( ) BUF 标志的 viSetBuf( ) 操作时。执行 viClear( ) 操作后，读、写缓冲器中的数据也将被自动清除。

C 存储器 I/O 服务

存储器 I/O 服务包括高级访问服务和低级访问服务两种，详见下面的 MEMACC 资源。

D 共享存储器服务

共享存储器服务允许应用程序将指定器件的存储器分配给某通话链路独占地使用。viMemAlloc( ) 函数通过设定存储器的容量来实现这种分配，viFreeAlloc( ) 函数则允许用户释放之前利用 viMemAlloc( ) 分配的存储空间。

3.2.4.2 存储器访问资源（MEMACC 资源）

MEMACC 资源封装了对存储器映射型地址空间的访问操作和属性，为控制器提供了对任意寄存器或存储器地址空间的访问服务，这类服务可分为以下的两个层次。

A 高级访问服务

在这一级，允许通过 GPIB-VXI 系统控制器，对支持存储器直接访问的接口进行寄存器级访问。接口类型包括 VXI 总线接口、VME 总线接口或 MXI 总线接口，甚至是 VME 或 VXI 存储器。高级访问服务通常要封装寄存器访问所需的大多数代码，例如窗口映射和错误检查等，因此需要较大的软件开销，访问速度较慢，但操作安全性相对较高，高级访问服务的函数实例有 viIn16( ) 和 viOut16( ) 等。

B 低级访问服务

低级访问服务提供的功能与高级访问服务相同，不同之处在于低级访问服务通过降低软件开销（在进行访问操作时不返回任何错误信息）提高了访问速度，但这要求用户自己做更多的编程工作。在应用程序进行低级访问服务操作之前，应利用 viMapAddress( ) 函数操作映射一个地址范围，并在访问服务完成后调用 viUnmapAddress( ) 释放该地址窗口，使系统可以对该地址窗口进行重新分配。

3.2.4.3　GPIB 总线接口资源（INTFC 资源）

INTFC 资源封了与 GPIB 接口相关的读、写和触发等操作和属性。INTFC 资源支持控制器与任意同 GPIB 接口板连接的器件之间的交互，提供将数据块发送到总线上、请求接收数据块、器件触发、向一个或所有器件发送命令等操作服务。控制器也可以直接查询和操纵 GPIB 的各条信号线，向器件传递控制信息。

3.2.4.4　VXI 主机箱背板资源（BACKPLANE 资源）

BACKPLANE 资源封装了 VXI 总线定义的背板操作和属性，支持系统控制器对 VXI 主机箱中特定信号线的状态查询和操纵，提供硬件触发的映射、解除映射、置位和接收操作服务，以及各种公用信号线和中断线的置位操作服务。

对于多机箱系统，建议为每个主机箱都提供一个 BACKPLANE 资源，资源字符串表示的地址应用与属性 VI_ATTR_MAINFARAME_LA 的值相对应。

3.2.4.5　从者器件侧资源（SERVANT 资源）

SERVANT 资源封装了与器件能力相关的操作属性，提供由命令者接收数据块、发送响应数据块、设置 488 形式的状态字节、接收器件清除消息和触发事件等服务。SERVANT 资源支持的基本 I/O 格式与格式化 I/O 服务及 INSTR 资源概述所述的服务相同。

SERVANT 资源是一类面向高级用户的资源。这些高级用户通常希望所有的固件代码能够支持在多种接口中使用的器件功能。此外，在使用 TCP/IP SERVANT 资源时，每个 VISA 通话仅与唯一的套接字连接相对应，不支持多客户器件访问功能。

3.2.4.6　TCP/IP 套接字资源（SOCKET 资源）

SOCKET 资源封装了基于 TCP/IP 网络套接字连接的相关操作和属性。SOCKET 资源通常使用以太网为物理介质，提供数据块的接收和发送服务。如果器件能以 IEEE488.2 形式的字符串进行通讯，可通过属性值调协来实现软件触发、IEEE488 形式的状态字节查询、发送器件清除消息等功能。

3.2.5　VISA 在编程中应用

VPP 规范的核心是 VISA 库函数，一般 VISA 应用程序分为声明区、开启区、器件 I/O 区和关闭区四个部分。下面举例进行说明。

由主控计算机（控制器）通过 GPIB 电缆向 Agilent34970A 智能开关/数据采集单元发送 " *IDN?\n" 的 IEEE488.2 公用命令，并从仪器回读其响应字符串。

对于 LabWindows/CVI 程序，在程序的头文件区域应包含 visa.h 文件，该文件中包含了 VISA 库中所有函数原型及其所有常量。visa.h 还包含另一头文件 visatype.h，该文件定义了 VISA 数据类型，如 ViSession、ViInt32 等。

（1）声明区：声明程序中所有变量的数据类型。VISA 数据类型与编程语言数据类型的对应说明包含在特定的头文件中，如 C 语言形式的头文件 visatype.h。程序中没有涉及具体某种编程语言的数据类型，所以程序本身具有良好的可移植性。用其他的编程语言调用 VISA 函数时，格式与此类似。

（2）开启区：首先用 viOpenDefaultRM（ViPSession sesn）函数建立与默认资源管理器的联系。默认资源管理器是 VISA 中用于管理所有资源的机构，对该函数的调用返回一个软件句柄，随后作为 viOpen() 的输入参数。建立与特定仪器的联系，需调用函数 viOpen

（ViSession sesn, ViRsrc rsrcName, ViAccessMode accessMode, ViUInt32 timeout, ViPSession sesn）, VISA 具有与硬件接口无关的特性就体现在这个函数上。无论是 GPIB 器件还是 VXI 器件, 或是 VXI 消息基器件、VXI 寄存器基器件, 打开与这些器件的通话都只需调用同一函数 viOpen(), 区别仅在于输入参数 rsrcName 的格式, 如程序中的 GPIB0∶∶2∶∶INSTR 即表示连接在 0 号 GPIB 卡上、主地址为 2 的 GPIB 器件, 若要打开与逻辑地址为 8 的 VXI 器件的会话, 只需将参数换成 VXI0∶∶8∶∶INSTR（其余特定仪器的参考格式可参考 VPP4.3 标准 72 页）。调用 viOpen() 返回一个软件句柄 vi, 作为其他函数调用的输入参数。

（3）器件 I/O 区: 完成对 GPIB 器件发送 IEEE488.2 公用命令, 并从该 GPIB 器件（Agilent 34970A）读回响应字符串的功能。对于其他的各种器件, 调用的 VISA 函数是一样的。

（4）关闭区: 操作结束, 必须调用 viClose(), 分别关闭与器件的会话, 关闭与默认资源管理器的会话。

程序代码段如下:

```
#include < stdlib. h >
#include < stdio. h >
#include < string. h >
#include " visa. h"                               //VISA 函数常量定义
//声明区
static ViSession defaultRM;                       //VISA 数据类型声明
static ViSession instr;
static ViStatus status;
static ViUInt32 retCount;
static ViUInt32 writeCount;
static unsigned char buffer[100];
static char stringinput[512];
//开启区
int main(void)
{
    status = viOpenDefaultRM(&defaultRM);              //打开并初始化资源管理器
    status = viOpen(defaultRM,"GPIB0∶∶2∶∶INSTR",VI_NULL,VI_NULL,&instr);
    status = viSetAttribute(instr,VI_ATTR_TMO_VALUE,5000);
    //器件 I/O 区
    strcpy(stringinput," * IDN?");
    status = viWrite(instr,(ViBuf)stringinput,(ViUInt32)strlen(stringinput),&writeCount);  //发送命令
    status = viRead(instr,buffer,100,&retCount);          //读回响应值
    //关闭区
    status = viClose(instr);                          //关闭器件
    status = viClose(defaultRM);                      //关闭资源管理器的会话
    return 0;
}
```

限于篇幅，程序中略去了有关操作异常或错误的处理代码段。

3.2.6　虚拟仪器的软面板

传统的台式仪器通常是在前面板设置一些旋钮和按键，通过人工操纵旋钮和按键来调整测量参数和信号激励参数。除了这种本地控制方式之外，多数台式仪器还配备有 GPIB 接口以及一个内置的控制器，以实现仪器的远程控制。

虚拟仪器的出现改变了传统仪器的控制方式。与台式仪器不同，VXI 总线仪器没有设置旋钮或按键，不提供直接的人工控制接口，只能由运行测试程序的计算机来完成仪器控制。为了方便用户学习仪器编程、检验仪器配置和演示仪器功能，VPP 规范规定每种 VXI 总线模块都应提供一个专用的、能够实现交互式仪器控制的测试程序。该程序采用基于图形用户接口（GUI）编程技术，在计算机屏幕上显示出各种逼真的旋钮、按键等控件，用户使用鼠标或键盘操纵部件，测试结果和仪器状态也以类似传统面板的方式显示在计算机屏幕上。由于这种面板是以计算机软件形式实现的，因此称之为软面板。

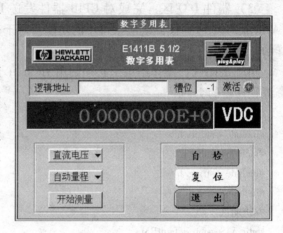

图 3-9 是安捷伦公司的 5 位半 MyDM-MKeysight E1411B 的软面板。

图 3-9　Keysight E1411BMyDMM 的软面板

3.2.6.1　软面板的技术要求

VPP-7 规范中对虚拟仪器软面板提出了如下的技术要求。

（1）实现方式。所有 VPP 软面板都设计为能够独立执行且不依赖于任何一种 ADE 的应用程序，软面板使用的软硬件资源仅包括所适用系统框架下的计算机、操作系统和 VISA 库。VPP 软面板必须为用户提供友好的图形用户接口，支持鼠标操作，使得用户不需阅读冗长的仪器手册，只需具备很少的先验知识就能操纵仪器。

（2）面板布置。VPP 软面板应在主窗口的右上方显示 VPP 徽标（参见图 3-9 右上角显示图标）及与自动链接相关的运行指示灯"激活"，槽位文本框和逻辑地址文本框部件。在主窗口或关于对话框中给出软面板生产厂商和版本信息，在主窗口顶端或标题栏中给出仪器名称和型号。软面板的整体布置应简洁明了，不应过分杂乱或包含太多的层次。

（3）面板属性。软面板可以与其他应用程序同时运行。为了提高可用性，软面板就是可移动的，其窗口尺寸能够动态改变。一个软面板不应占据超过系统框架定义的最低分辨率情况下屏幕区域的100%。一般来说，软面板占用显示屏 2/3 以下的区域，以方便用户在多个软面板间切换。

（4）执行与操作。VPP 软面板程序在执行前，必须检查所需的各个文件是否存在，例如 visa32. dll。如果缺少文件就给出友好的诊断信息。软面板在执行时，要能自动搜索系统中指定型号的仪器模块，并进行自动链接。如果搜索到一个以上的同型号模块，用户应有办法从中做出选择。当自动链接成功时，运行指示灯"激活"变为绿色，同时在

"槽位"框中显示所链接模块的槽号。在逻辑地址框中以十进制形式显示模块的逻辑地址。具备自检功能的软面板要提供启动自检操作的控件，并给出文本形式的自检结果信息。软面板最好能够实现大部分的仪器测试和测量功能。

（5）文件名称。为了保证不同应用程序之间的互操作性，VPP 软面板的可执行文件名前缀不能与仪器驱动器文件相同。例如 TVS641A 波形分析仪模块的仪器驱动函数面板文件名为 Tktvs600. vp，而软面板文件的名称为 tksfs600. exe。

3.2.6.2 软面板设计原则

虚拟仪器不同于传统仪器，最突出的一点就是人机界面（MMI）的根本性变革，借助于计算机的强大处理功能和扩展功能，仪器变得更加易于使用。虚拟仪器的面板设计也是一个值得注意和需要探讨的问题，在拥有良好性能的前提下，面板设计得好坏直接影响仪器的整体水平。虚拟仪器软面板是用户用来操作仪器、与仪器进行通讯、输入参数、输出结果显示的用户接口。其一般的设计原则是：

（1）按照一定的规范设计软面板，使面板具有标准化、开放性、可移植性，即软面板必须在计算机屏幕上提供图形化用户接口，提供主要测试、测量功能。用户可在软面板上通过鼠标或触摸屏交互来控制仪器。软面板应是不依赖任何程序开发环境，能独立运行的程序。软面板在运行时自动连接器件，如果连接时找到了不止一个器件时，应由用户来选择。连接时用一个指示灯表示是否连接通，如果连接通，指示灯变色，如果没有连接通，指示灯显示背景色。

软面板布局分标题栏、应用区，还应提供仪器的硬件版本、软件版本信息，提供帮助信息以帮助用户熟悉仪器的功能及操作。

（2）根据测试要求确定仪器功能。根据测试任务确定每个仪器面板的具体测试、测量功能，开关、控制等设置要求。

（3）按照一定的美学原则设计软面板。软面板的设计不仅是一个工程设计问题，还涉及人对面板的认可和欣赏问题。面板设计时，界面要简洁，不能太复杂，按照功能进行分屏显示；显示界面不能太多，层次太深，以免增加操作上的难度；界面颜色搭配要合理，不要太鲜艳，太艳容易造成视觉疲劳。设计中的美学问题只有在实践中慢慢摸索，不断提高。

3.2.6.3 软面板的设计方法

A 采用面向对象设计方法设计软面板

客观系统是由许多实体和事物组成，每种实体有各自的属性，实体间相互联系和影响，形成了系统的不同特性。面向对象设计按照人们认识事物的方法，将系统分解成相互联系的对象，每一个对象有自己的属性、行为。对象作为独立前主体，将自己所有的信息都保存在自身中，对象的内部状态对其他对象是隐蔽的，对象间通过端口发送消息进行联系。对象间的关系包括嵌套和派生。在嵌套关系中，一个或几个对象以成员的方式包含在另一个对象中。在派生关系中，一个对象继承另一个对象的特性，同一类对象的特性不必重复描述。嵌套和派生关系体现了对象间的层次关系。

对象是独立的实体，可以独立运行。对象具有封装性、继承性。因此面向对象设计实现了软件重用、资源共享，使系统易修改、易扩充、易重用。

按照面向对象的设计思想，一个虚拟仪器集成系统由多个虚拟仪器组成，每个虚拟仪器均由软面板控制。软面板由大量的虚拟控件组成。对于虚拟仪表系统，可以将其仪表面板对象划分为基本的图形元素和专用面板对象两类。基本的图形元素即图元包括直线、矩形、椭圆、多边形和文本等；专用面板对象包括按钮、开关、旋钮、动态调节器等面板控制控件和指示灯、数字仪表、指针仪表、图像显示器、示波器等面板显示控件以及其他特殊显示控件。

B　选用可视化的面向对象程序设计语言设计软面板

可以选用 Windows 下流行的面向对象的程序设计语言，一般都具有丰富的控件资源和良好的开发性能，像 VB、DELPHI、VC 等都适合开发虚拟仪器系统，可设计出自己喜欢的界面。但在支持特殊硬件方面功能有限，必须开发底层软件，关于仪器的图形资源也不够丰富。为了提高效率，缩短开发周期常选用专业的面向虚拟仪器开发的工具，像 NI 的 LabWindows/CVI、LabVIEW 等。这些软件具有丰富的硬件接口功能和数据处理分析能力。

3.2.7　NI VISA 软件的安装及 VXI 系统硬件互连

3.2.7.1　NI VISA 的安装

NI VISA 的软件包可以从 NI 公司网站上下载，NI VISA 为用户提供了控制 VXI 总线仪器、GPIB 总线仪器、RS-232 串行总线仪器、PXI 仪器及其他类型仪器的应用程序接口（API），其版本不断更新之中，以 NI-VISA15.0.1 版本为例说明其安装过程。

从 NI 网站上下载的 15.0.1 软件包为 ICP1500f0.exe，双击后进行自解压，生成安装系统文件夹，并进行自动安装，按默认设置即可。

3.2.7.2　VXI 模块/主机箱与转接器的互联

如图 3-10 所示，VPP-8 规范对模块/主机箱与转接器（VXI 总线模块与被测对象之间的转接设备）间的连接方式做出了一些规定。

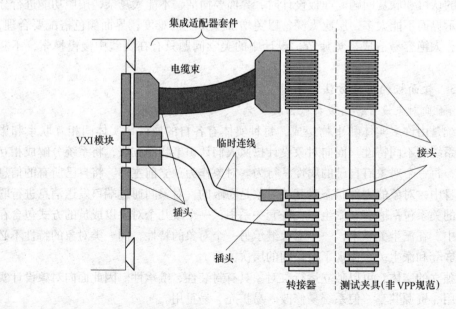

图 3-10　VXI 模块与转接器连接示意图

（1）VXI 总线模块的前面板厚度应为 2.5mm，应提供模块前面板连接器布局、连接器引脚与型号、信号特征、配对连接器要求等信息。

（2）VXI 总线主机箱应符合 VXI1.4 规范，并配备一对符合 VPP 规范的法兰盘，用于安装转接器互连器件。

（3）转接器模块应提供模块零件号、厂商名称、模块尺寸、接点技术指标与连接方法、应用工具等信息，并应在模块上清晰地标出管脚编号。

3.3 VPP

VPP（VXI Plug&Play），即 VXI 即插即用。1993 年 9 月，由五家公司（GenRad 公司、NI 公司、Racal 公司、Tektronix 公司和 Wavetek 公司）联合组成了 VXI Plug&Play 系统联盟（System Alliance）。此联盟的目的是在系统级上保持 VXI 对众多的生产厂商的真实、开放的体系结构，从而使其使用更加容易。这五家公司合作规定并实现了标准准则以及超出 VXI 总线规范所定义的基本标准范围之外的有关系统级问题的使用惯例。联盟成员对生产商和用户均开放。

VPP 规范是对 VXI 总线标准的补充和发展，主要解决了 VXI 总线系统级的软件标准问题。因此，各仪器模块的生产厂家都积极遵循 VPP 规范，并推进与促成了 VPP 规范的国际标准化。其着眼的不仅仅是 VXI 仪器硬件模块与软件模块的设计，更注重整个结构化、模块化的虚拟仪器系统设计。

图 3-11 所示为虚拟仪器系统结构图，由图可见，VPP 就是仪器驱动部分，是虚拟仪器应用软件与 I/O 接口软件层的连接，它对于应用驱动程序的开发者而言是一个个可调用的实用函数。

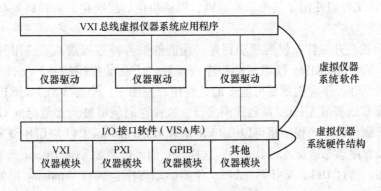

图 3-11　虚拟仪器系统结构图

VPP 规范具有以下的特点：

（1）由仪器生产厂家提供 VPP 驱动模块：虚拟仪器的仪器驱动程序是一个完整的模块，由仪器模块厂商在提供仪器时提供，同时在用户有需求时也提供给用户。提供给用户仪器模块根据需要可以包括所有功能，既包括通用功能也包括特定功能。

（2）提供程序源代码：仪器驱动程序必须尽可能以源代码形式提供，以便让用户按规格修改和优化他们的操作。对于独立的子系统部件，最好能提供源代码，但这不是必需的。VPP 规范需要提供如何使用子系统部件执行全部测试操作的高级实例的源代码。这样，用户可以将 VXI Plug&Play 仪器驱动程序作为通用的软件模块直接连接到系统中，而不是把驱动程序看作执行低级 I/O 操作的特殊封装代码。源代码可以帮助用户理解、修改和增强驱动程序以适应自己的需要。有了源代码，用户可修改已有的驱动程序，去驱动新的或定制的仪器。

（3）程序结构化与模块化：仪器驱动程序必须是模块化的，并提供多级函数调用，以便用户使用仪器的函数子集。仪器驱动程序的内部设计模型保证了 VPP 仪器驱动有一个很好定义的层次化、模块化设计。如果用户需要简单的单一函数接口，这种统一的接口可由应用函数提供。如果用户需要更大的灵活性和更多的函数，驱动程序的部件函数可作为独立的模块被用户调用。例如，用户可以在开始时初始化所有仪器，对多个仪器进行组态，同步触发多个仪器，然后从一个或多个仪器重复读取数据。

（4）仪器驱动程序的一致性：仪器驱动程序的设计与实现，包括其错误处理方法、帮助消息的提供、相关文档的提供以及所有修正机制都是统一的。用户在理解了一个仪器驱动程序之后，可以利用仪器驱动程序的一致性，方便而有效地理解另一个仪器驱动程序，并可以在一个仪器驱动程序的基础上，进行适当的修改，为新的仪器模块开发出一个符合 VPP 规范的仪器驱动程序。统一的仪器驱动程序设计方法有利于仪器驱动程序开发人员提高开发效率，最大限度地减少开发重复性。

（5）完善的仪器驱动程序：仪器驱动程序应该提供全功能的控制，但是有明显的折中考虑。对于一个虚拟仪器系统来说，其性能始终是一个重要因素，完善的仪器驱动程序就能准确地提供完成用户对特定应用所需要的功能，而不提供其他任何功能。上面的全功能驱动程序并不适用于只需要仪器的小部分功能且对性能要求比较高的应用中。正是由于这些原因，仪器驱动工作组没有为每种仪器定义特定的要求（比如 MyDMM 或数字化仪），相反，该工作组使用了三个基本原则，即模块化、层次化、源代码发行和可访问性来定义。

（6）兼容性与开放性：仪器驱动程序必须能够被各种编程语言、应用开发环境和操作系统访问。VXI Plug&Play 仪器驱动程序规范规定了驱动程序的各种文件类型和格式，以便让用户将驱动程序应用到尽可能多的最终用户框图中。全部 VXI Plug&Play 仪器驱动程序都以标准 C 语言（ANSI C）源代码发行，这样它们就可被大多数标准 C 语言编程环境访问。这些源代码驱动程序也可以 LabVIEW 和 LabWindows/CVI 应用环境下的文件形式发行仪器驱动程序动态链接库（DLLs），这样，它们可被诸如 Visual Basic 等其他 Windows 系统环境调用。通过 DLL，VXI Plug&Play 仪器驱动程序也具有 Windows 下文件在线帮助功能。

（7）VPP 规范对仪器驱动程序的要求：不仅适用于 VXI 仪器，也同样适用于 GPIB 仪器、PXI 仪器、串行接口仪器、网络仪器、USB 仪器等。它已经成为了虚拟仪器驱动程序设计的事实标准。

3.3.1　仪器驱动程序

3.3.1.1　仪器驱动程序外部接口模型

为了规范仪器驱动程序软件设计和开发标准，以满足不同厂商所开发的仪器驱动程序的设计和实现的一致性要求，VPP 制定了统一的软件设计的抽象模型，包括仪器驱动器外部接口模型和仪器驱动器内部设计模型。

如图 3-12 所示，VPP 仪器驱动器由控制特定仪器的软件模块组成。组成仪器驱动器的软件模块应与整个系统中其他软件互相联系，以便既能与仪器通讯又能与高级软件或使用仪器驱动器的最终用户通信。而该外部接口模型便定义了一个解释仪器驱动器与系统其余部分相互联系的模型，该模型由如下 5 部分组成。

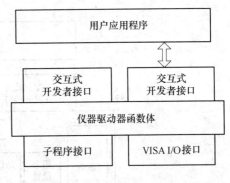

图 3-12 仪器驱动程序外部接口模型

（1）仪器驱动器函数体。仪器驱动器函数体，即驱动程序的实际代码是仪器驱动器的核心。仪器驱动器所具有的全部功能都由该函数体中的函数来实现，其内部结构由仪器驱动器的内部设计模型给出了详细定义。

（2）交互式开发者接口。该接口是一个交互式的接口，通常是图形接口。这种接口有助于软件开发者理解每个特定的仪器驱动函数的作用和如何在编程开发中调用接口每个函数。它是一个图形化的操作面板，该接口用图形化的方式给出了函数体中每个函数的必要的接口信息，如函数的参数个数、参数类型、参数顺序等。

（3）应用程序开发者接口。这个接口模型是定义更高级软件程序调用仪器驱动程序的机构，它是驱动程序的代码模型。有了这一高级的函数调用接口，最终的测试应用程序代码就可以由几个对驱动程序的调用所组成。这样应用程序对驱动程序的调用便实现了模块化，且易于识别。

（4）子程序接口。VPP 仪器驱动器使用标准编程技术和层次化设计，因此仪器驱动器能通过子程序接口访问其他库的函数，从而具有调用其他软件模块的能力。仪器驱动器可以采用同样的技术来访问其他的支持库。

（5）VISA I/O 接口。对仪器驱动器来说，重点考虑的问题是如何实现仪器的 I/O 操作。VPP 规范规定 I/O 接口由标准的并能在多平台上使用的独立软件层提供，所有 VPP 规范的仪器驱动器的 I/O 库函数全部由标准的 VISA 库函数提供，仪器驱动器通过 I/O 接口调用 VISA 库函数时，可实现对 VXI、GPIB、RS-232 等总线仪器的操作，而不需考虑接口总线类型。

3.3.1.2 仪器驱动器内部设计模型

图 3-13 所示的仪器驱动器内部设计模型定义了仪器驱动器外部接口模型中的函数体部分的抽象结构。它是仪器驱动器开发准则的基础，同时对驱动程序的最终用户也极为重要。通过该模型可以理解仪器驱动器的工作机理，它是实现 VXI 总线虚拟仪器开放性、互换性和兼容性的重要基础和保证。

仪器驱动器的内部设计模型要求具有对仪器功能的高级、低级两种访问形式。高级访问是应用函数，应用函数是执行完整测试和测量功能的高级函数集合，这些函数具有更高的抽象性，且通常可看做是一个给定仪器的标准功能。低级访问时，部件函数控制仪器功能的特定区域（部件函数包括初始化函数、组态函数、动作/状态函数、数据函数、实用函数和关闭函数），这些函数为应用程序开发者提供仪器功能的直接访问，它们通常将仪器控制分解为更低级的控制。

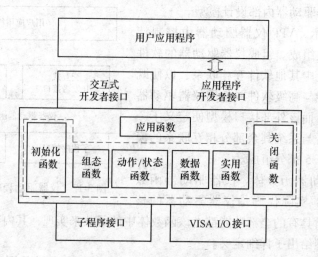

图 3-13 仪器驱动程序内部设计模型

　　仪器驱动程序内部设计模型的模块化结构建立在成熟的技术基础上，利用模块化方法，用户在软件应用时具有准确控制仪器所需的最小模块。用户通过初始化设备开启仪器有关的业务，然后用户程序反复调用应用程序和部件函数来控制仪器操作，最后调用关闭函数来关闭设备，终止有关操作。

　　A　应用函数

　　应用函数是为特定的领域设计的，这些特定应用包括仪器控制和特殊应用领域两方面的专业知识。一个仪器驱动器可以有多个领域，应用函数是一级以源代码形式提供的面向具体测试任务的高级函数，并提供了如何组合使用部件函数的实例。每个应用函数都由若干标准的仪器驱动器的部件函数组成。当用户需要单一的高级仪器驱动器接口时，这些函数可通过它们自己的接口被调用，而不需要使用单个的部件函数。大多数情况下，这些函数实现仪器的完整操作。

　　B　部件函数

　　部件函数将仪器功能划分为若干类，每一类仪器功能分别由不同的部件函数来实现。这些函数为应用程序开发者提供对仪器功能直接访问的中间层，且通常将仪器的控制分解成更低级的控制，这些低级控制由各类部件函数中更低级的函数来完成。其中部件函数中的初始化函数、复位函数、自检函数、错误查找函数、错误消息函数、版本查询函数、关闭函数等函数为必备函数，即最简单的仪器驱动器也至少要包含这些函数。

　　(1) 初始化函数 Initialize。VPP 仪器驱动器的初始化函数是高层用户程序访问仪器驱动器时调用的第一个函数，它主要起到初始化软件和仪器的连接作用，如打开仪器驱动器和 VISA 资源管理器的会话通道或打开 VISA 资源管理器和仪器硬件的会话通道等。

　　(2) 复位函数 Reset。复位函数有配置特定仪器的功能，设定仪器处于默认状态。它对仪器驱动器中各种状态进行初始值设置。

　　(3) 自检函数 Self-Test。该函数使仪器执行自我检测的动作，并且返回自检结果。

　　(4) 错误查询函数 Error Query。错误查询函数用来查询仪器是否出现错误，并且返回仪器特定的错误信息。

（5）错误信息功能函数 Error Message。错误信息功能函数返回错误的返回值，它是从 VPP 仪器驱动功能体得到的供用户读取的字符串。

（6）版本查询函数 Version Query。此函数用于查询仪器驱动版本，并且将所查到的版本返回，供用户使用。

（7）关闭函数 Close。关闭函数用于结束仪器的操作，它关闭软件与仪器的连接，同时释放该操作有关的系统资源。

3.3.1.3　仪器驱动程序开发者接口

仪器驱动程序开发者接口提供了一系列的标准来制定仪器驱动的程序接口，以使不同应用开发环境下的应用都可以使用驱动接口。高质量的仪器驱动为用户构建仪器系统提供了极大的方便，可以使用户很快上手，节约开发时间和开发费用。开放的仪器驱动可以使用户按照自己的意愿定制系统，以使得系统运行顺畅。这些好处可以体现在系统的寿命中，并节约维护时间和维护费用。

A　兼容的应用开发环境

兼容的应用开发环境其目的是制定仪器驱动程序的开发者接口，使其在很多应用开发环境中都可以用于创建用户程序。要达到此目的，首先要指定仪器开发过程中常用的应用开发环境（ADES），然后开发这些 ADES 所兼容的规范。另外主要是要保持程序接口和其他的 ADES 兼容。

B　仪器驱动功能原型

应用开发环境从仪器驱动头文件中获得仪器驱动功能体的有关信息，仪器驱动程序接口在头文件中的功能原型中指定，这些功能原型必须遵循一定的标准以保证和 ADES 兼容。

一般功能原型如下：

ViStatus_VI_FUNC ＜function name＞（＜parameter＞［，＜parameter＞］＊）；

返回类型：仪器驱动功能原型的第一个参数是从功能函数返回的指定类型，这个类型是 ViStatus，这个类型在头文件 visatype. h（visa. h）中定义。许多功能函数的返回值类型也是在 visatype. h 或 vpptype. h 中定义的。

C　命令惯例

VPP 仪器驱动命令惯例规定了功能名、参数、变量名、类型名和预处理宏的要求和限制，并且要兼容尽可能多的 ADES。命名惯例包含以下几项：合理字符器、命名长度、分开的多词名称等。

命名中所考虑的最基本的因素就是名称中的合理字符串和命名长度的限制，这些限制受 ADES 的影响。为了保证与尽可能多的 ADES 兼容，确立了以下规范：

（1）所有的外部名必须以字母开头。

（2）名字中只能包含字母和下划线。

（3）所有外部名的长度限制在 40 字符，这 40 个重要字符决定了名字的唯一性。

（4）杜绝命名冲突。当应用程序包含多个仪器驱动，它们定义了相同的全局变量名，就会出现命名冲突。应用开发环境会检查到错误，导致在链接和运行过程中出错。另一种可能出现的更严重的问题就是，ADES 没有检查到冲突，导致在程序运行时出错。这种类型的错误可能引起不可预知的后果，来自测量系统的不正确的数据可能导致测试仪器的损坏。为了保证这种错误不会出现，必须保证仪器驱动中的唯一的全局变量名，例如功能名、类型名和宏名都是唯一的。所有的 VPP 仪器驱动全局变量名都以仪器前缀和下划线开头。

D　数据类型

数据类型规定允许仪器驱动功能原型分为两类：兼容类型和特定语言类型。兼容类型被一般的 ADES 所支持。表 3-24 列出的是兼容类型，这些类型在 VISA 头文件 visatype.h 中定义。

表 3-24　兼容类型

类型名	方向	定　义
ViBoolean	输入	布尔变量（Boolean Value）
ViPBoolean	输出	指向布尔变量的指针（Pointer to ViBoolean Value）
ViBoolean[ ]	输入/输出	指向布尔变量数组的指针（Pointer to an Array of ViBoolean Values）
ViInt16	输入	16 位有符号数（Signed 16-bit Integer）
ViUInt16	输入	16 位无符号整数（Unsigned 16-bit Integer）
ViPInt16	输出	指向 16 位有符号数的指针（Pointer to a ViInt16 Value）
ViInt16[ ]	输入/输出	指向 16 位有符号数的数组的指针（Pointer to an Array of ViInt16 Values）
ViInt32	输入	32 位有符号整数（Signed 32-bit Integer）
ViUInt32	输入	32 位无符号整数（Unsigned 32-bit Integer）
ViPInt32	输出	指向 32 位有符号整数的指针（Pointer to a ViInt32 Value）
ViInt32[ ]	输入/输出	指向 32 位有符号数数组的指针（Pointer to an Array of ViInt32 Values）
ViReal64	输入	64 位浮点数（64-bit Floating Number）
ViPReal64	输出	指向 64 位浮点数的指针（Pointer to a ViReal64 Value）
ViReal64[ ]	输入/输出	指向 64 位浮点数数组的指针（Pointer to an Array of ViReal64 Values）
ViString	输入	字符串（C String）
ViPString	输出	指向字符中的指针（Pointer to a C String）
ViChar[ ]	输入/输出	指向字符串的指针（Pointer to a C String）
ViRsrc	输入	VISA 资源描述（A VISA Resource Description）
ViPRsrc	输出	指向 VISA 资源描述的指针（Pointer to a ViRsrc Value）
ViSession	输入	VISA 句柄（A VISA Session Handle）
ViPSession	输出	指向 ViSession 的指针（Pointer to a ViSession）
ViSession[ ]	输入/输出	指向 ViSession 数组的指针（Pointer to an Array of ViSession Value）
ViStatus	输入	VISA 返回状态类型（A VISA Return Status Type）
ViConstString	输入	字符串常量（A Const C String）
ViAttr	输入	属性标识符（An Attribute ID）

E　参数规定

仪器驱动的参数规定了功能函数的参数要求和限制，即规定了一般的内容，包括参数个数、参数名称、参数传递等。

许多 VPP 仪器功能函数需要一个句柄作为确定仪器的输入参数,并且定义仪器句柄的类型为 ViSession,它是每个函数的第一个参数。

限制仪器驱动功能的参数个数是参数规定的一部分。为了使每个函数都有一致的接口,所有的参数都需要分别指定。这意味着仪器驱动函数不能接收任意个数的参数。参数个数的限制最高是 18 个,这一限制主要是受 LabVIEW 开发环境的制约,LabVIEW 的一个图标最多有 20 个接线端,其中包括错误输入/输出连接端口。因此功能函数的最大参数个数设为 18 个。然而,为了提高可用性和可读性,一般建议参数个数上限为 8 个。

F 头文件

下面是 VPP 仪器驱动中应用程序所需要的头文件。应用程序包含一个头文件,代表了仪器驱动的外部接口,头文件的层次结构如图 3-14 所示。这个仪器驱动头文件中包含仪器驱动特定类型和来自 VISA 的宏定义。vpptype. h 包含的 visatype. h 定义了与 VISA 接口库连接的所有基本类型和宏。

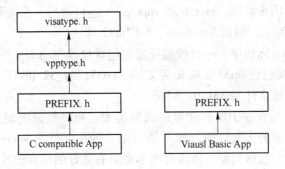

图 3-14 头文件层次

基于 VISA 的头文件是 visatype. h,这个头文件包含了兼容类型的定义,同时为了简化布尔变量的应用还包含以下定义:

```
#define VI_TRUE        (1)
#define VI_FALSE       (0)
```

仪器驱动需要的头文件是 vpptype. h,下面是 vpptype. h 中包含的内容:

```
#include "visatype. h"
```

下面的值代表二进制的开关变量:

```
#define VI_ON          (1)
#define VI_OFF         (0)
```

下面定义了一些标准的警告返回值:

```
#define VI_WARN_NSUP_ID_QUERY        (0x3FFC0101L)
#define VI_WARN_NSUP_RESET           (0x3FFC0102L)
#define VI_WARN_NSUP_SELF_TEST       (0x3FFC0103L)
#define VI_WARN_NSUP_ERROR_QUERY     (0x3FFC0104L)
#define VI_WARN_NSUP_REV_QUERY       (0x3FFC0105L)
```

下面是标准的错误返回值的定义:

```
#define VI_ERROR_PARAMETER1     (_VI_ERROR + 0x3FFC0001L)
#define VI_ERROR_PARAMETER2     (_VI_ERROR + 0x3FFC0002L)
```

```
#define VI_ERROR_PARAMETER3        (_VI_ERROR + 0x3FFC0003L)
#define VI_ERROR_PARAMETER4        (_VI_ERROR + 0x3FFC0004L)
#define VI_ERROR_PARAMETER5        (_VI_ERROR + 0x3FFC0005L)
#define VI_ERROR_PARAMETER6        (_VI_ERROR + 0x3FFC0006L)
#define VI_ERROR_PARAMETER7        (_VI_ERROR + 0x3FFC0007L)
#define VI_ERROR_PARAMETER8        (_VI_ERROR + 0x3FFC0008L)
#define VI_ERROR_FAIL_ID_QUERY     (_VI_ERROR + 0x3FFC0011L)
#define VI_ERROR_INV_RESPONSE      (_VI_ERROR + 0x3FFC0012L)
```

3.3.2　VPP 在编程中的应用

　　VPP 的主要部分是仪器驱动，VPP 应用程序一般分为声明、初始化、仪器操作、关闭四个部分。

　　对于 C 或 C++ 程序，应用程序的开始包含头文件 vpptype. h。visa. h 包含 VISA 库中的所有函数原型及所用常量等。visa. h 和 vpptype. h 还包含另一头文件 visatype. h，该头文件定义了 VISA 数据类型，例如 ViSession、ViUInt32 等。

　　除此之外，对于实际程序，一台仪器还需要包含仪器驱动头文件，对于一台任意波形发生器 HP33120A，要包含 hp33120a. h 头文件、hp33120a_32. lib 库文件以及放置于项目子目录中的动态链接库文件 hp33120a_32. dll。

　　(1) 声明区：声明程序中所有变量的数据类型。VPP 数据类型与编程语言数据类型的对应说明包含在特定的头文件中，如 C 语言形式的头文件为 vpptype. h。程序中没有涉及某种具体编程语言的数据类型，所以程序本身具有良好的可移植性。

　　(2) 初始化：驱动一台仪器要做的第一件事就是初始化，也就是在编程时第一个调用的函数就是初始化函数 prefix_init（ViRsrc InstrDesc，ViBoolean id_query，ViBoolean do_reset，ViPSession vi）。在初始化函数中有四个参数，第一个参数是输入仪器的地址，比如说一台地址为 10 的 GPIB 仪器，参数的写法就是 GPIB∷10∷INSTR。第二和第三个参数都是布尔类型数据，分别代表是否询问 ID 和是否进行仪器复位。最后一个参数是返回的仪器句柄，它用于之后每一个驱动函数的第一个参数。

　　(3) 仪器操作：这是仪器驱动的主要部分，它包括了对仪器的所有的操作，对于不同的仪器，有不同的操作函数，具体仪器的操作函数可以查询相关仪器操作的帮助文件。这里所要强调的是，任何一个驱动函数的第一个参数一定是从初始化函数返回的仪器句柄。

　　(4) 关闭区：操作结束后，需要调用关闭函数 prefix_close(vi)，释放仪器句柄，关闭与仪器之间的会话。它也是调用的最后一个驱动函数，在它之后如果再出现其他的驱动函数，均无效。

　　程序代码片断如下：

```
#include "prefix. h"
#include "vpptype. h"
#include "visa. h"
void main()
//声明区
```

```
{ViSession vi;
ViStatus errStatus;
//初始化
errStatus = prefix_init("gpib::10:;INSTR",0,1,%vi);
//仪器操作
prefix_reset(vi);
prefix_freq(vi,5.0e+3);
prefix_volt(vi,9);
//关闭
errStatus = prefix_close(vi);}
```

3.4 IVI

为了进一步提高仪器的可互换性和测试代码的可重用性，降低系统升级的难度和成本，由 NI 公司、GEC 马可尼公司、朗讯技术公司、GDE 系统公司等十几家仪器生产厂商成立了 IVI 基金会，并发布了 IVI 技术规范。IVI 技术规范是 IVI 基金会在 VPP 规范的基础上定义仪器的标准接口、通用结构和实现方法，用于开发一种可互换、高性能、更易于开发维护的仪器的编程模型。

3.4.1　IVI 技术的特点

3.4.1.1　通过仪器的可互换性，节省测试系统的开发和维护费用

IVI 技术提升了仪器驱动器的标准化程度，使仪器驱动器从基本的互操作性提升到了仪器类的互操作性。通过为各仪器类定义明确的 API，测试系统开发者在编写软件时可以做到最大程度的与硬件无关，当替换过时的仪器或采用更高性能的新仪器进行系统升级时，测试程序源代码可以不用做任何更改或重新编译，这大大提高了代码的可重用性，同时也缩短了测试系统开发周期以及系统维护费用。

3.4.1.2　通过状态缓存，改善测试性能

IVI 引入了属性管理机制，其模型中的 IVI 引擎可实现状态存储功能。VPP 驱动程序总是假设仪器状态是未知的，因此，每个测量函数在进行测量操作之前都要对仪器进行设置，而不管仪器在此之前是否被配置过。而 IVI 驱动器通过状态缓存能自动存储仪器的当前状态。一个 IVI 仪器驱动程序函数只有在仪器当前设置和函数所要求的值不一致时，才执行 I/O 操作，而不是每次都对仪器的所有参数进行重新配置，这样 IVI 引擎可以避免发送冗余的仪器配置命令，从而优化程序运行时的性能，极大地缩短了测试时间。

3.4.1.3　通过仿真，使测试开发更容易、更经济

利用 IVI 仪器驱动器的仿真功能，用户可以在仪器还不能用的条件下，使用驱动程序建立应用程序，这种情况下，驱动程序不执行仪器 I/O 而仅利用软拷贝来进行处理，它检查输入参数并且产生仿真的输出结果。有了这些仿真数据，开发者在没有仪器硬件的情况下也能为仪器开发应用程序代码。

3.4.2　IVI 驱动器的类型及互换性的实现原理

如图 3-15 所示，IVI 驱动器分为 IVI 类驱动器和 IVI 专用驱动器两大类型。

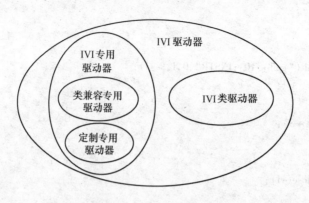

图 3-15　IVI 驱动器分类

IVI 类驱动器提供符合已定义 IVI 仪器类规范的仪器驱动器 API，通过 IVI 类兼容专用驱动器间接实现与仪器硬件的通讯连接。实际上，可以将 IVI 类驱动器理解为一种抽象的、具有过渡性质的仪器驱动器，类似于面向对象编程技术中的虚拟基类，而 IVI 类兼容专用驱动器则是它的派生类。

IVI 专用驱动器封装了用于控制某一类或某一种仪器所需的信息和函数，能够直接与底层硬件通讯，它又包括 IVI 类兼容专用驱动器和 IVI 定制专用驱动器。IVI 类兼容专用驱动器与某一类已定义的 IVI 仪器类兼容，使用已定义仪器类的标准 API，但同时又增加了一些其他特性，以满足用户对仪器互换性的要求；IVI 定制专用驱动器使用用户化的 API，不与任何已定义的仪器类标准兼容，不能实现硬件的互换性，主要用于一些特殊场合。

IVI 规范把仪器驱动器分成类驱动器和专用驱动器的目的是为了实现仪器的互换性。为了确保在进行仪器替换时不修改测试代码，不再做重新编译或链接，做到完全的互换性，IVI 规范规定用户需要直接用仪器类 API 编程而不是用特定的 IVI 类兼容专用驱动器编程，与特定仪器相关的驱动器和硬件资源配置不能在测试程序中完成，于是 IVI 技术规范提出了一种被称为"配置仓"的软件结构。

IVI 配置仓是用来实现仪器互换性的外部软件，具有动态加载特定仪器驱动器的能力，通过建立类驱动器和特定仪器驱动器的映射关系来实现仪器的互换和测试程序的代码重用。图 3-16 解释了仪器互换性的实现方法。IVI 配置仓中包括了一系列逻辑名以及与各逻辑名一一对应的驱动器通话配置器，在应用程序通过某个逻辑名来访问 IVI 类驱动器时，IVI 类驱动器通过逻辑名的匹配得到实际的 IVI 类兼容专用驱动器通话配置器，并实现该驱动器的动态加载，然后通话配置器建立与专用驱动器和仪器的通话链路，同时也决定一些可配置属性的配置，如仿真、状态缓存状态检查等，当用户更换仪器时，只需将 IVI 配置仓中对应的逻辑名重新定位到另一个通话配置器，从而实现仪器的互换。

3.4.3　IVI 驱动器的工作原理

IVI 驱动器的工作机制如图 3-17 所示。IVI 模型中把每一个可读写的仪器设置定义为一个属性。IVI 引擎与驱动程序一起参与对仪器属性的管理，主要包括记忆和跟踪属性值、属性范围检查和强制设定、控制属性值的读写等。组成 IVI 仪器驱动程序的高层函数主要包括以下 4 个部分：

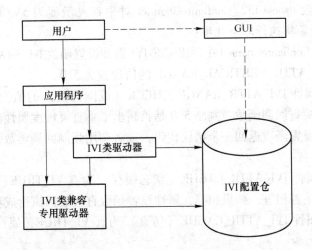

图 3-16 IVI 驱动器互换性原理图

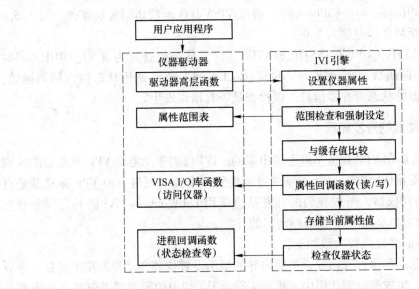

图 3-17 IVI 仪器驱动器工作机制

(1) 用于读写某个仪器属性的 IVI 标准属性函数。

(2) 用于规定每一个仪器属性有效范围的范围表。

(3) 属性回调函数 (读回调函数、写回调函数、范围检查回调函数等)。

(4) 全局通道回调函数 (如状态检查回调函数等)。

当驱动程序在高层函数中设置属性时, IVI 引擎被激活并访问属性范围表进行范围检查和强制设定值, 在设置值与缓存值不同时激活属性回调函数, 执行仪器 I/O 操作, 否则直接返回成功。如果执行了 I/O 操作, 则高层函数还要在驱动程序中调用状态检查回调函数, 查看是否有错误发生。由于 IVI 引擎运行在计算机内部, 而驱动程序只有在对仪器进行硬件操作时才花费较多时间, 因此, 通过在高层函数和低层 I/O 操作之间引入属性管理机制, 可以在不影响仪器工作的条件下增强对仪器操作的灵活性和安全性, 并大大提高驱动程序的效率。

以通道配置函数 dsoes1452_ConfigureChannel 对垂直灵敏度为 5V/div 进行配置为例，IVI 驱动器和 IVI 引擎将执行以下几步：

函数 dsoes1452_ConfigureChannel 中调用标准 IVI 属性设置函数 Ivi_SetAttributeViReal64()，将属性 DSOES1452_ATTR_VERTICAL_RANGE 的值设置为 5.0。

如果 IVI 内置属性 IVI_ATTR_RANGE_CHECK（范围检查）的值为真 VI_TRUE，IVI 引擎调用属性范围检查回调函数，判断 5.0 是否超出了垂直灵敏度属性范围表。如果超出了有效范围，属性设置函数返回一个错误代码，或者调用强制回调函数强制设定为有效范围内的数值。

如果 IVI 内置属性 IVI_ATTR_CACHE（状态缓存）为真 VI_TRUE，IVI 引擎比较 5.0 与当前缓存中的值是否相等，如果相等，属性设置函数直接返回执行成功代码。

如果 IVI 内置属性 IVI_ATTR_CACHE（仿真）为真 VI_TRUE，属性设置函数直接返回执行成功代码。

如果 5.0 与缓存值不等且不是执行的仿真，则调用垂直灵敏度属性写回调函数 dsoes1452AttrVerticalRange_WriteCallback()，通过 VISA I/O 函数访问底层硬件，写入 5.0 对应的命令，并更新当前缓存值为 5.0。

如果属性 IVI_ATTR_QUERY_INSTR_STATUS（仪器状态检查）为真 VI_TRUE，同时 IVI 引擎调用了写回调函数，则函数 dsoes1452_ConfigureChannel 调用状态检查回调函数，该回调函数读取仪器的状态寄存器信息，以检查是否有错误发生。

3.4.4 IVI 仪器驱动器的开发流程

考虑到 IVI 规范是在 VPP 规范基础上提出来的，IVI 仪器驱动器与 VPP 驱动器的区别就在于 IVI 驱动器多了 IVI 引擎，IVI 引擎通过属性管理来控制硬件，而 VPP 驱动器是直接调用 VISA 函数访问仪器，所以我们的开发是直接用 LabWindows/CVI 的开发向导开发 IVI 驱动器，同时就可以实现 VPP 仪器驱动器的开发。

IVI 仪器驱动器的开发流程大致如下：

（1）启动 IVI 驱动程序开发向导，按照向导的提示设置仪器驱动器的相关信息，生成驱动程序框架代码，生成的框架代码中，包含了符合 IVI 规范的示波器类驱动器的大部分标准函数。

（2）分析生成的各个属性，对相应属性进行编辑、删除或新建；对独立属性实现属性回调函数，这些属性可用来设置和访问硬件，写回调函数用来设置硬件属性值，在状态存储机制无效时，写回调函数总是被调用，此时 IVI 驱动的工作过程与 VPP 驱动类似，读回调函数用来获取属性值。

（3）明确属性的无效值，IVI 引擎采用属性无效列表作为保持状态存储完整性的一种技术，它用来解决高级属性之间的相关性问题，例如某一属性的无效列表中可以包含受其影响的属性，当这一属性的值改变而导致被其影响的属性无效时，IVI 引擎就可以修改它们的属性值。

（4）分析驱动程序的各组成文件，编辑和修改函数树与函数面板。

（5）删除不用的扩展代码，根据本模块的实际需要修改生成的函数代码，添加本模块所需要的特殊函数代码。

（6）设计软面板程序，对 IVI 驱动程序的各函数进行测试并调试，在确保正确性的前提下生成安装文件。

3.4.5 仪器驱动器属性的设置

运行 LabWindows/CVI 的 IVI 仪器驱动器开发向导，按照向导的提示，输入所需要的本模块的相应信息，最后点击 Generate 按钮即可生成 IVI 仪器驱动器所需的基本文件，包括函数面板文件 PREFIX.fp，源代码文件 PREFIX.c，头文件 PREFIX.c，仪器属性文件 PREFIX.sub。这里 PREFIX 代表在向导中输入的仪器驱动器前缀名称，生成的所有驱动器函数和属性名称都以此前缀开头，以表明此驱动器是某一型号特定仪器的特定驱动器。

打开属性编辑器，可以看到自动生成的 IVI 驱动器的所有属性列表，其中有一些属性是 IVI 固有属性，即不管是什么类型的仪器都必须要有的属性，在 CVI 中这些属性不能被用户随意更改，开发者不能对这些属性做任何编辑。其余大部分属性需要我们根据仪器的实际需要，进行重新编辑修改，删除不需要的属性，增加本模块所特有的设置属性。图3-18 所示为本信号采集模块的部分属性列表。整个系统分为信号采集、通道、水平、触发、参数测量以及时钟同步六个子系统，在开发过程中，无论哪个阶段我们都是按照这六个子系统分别进行开发的，这是 IVI 驱动器在横向上的模块化体现，而在纵向上，IVI 驱动器的体系结构从底层的 VISA 接口库到上层的测试软件也是模块化的结构，这种多重模块化的结构正是 IVI 规范的一大特点，既简化了整个系统的复杂性，也大大降低了开发难度。

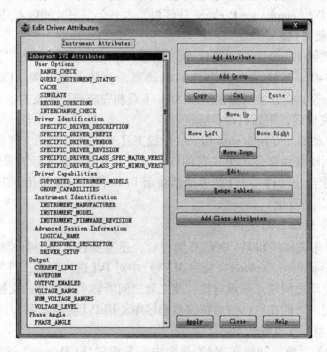

图 3-18　IVI 仪器驱动器属性列表对话框

属性列表中每一个属性代表一种可以配置的仪器设置或参数，属性的编辑对象主要包括数据类型、属性范围表、默认值、属性描述、回调函数选择、属性标志以及属性无效列表等，其中属性范围表和属性无效列表的设置是重点和难点，属性范围决定了属性的取值范围和数值类型，是范围检查和强制设定回调函数的依据，也是读、写回调函数进行数值和命令字符串转化的依据。而属性无效列表的编辑则要求必须对整个系统的工作流程和不同设置参数之间的相互关系有清楚的认识。对于上层用户来说，要设置仪器的某个参数，只需调用驱动器中相应的高级函数，或者直接调用 IVI 属性设置库函数来设置相应属性的值即可，而根本不用关心驱动器是怎么把这个属性值写入仪器的，这部分工作由我们编写属性读、写等回调函数来实现。

这部分代码主要是设置属性回调函数的代码，自动生成的代码中也包含相应的回调函数代码框架，回调函数中的实现代码再具体编写完成。

3.4.6　IVI 软件的安装与应用

目前，大多数的仪器制造商或公司推出了符合 IVI 技术规范的 IVI 驱动器和软件工具。下面以 NI 公司的产品为例，介绍 IVI 软件的安装过程和应用方法。

3.4.6.1　IVI 软件的安装

在使用 NI 公司的 IVI-C 驱动器之前，应保证 NI 应用软件（如 LabVIEW、LabWindows/CVI 和 MeasurmetStudio）等已正确安装，在安装时相应的 IVI 有关选项要选择正确，再安装虚拟仪器硬件驱动软件包，本书介绍安装 NI-DAQmx15.5 版（可从 NI 公司网站上免费下载）如下：

（1）安装 NI VISA，本书安装的是 NI-VISA15.0.1 版本，可从 NI 公司网站下载。

（2）安装 NI IVI Compliance Package 软件包，本书介绍安装的版本是 16.0.1 版，同样可从 NI 网站上下载得到。

（3）安装所需的 IVI 专用驱动器软件，例如 "hp34401a_setup.exe"，这儿需要注意，NI 公司提供了 34401a 模块的多种平台的驱动器，包括 LabVIEW、LabWindows/CVI 和 MeasurementStudio 等，在开发时根据所用 ADE 下载和安装相应的文件。

（4）在软件完成后，重新启动计算机。

除了 IVI 类驱动器、专用驱动器和一些配置工具外，NI 公司还为各类 IVI 类驱动器开发了相关的仿真驱动器和符合 VPP 规范的软面板，用户可根据实际需求安装使用。另外，NI 公司还在网站上给出了许多 IVI 类驱动器演示 Demo，可下载使用。下载示例可保存于"…\CVI\Samples"子目录下。

3.4.6.2　IVI 驱动器的应用

在安装了 IVI 相关软件和 IVI 驱动器例程后，还需要在 NI 公司的硬件配置管理软件 Measurement & Automation Explorer（简称 MAX）中对 IVI 进行配置，目的是在 IVI 类驱动器和各专用仪器驱动之间建立通讯连接，使二者之间能够实现信息的交换，因此只有完成了这些配置后，用户才能在自己的虚拟仪器程序中使用 IVI 类驱动器。

IVI 系统的典型配置过程如下：

（1）启动 MAX 系统，如果在 MAX 界面中未发现 "IVI Drivers" 文件夹，可以按 F5 键，刷新 MAX 显示界面。

（2）双击展开 IVI Drivers 文件夹。

（3）鼠标右击 Logical Names，选择弹出项 "Create New（case sensitive）…"。

（4）将默认的 Logical Names 名 "NewLogicalName" 改为设定名称，如 "MyDMM"。

（5）在界面右侧的属性设定窗口中，点击 Driver Session 下拉列表框，选择 "hp34401a"，并在描述框中填写简略的说明。该逻辑名就代表用户将在虚拟仪器应用程序中使用的仪器名称，"MyDMM" 就表示了将在虚拟仪器应用程序中使用自己配置的数字万用表。上述过程操作界面如图 3-19 所示。

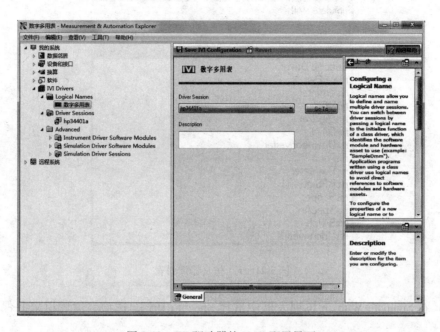

图 3-19 IVI 驱动器的 MAX 配置界面

（6）在图 3-19 所示界面中，点击 "Go To" 命令按钮，进入 hp34401a 属性设置界面，如图 3-20 所示。由于本地没有接入 hp34401a 数字万用表，因此系统自动进入该仪器的仿

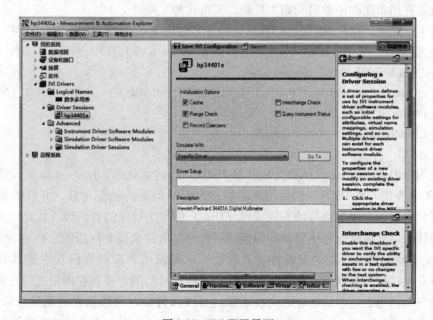

图 3-20 IVI 配置界面

真操作界面。该图的配置区域，上部显示的是初始化选项选择区，中部的 Simulate With 下拉列表框为用户提供了 NI 支持的 IVI 类仪器的驱动程序的模拟功能，这些 IVI 包括了 NI 所提供的全部 IVI 类器件，如图 3-21 所示。

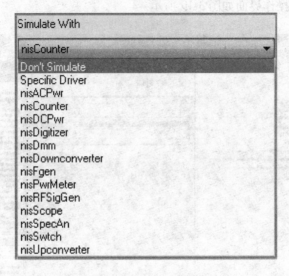

图 3-21　IVI 仿真器件列表

（7）在 Simulate With 下拉列表框中选择 Specific Driver 选项，然后退出并保存配置文件。

以上配置过程中，关键一步是为自己要使用的虚拟仪器指定逻辑名。与逻辑名对应的虚拟仪器实际上是物理仪器、仪器驱动器和可选设置集联合体的整体描述。如果用户改变了与逻辑名对应的虚拟仪器，用户可以直接进行仪器替换而无需更改应用程序。由 IVI 类驱动器负责在初始化程序中启动相关机制，实现这种互换性。

经过上述配置，用户就可以在 LabWindows/CVI 或 LabVIEW 中以 "MyDMM" 来调用 IviDmm 类驱动器。例如，用户可在自己的 LabWindows/CVI 程序中使用以下函数。

IviDmm_Initialize（"MyDMM"，&dmmHandle）；

IviDmm_Configure（dmmHandle，IVIDMM_VAL_DC_VOLTS，IVIDMM_VAL_AUTO_RANGE_ON，IVIDMM _VAL_4_5_DIGITS）；

IviDmm_Read（dmmHandle，5000，&reading）；

…

在使用 IviDmm_Initialize 函数完成 "MyDMM" 的初始化后，IviDmm 类驱动器就会自动在 MAX 中查找 "MyDMM" 的专用驱动器，进行驱动器的动态加载，并将类驱动器的各函数指针映射到专用驱动器动态链接库（DLL）中与之对应的各函数。从此时开始，类驱动器的任务就仅仅是向专用驱动器传递应用程序发出的仪器 I/O 指令。

IVI 类驱动器具有内置的互换性检查功能，以确保用户所开发的程序是具有互换性的。这种互换性检查机制会在程序运行过程中进行实时监测，查找在测量之前没有进行仪器完全设置的情形，这些情形往往会在未来进行仪器替换时导致错误的测量结果。例如，用户在完成 DMM 的初始化后，就立即调用 IviDmm_Read 函数，基于 DMM 的缺省设置进行测量，而不是采用"先配置后测量"的方法，互换性检查机制在此时就将发出警告信息提醒用户。

仪器间的互换性是测试工程师们长期以来追求的目标，IVI 基金会、IVI 技术规范及基于 IVI 的一些软件产品无疑为此提供了很好的解决之道。

小　结

本章对虚拟仪器控制软件的技术规范进行了系统介绍。其中 SCPI 是以 ASCII 字符组成的标准仪器命令语言，可以用于任何一种标准接口，如 GPIB、VXI、RS-232、MXI 等。作为标准命令语言，使用 SCPI 编写的程序简单、清晰、易于理解，克服了不同类型标准仪器软件的不兼容的缺点。

VISA 提供仪器与计算机接口的驱动程序库（I/O Library），包括了对当今主流的各类仪器控制接口的驱动能力，同时 VISA 通过定义控制计算机的标准系统框架结构，对仪器控制软件的使用和开发环境进行了规范。VISA 规范的制定和引入，使得虚拟仪器软硬件的可移植性、互操作性能力大为增强。

VPP 规范是对 VXI 总线标准的补充和发展，主要解决了 VXI 总线系统的软件级标准问题。VPP 规范制定了标准的系统软件结构框架，对操作系统、编程语言、I/O 程序库、仪器驱动器和高级应用软件工具等作了原则性的规定，从而真正实现了 VXI 总线系统的开放性、兼容性和互换性，进一步缩短了 VXI 系统的集成时间，降低了系统成本。

IVI 规范是建立在 VPP 规范基础上的，它扩展了新发展方向。本章介绍了 IVI 技术的特点、IVI 驱动器的类型、互换性和工作原理以及 IVI 驱动器的开发流程等。

 习　题

3-1　SCPI 命令可以分为哪两类，各有什么特点？

3-2　SCPI 命令中的符号和参数各有哪几类？

3-3　VISA 的全称是什么？

3-4　用 VISA 开发虚拟仪器控制应用程序有哪些优势？

3-5　VISA 的特点是什么？

3-6　画出 VISA 结构模型图。

3-7　写出用 VISA I/O 接口软件库实现对 GPIB 仪器与 VXI 消息基仪器的读/写操作的程序。

3-8　什么是 VPP？

3-9　仪器驱动程序外部接口模型包含哪五部分？

3-10　VPP 应用程序一般分为哪几部分？

3-11　如果利用 IVI 驱动实现互换，要使用哪两种驱动器的类型，它们各自的功能是什么？

3-12　根据提供接口形式的不同，IVI 提供了哪两种形式驱动，它们各自的特点是什么？

3-13　试述 IVI 配置服务器的作用。

3-14　试说明 IVI 软件和驱动器的安装及使用方法，并采用 LabWindows/CVI 对所安装的 IVI 驱动器功能进行编程测试。

第4章　VXI总线技术规范与系统集成

4.1　概述

4.1.1　VXI总线的产生背景

VXI总线是VMEbus在仪器领域的扩展（VMEbus eXtensions for Instrumentation），是计算机操纵的模块化自动仪器系统。经过十年的发展，它依靠有效的标准化，采用模块化的方式，实现了系列化、通用化以及VXIbus仪器的互换性和互操作性。其开放的体系结构和P&P方式完全符合信息产品的要求。今天，VXIbus仪器和系统已为世人所普遍接受，并成为仪器系统发展的主流。

目前，全世界有近400家公司在VXIbus联合会申请了制造VXIbus产品的识别代码（ID），其中大约70%为美国公司，25%为欧洲公司，亚洲各国仅占5%。在大约1300多种VXI产品中，80%以上是美国产品，其门类几乎覆盖了数采和测量的各个领域。

经过VXIbus仪器系统十年的冲击，美国传统的仪器产业结构已经发生了很大的变化，新的VXI产业雏形结构已基本形成：VXI仪器模块和硬件厂商占三分之一弱（近100家）；VXI系统集成商占三分之一强（超过100家）；其余近100家公司则从事软件开发、测试程序开发，VXI附件、配件、服务等业务。

在市场方面，美国VXI市场的总销售额仍以每年30%~40%的强劲势头迅猛增长。军事部门不仅把VXI用于基地设备的修理与维护，而且也用于作战系统。目前，许多政府机构和军事机构正在把VXI看作测试标准，美国军方开始由订做逐步转向使用现成的商用VXI系统，这一行动正在把更多的民用部门导向VXI。然而，当IEEE在1993年春天正式接受VXI规范为其标准的时候，VXI市场还面临着两大障碍——系统的易用性和成本。今天的VXI系统已很容易集成和使用，这主要得益于NI、TEK等五家公司1993年发起成立的VXIplug&play Systems Alliance（以下简称VPP系统联盟）制订了详细的VPP标准。从理论上讲，由于VXI系统中没有传统的自动测试系统各仪器内必然存在的电源、显示面板和数据处理单元等重复组件，使得VXI这种虚拟仪器体系结构更有利于降低系统成本。加之VXI厂商采用各种先进技术努力降低成本，使VXI的系统成本不断降低，应用范围不断扩大。目前，VXI正在进入"低成本→高市场份额→更低成本"的良性市场状态。

VXIbus已成为公认的21世纪仪器总线系统和自动测试系统的优秀平台。本章简要介绍VXI的历史、VXI标准体系、VXI总线结构、VXI系统方案的配置与选择等内容，以帮助读者掌握虚拟仪器系统中VXI总线的应用与集成方法。

4.1.2　VXI总线的特点

VXI总线系统具有标准化、通用化、系列化和模块化的显著优点，集测量、计算、通讯功能于一体,是国际 20 世纪 90 年代一项高、新科技。它不仅继承了 GPIB 智能仪器和 VME 总线的特点,还具有高速、模块化、易于使用等优势,具有如下的特点:

(1) 与标准的框架及层叠式仪器相比,具有较好的系统性能。VXI 总线具有比现有总线结构(如触发总线)高超的性能,相对底板来讲,具有内部开关的好处:模块在机架内彼此靠得很近,使时间延迟的影响大大缩小,因而 VXI 总线系统与通常的框架及层叠式测试系统相比,具有较高的性能。

(2) 与现有其他系统兼容。能与现有的标准(诸如 IEEE488、VME、RS-232 等)充分兼容,可以对一个 VXI 总线底板进行访问,就像它是一个现有总线系统中单独存在的仪器一样。

(3) 不同制造商所生产的模块可以互换。使用标准 VXI 总线的仪器的一个主要特点是,不管该仪器由哪一家制造商所生产,都使用相同的机架。过去,一块插件板上的仪器系统须由同一货源提供的仪器来构成,所以如果某个制造商要对某一插件系统进行重新设计,必须考虑老用户的要求。对于使用 VXI 模块的仪器来说,不管哪个货源的插件都能插入机架中,用来替代已经过时的插件,而仅需对软件作最小的变动。

(4) 用户对于系统的构成具有灵活性。由于大多数测试和计量仪器公司都支持 VXI 总结概念,使用这种总线的仪器在今后将会在许多领域中涌现出来。不同于老的测试系统,VXI 总线的用户可以将仪器进行组合搭配,以构成一个能准确执行新任务的系统。如果 A 公司不能提供一个专用模块,那么可选用 B 公司的模块,使货源不同的插件在一个系统中共同工作。

(5) 采用模块化的严密设计和工艺保证。采用了优良性能的 VXI 机箱,内置有多种规格的高质量电源,使得 VXI 模块化系统不仅具有良好的电磁兼容和强抗干扰能力的屏蔽条件,还具有良好通风散热条件的冷却系统。系统同时提供了有效的自检与自诊断,保证了很高的可靠性和良好的可维修性,大大地延长了使用寿命。VXI 系统的平均无故障工作时间(MTBF)一般可达 10 万小时,最高可达 70 万小时(折合 80 年使用时间)。

(6) 配置简化,编程方便,容易实现系统集成。VXI 系统的资源利用率高,配置简化方便,适用范围和后续改进非常方便,易于实现系统资源共享和升级扩展。虽然 VXI 总线的标准中没有专门的地址编程版本,但其内部控制器会执行子程序,克服老的组成部件(如计算机、VXI 机箱、VXI 模块)所带来的问题。受菜单控制的软件系统,也能用来开发一种小型且简明的编码。VXI 资源的重复利用率高达 76% ~ 86%,能将设备的成本及投资风险降至最低。

4.1.3 VXI 总线技术规范文本

4.1.3.1 VXI 总线规范文本的组织形式

VXI 总线规范文本以条目的形式来组织。不同的条目讨论不同级别的 VXI 总线实现问题。VXI 总线规范的各条目使用了规则(RULE)、推荐(RECOMMENDATION)、建议(SUGGESTION)、允许(PERMISSION)、注释(OBSERVATION)等关键词,各关键词的含义如下:

(1) 规则:必须被遵守以确保系统内插卡的兼容性,规则用 SHALL 和 SHALL NOT 来描述,且这些词只能用来陈述规则。

（2）推荐：对标准执行者提出一些会影响最终器件可用性的建议。遵守这些推荐条目，可避免一些问题的发生，使器件获得最佳性能。

（3）建议：对设计者有帮助，但不是关键的条目。设计者可以考虑采纳这些建议，特别是对初学者是很有益的。

（4）允许：澄清规范中一些没有特别限制的地方。提醒设计者有些方式是可以使用的，采用 MAY 这个词来表示允许。

注释：阐明规则中的一些隐含意义，对一些可能被忽视的内容提醒设计者注意。同时也会阐述某些规则的原理，以便有助于设计者理解为什么必须遵守这些规则。

4.1.3.2 已颁布的 VXI 总线规范文本

VXI-1 规范是 VXI 总线系统规范中最基本、最重要的文本。随着 VXI 总线技术发展的需要，VXI 总线联盟又相继补充了 VXI-2 ~ VXI-11 规范。

VXI-1 修订版 2.0，VXI 总线系统规范。

VXI-2 修订版 1.0，VXI 总线扩展寄存器基器件和扩展存储器器件规范。

VXI-3 修订版 1.0，版本与序列号识别的字串行命令规范。

VXI-4 修订版 1.0，通用助记符规范。

VXI-5 修订版 1.0，通用 ASCII 系统命令规范。

VXI-6 修订版 1.0，主机箱扩展器规范。

VXI-7 修订版 1.0，共享存储器数据格式规范。

VXI-8 修订版 2.0，冷却特性测量方法规范。

VXI-9 修订版 1.0，共享存储器通讯协议规范。

VXI-10 修订版 2.10，高速数据通道 FDC（Fast Data Channel）规范。

VXI-11 修订版 1.0，TCP/IP 仪器协议规范。

4.2 VXI 总线的机械规范

VXI 总线系统是由一个装配机箱和一块带有可插槽位的底板（或模块机架）所构成。VXI 总线用 IEEE1014 的 VME 总线作为一个基础架构。VME 总线的模块板，深约 160mm，高度有两种，一种约 69mm，另一种为 233.7mm，后者为欧洲插件的尺寸。两种尺寸分别以 A 和 B 代号，精确尺寸可以参见欧洲插卡标准（Eurocard Standard）中的规定。VME 总线模块板的槽口深度为 20.32mm，A 尺寸模块是一个单向 96 引脚的连接器，称为 P1。B 尺寸模块稍大，可以容纳 P1 及其相同尺寸的一个附加连接器，称为 P2。每一连接器包含三列 32 脚的插座。所有的交接、判断及中断支持都在 P1 上进行。P2 的中央一列是用来将系统的地址和数据扩充到 32 位用的。靠外面两列暂未定义（保留），可由用户自行安排，通常是作为接口连接或者模块与模块间的通讯用。

如图 4-1 所示，VXI 使用了完整的 32 位 VME 总线架构。但是增加了 2 个板卡的尺寸和一个 P3 连接器。VXI 总线使用了由 VME 标准严格地定义的 P1 连接器和 P2 连接器的中央一列信号引脚功能。VXI 总线在 P2 连接器外面增加了两列 VXI 附加总线引脚信号和在 P3 上附加的 VXI 引脚信号，作为第三个 VXI 连接器，用来在底板上的插件模块之间传送信号。

VME 总线规定最多可容纳 21 个模块，由于需要安装一个 19 英寸（482.6mm）的支架，实际上最多只能容纳 20 个模块。VME 总线对底板间的通讯无特别规定，对电磁兼容性（EMC）也无要求。VME 总线不限制功耗，也不对底板作出规定。

VXI 总线规范定义了对主机架、底板、模块、电源供应，以及机箱、模块的冷却与空气流向等这些 VXI 总线兼容部件的技术规定与要求，还为在同一插件板上使用不同制造商的产品提供了说明。

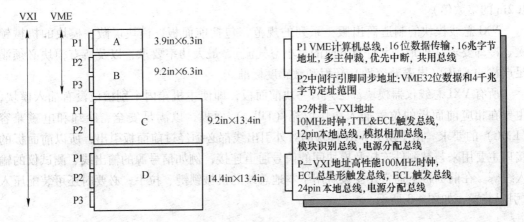

图 4-1　VXI 模块上的连接器功能定义

4.2.1　VXI 总线模块结构

VXI 的目标之一是提高仪器的性能/性价比，其另一目标是获得尽可能广泛的应用。为了兼容 VME 总线，VME 总线的 A 和 B 插件尺寸同样移植纳入到 VXI 总线标准。

VXI 的一个主要目的是使仪器标准化和通用化。考虑到大多数高性能仪器实际上还没有纳入这样小的范围，为此，VXI 引入两种新的插件尺寸，VXI-C 尺寸，它深为 340mm（13.4in），高度 233.7mm（9.2in）；VXI-D 尺寸，深为 340mm（13.4in），高为 365.76mm（14.4in）。C 尺寸插件可以采用与 B 尺寸（VME）插件相同的连接器，然而 P2 上的各引脚都已得到安排。D 尺寸插件可用一只称为 P3 的附加连接器。P3 可连接高性能仪器所需要的许多附加设备（见图 4-2）。

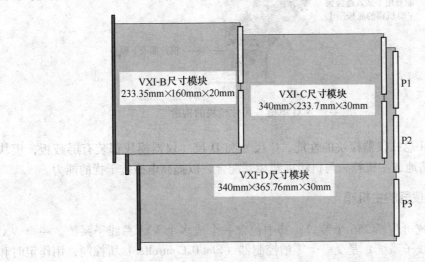

图 4-2　VXI 总线的模块尺寸及连接器

底板上模块之间的空间距离（即插件的厚度）增加到 30.48mm（1.2in），以安装稍大的模拟元件，并能增加模块之间的隔离空间。

模块板可以是一块印刷电路板（PCB）插件，也可以是一个包含几块 PCB 插件的底板装置。如果一个仪器插件要求超过 1.3in 时，可以在 VXI 的机架上采用多槽口（即 1.2in 的整数倍）。

VXI 总线模块的制造商出版一系列的规范，包括前面板、模块屏蔽、模块的机械锁键、冷却要求（即最大允许温升时的最小空气流）、最大功率要求，以及所有模块必须满足严格的 EMC（电磁兼容性）辐射和敏感度标准。

所有 VXI 总线仪器模块都必须有一块前面板，即使主机箱内个别槽位没有插入模块，也要在相应前面板的位置插入一块填充（Filler）面板，以满足安全、冷却和电磁兼容（EMC）的要求。由于所有 VXI 模块的对外引线都必须经过前面板引出，所以前面板的接口主要用来与被测件连接及模块间的信号通道连接，例如信号源的输出线、测试仪的输入线等。在前面板上通常还安装着用于本地总线的机械锁键、拉手，必要时还可装配压入/引出装置，如图 4-3 所示。

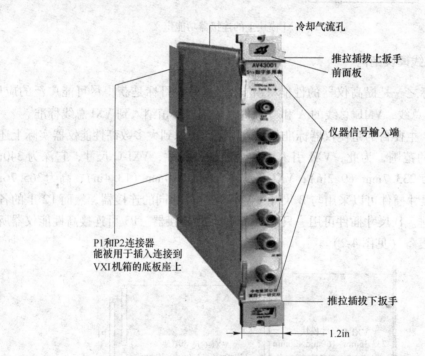

图 4-3　VXI 单槽 C 尺寸模块的构造

为了提高 VXI 总线仪器模块的性能，C 尺寸和 D 尺寸仪器模块都装有屏蔽板，模块的屏蔽允许接电路地或主机箱，与机箱屏蔽相互配合，以提高电磁抗干扰的能力。

4.2.2　VXI 总线仪器的主机箱

一个 VXI 系统可包括 256 个装置，其中包含一个或多个 VXI 总线子系统。一个 VXI 机架（或 VXI 总线子系统）是受一个零槽控制器（Slot 0 Controller）所控制，用作定时和设备管理。它最多能携带 12 个仪器模块。总共 13 个模块适合在一个 19in（482.6mm）的机箱中相连和运作。

一个 VXI 子系统虽然有 13 个模块的上限，却没有机架中含有多少模块的下限，举例来说，一个系统可以仅有零槽控制器和两三个模块。

有几种不同的机架来适应不同的尺寸的需要（如有 C 尺寸机架适应 C 模块）。虽然 P1 是仅适用于 VXI 总线工作用的连接器，然而如果必要的话，也可以选用最大尺寸的机箱并由小于机架的扩展插件板去转接各类尺寸的模块。譬如，对于最大的 D 型机架来说，它既能容纳 A、B 和 C 模块，又能容纳 D 尺寸模块。

VXI 总线规范对一个 VXI 的主机架的冷却、电源及 EMC 误差都做了明确的规定。对机架和模块的选择需要反复研究，因为机架必须能适应诸模块的总功耗及冷却的要求。

为了保证各厂商所生产的主机架之间电特性的最小差异，VXI 总线规范对底板的机械设计提出了一些建议，如多层问题、布局问题，以及层与层之间的空间问题和通过连接器的转换问题，规范中都作了说明。

C 尺寸 VXI 主机箱结构如图 4-4 所示。

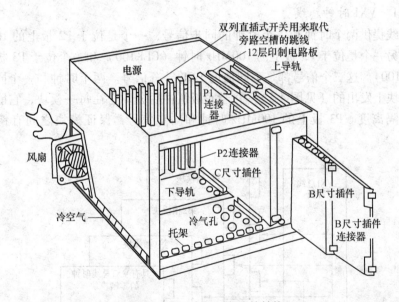

图 4-4　C 尺寸 VXI 主机箱结构

4.3　VXI 总线的电气规范

VXI 总线的模块共有四种不同的尺寸，只有 P1 连接器能适用于 VXI 总线中的任一种尺寸的模块。由于 VME 总线将 P2 连接器中靠外面的两排空留着，在 VXI 总线中这些引脚全部都给安排了，并且对 P3 引脚也全部做了安排。这样，P2 和 P3 连接器通过 VXI 总线结构中 7 个子总线的作用，能提供附加的电源、新的电源电压、计算机运行特性、自动配置能力、模块与模块间的直接通讯以及系统的同步，以扩大 VXI 总线的功能。

从逻辑功能的定义，VXI 总线可以被分为 8 个功能组，以及其他几个备用的引脚位，这 8 组子总线的类型见表 4-1。

表 4-1　VXI 的 8 组子总线

总　　线	形　　式	总　　线	形　　式
VME 计算机总线	全局型	时钟及同步总线	单一型
触发总线	全局型	星形总线	单一型
模拟相加总线	全局型	模拟识别总线	单一型
电源分配总线	全局型	本地总线	专用型

以上几组子总线都在背板上，每一组子总线都为 VXI 系统仪器增加了新功能。总线的形式对如何在虚拟仪器测控系统中发挥作用具有很大影响。全局型总线是为所有模块共用的，并且总是开通的。单一型总线是零号槽中的模块同其他插槽进行点对点连线。专用型总线则连接相邻的插件。VXI 总线的物理位置在三个 96 接插引脚的 P1、P2 和 P3 上。

4.3.1　VXI 子总线

4.3.1.1　VXI 时钟总线

时钟总线提供两个时钟和一个时钟的同步信号，一个是位于 P2 板上的 10MHz 时钟（CLK10），另一个是位于 P3 板上的 100MHz 时钟（CLK100）和一个位于 P3 板上的同步信号（SYN100）。这三个信号都是不同值的 ECL 差分信号。两个时钟和一个同步信号都是从零槽模块上发出的（见图 4-5），并经底板缓冲后分别送往每一模块，它能使模块内部有很好的隔离度。P3 板上的 100MHz 时钟和同步信号，保证模块之间有精密的时间配合。

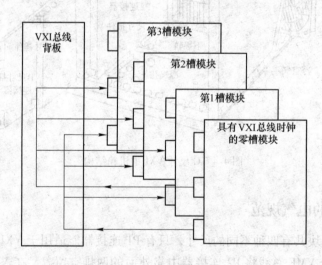

图 4-5　VXI 时钟信号

4.3.1.2　VXI 星形总线

VXI 星形总线仅存在于 P3 连接器上，它由 Star X 和 Star Y 两条线构成来提供模块间的异步通讯，Star 线在每一模块槽和零槽之间直接相连。零槽可以看做是具有 12 个脚的一个星形结构的中心，每一模块具有等长距离连接在末端。Star 线采用差分电路的双向

ECL 驱动器，因而在 12 个槽模块的 P3 上有 StarX +、StarX –、StarY + 和 StarY – 四个星形线引脚。所以，为了从零槽 P3 上引出与它们直接相连的端子，则需要 48 个星形线引脚（见图 4-6）。

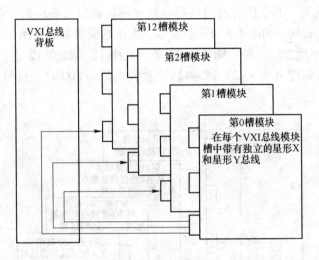

图 4-6　VXI 星形总线

对星形总线的两条线作如下规定：任意两个星形连接的信号间允许的最大时间偏差为 2ns，在零槽和一个模块之间的最大延迟为 5ns。这就使总线在高速的模块内部触发以及通讯方面做得更精确完美。星形线特别适用于对定时关系要求严格的应用场合。

4.3.1.3　VXI 触发总线

VXI 触发总线由 8 条 TTL 触发线（TTLTRG∗）和 6 条 ECL 触发线（ECLTRG）构成。8 条 TTL 触发线和 2 条 ECL 触发线在 P2 插座上，其余 4 条附加的 ECL 触发线则在 P3 上。VXI 触发线通常用于模块内部的通讯，每一个模块（包括零槽的操作在内）都可驱动触发线或从触发线上接收信号。触发总线可用作触发、挂钩或发数据，如图 4-7 所示。

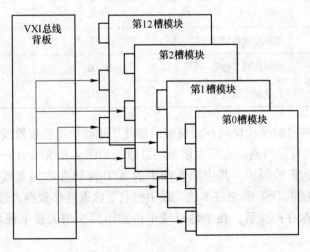

图 4-7　VXI 触发总线

4.3.1.4 VXI 的本地总线

本地总线位于 P2 模块上，它是一条专用的相邻模块间的通讯总线，如图 4-8 所示。本地总线的连接方式是一侧连向相邻模块的另一侧。除了零号模块连接 1 号模块的左侧与12 号模块的右侧之外，其余所有的模块都是把一侧连到相邻模块的左侧，而另一侧连到另一个相邻模块的右侧，如图 4-9 所示。所以，大多数模块都有两条分开的本地总线。标准的插槽有 72 条本地总线，每一侧各有 36 条，其中 12 条线在 P2 上，24 条线在 P3 上，本地总线上的信号幅度可从 +42V 到 −42V，最大电流为 500mA。信号的幅度又可分为 5级，如表 4-2 所示。

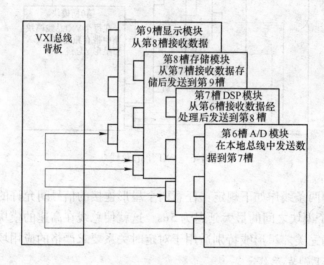

图 4-8 VXI 底板上的本地总线

表 4-2 本地总线的信号赋值

信号	级别	负电压极限/V	正电压极限/V
(1)	TTL	− 0.50	+ 0.50
(2)	ECL	− 5.46	+ 5.46
(3)	低幅度模拟信号	− 5.50	+ 5.50
(4)	中幅度模拟信号	− 16.00	+ 16.00
(5)	高幅度模拟信号	− 42.00	+ 42.00

本地总线的目的是减少模块间在面板或内部使用带状电缆连接器或跨接线的需要。使2 个或多个模块之间可进行通讯而不占用全局总线。如图 4-8 所示为一个使用本地总线在各仪器模块间进行通讯的例子，其中第 6 槽中的 A/D 模块在本地总线中发送数据到第 7槽 DSP 模块；第 7 槽的 DSP 模块在本地总线中接收了数据并作数据处理后，再传送给第 8槽存储模块作数据保存；然后，在本地总线中传送给第 9 槽的显示模块，完成一个波形显示。

本地总线又为不同的模块提供不同的通讯方式，如图 4-9 所示。

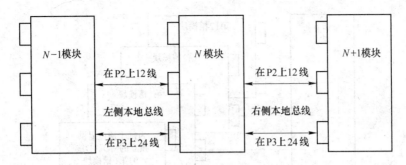

图 4-9　模块上的本地总线

4.3.1.5　模拟相加总线

相加总线（SUMBUS）能将模拟信号相加到一根单线上。这组子总线存在于整个 VXI 子系统的背板上。它是将机架底板上各段汇总后形成的一条模拟相加分支，并与数字信号和其他有源信号分开。它能将来自三个独立的波形发生器的输出信号进行相加，得到一个复合的合成信号，用来作为另一模块的激励源。相加总线被安装于 P2 板内，如图 4-10 所示。

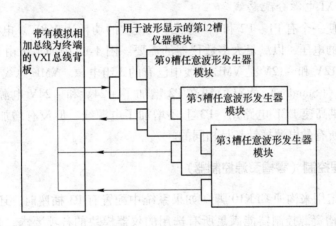

图 4-10　VXI 模拟相加总线

4.3.1.6　VXI 模块识别总线

模块识别（MODID）总线用于识别任一插槽上的逻辑设备，使一个逻辑装置与一特定位置或槽相对应。MODID 线由零号插槽模块分别连接到每一个插槽，即 1 号槽至 12 号槽，如图 4－11 所示。

运用 MODID 线时，零槽上的模块可没出在某一个槽上是否有模块，即使该模块没有工作也一样可以没出。只要模块中的 MODID 线与地之间有连接存在，即使该模块的电源有问题，也可被零号模块所识别。

用 MODID 总线可识别某一槽上是什么模块。零槽模块首先向该槽发出 MODID 信号，然后通过模块的自动识别寄存器的 MODID 位识别出它是什么模块。而像制造厂家、型号、最后检验日期等其他信息，也可以通过零槽收集器从模块的状态记录表中获得。

MODID 总线的功能加上指示灯，能快速确定某一模块（包括不在工作状态的模块）

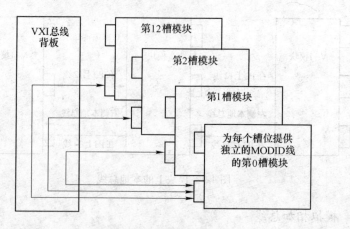

图4-11 VXI模块识别总线

的位置。指示灯可安在相应于各槽的位置上，或安在模块上，用以指示某一特定的 MO-
DID 线在工作。MODID 也为 VXI 总线系统提供了不用开关的自动配置方法。在一个 VXI
总线系统中，只要有零号模块，就能把 MODID 当做一种插槽寻址的工具。

4.3.1.7 VXI 电源分配总线

电源分配线使一个有 P1、P2 和 P3 的插座的模块的功耗达 268W。电源向背板上的总
线提供 7 种稳定的电压，以满足大多数仪器的需要。图 4-12 中列出了由 P1 到 P3 的电源
分布。+5V、+12V 和 -12V 是 VME 总线中已有的 3 组电源。VME 总线上还提供一组用
+5V 电池作后备（Standby）。VXI 总线在 P2 增加了 +24V 和 -24V 电源供模块电路用，
-5.2V 和 -2V 供高速 ECL 电路用。P3 上还增加了电源线，但没有增加新的电压品种。
VXI 总线插座上所有的电源插针都是相同的。

4.3.2 系统管理控制（零槽资源控制器）

零槽模块规定用来沟通 CLK10 脚（如果系统中配置有 P3 插座时，还能沟通 CLK100
和 SYN100）。零槽资源控制器能满足所有选用的仪器模块的各项要求，是一种公共资源
系统模块，它包括了 VME 总线资源管理器和 VME 总线系统控制器。插在零槽中的模块可
具有其他的功能，例如，可以用于 GPIB 接口、IEEE1394 接口、MXI 接口和系统智能控制
功能。

如果用一台外部的主计算机来控制 VXI 总线的仪器，那么需将计算机与 VXI 总线系
统连接起来。在初期，最常用的连接方式是 IEEE488.2 总线控制，然而其他连接方式
（如 LAN、EIA232、IEEE1394、MXI 或 VME）都可选用。

VXI 总线规定了两种可以通用的模块：以寄存器为主的器件和以信息传递为主的器
件。以寄存器为主的器件是一种不带内含智能的单片模块，它能对底板进行寄存器读和
写。这些模块诸如：开关、数字 I/O 插件、单片的 ADC 模数转换器和 DAC 数模转换器。
以信息传递为主的器件遵循 VXI 总线代码串行通讯规约，它们通常是带内含微处理器的
智能器件，能够接收和执行 ASCII 指令。大多数高级仪器中的模块都是信息传递型器件。
用户若希望用一种高级 ASCII 指令语言（如 IEEE488.2）来对一个寄存器型的器件进行编

电压 P1	引脚号 P1	功率 P1	
GND	8		
+5V	3	15W	
+12V	1	12W	
−12V	1	12W	

电压 P2	引脚号 P2	功率 P2	功率 P1&P2
GND	18		
+5V	4	20W	35W
+12V			12W
−12V			12W
+24V	1	24W	24W
−24V	1	24W	24W
−5.2V	5	26W	26W
−2V	2	4W	4W

电压 P3	引脚号 P3	功率 P3	功率 P1、P2、P3
GND	14		
+5V	5	25W	60W
+12V	1	12W	24W
−12V	1	12W	24W
+24V	1	24W	48W
−24V	1	24W	48W
−5.2V	5	26W	52W
−2V	4	8W	4W

图 4-12　VXI 电源分配总线

程，那就需要用一块信息传递型的器件对其进行控制，如图 4-13（b）所示，这种器件会带有一个零槽控制模块，也可能仅是一种接口辅助模块。

零槽资源控制器的系统管理控制如图 4-13（a）所示。在 VXI 系统管理控制的倒树状结构的最上层是命令者，最下层的只是受令者，而中间层的器件既是下层器件的命令者，又是上层器件的受令者。这不是一种单纯只有一层命令者/受令者关系的系统，所以称为分层结构仪器系统。

4.3.3　VXI 总线仪器的环境适应性要求

VXI 总线系统的环境适应性设计包括仪器冷却系统设计和电磁抗干扰性设计等。

4.3.3.1　VXI 对系统冷却的要求

VXI 总线对主机架和各模块都规定了冷却要求，以适应系统在广泛应用范围内的需要。制造商要求提供可接受的冷却容量，规定空气流通速率和能够忍受的最终压强，并对主机架中插件处于最差的槽位时从顶部到底部的压力差功能，提供一个空气容量曲线。

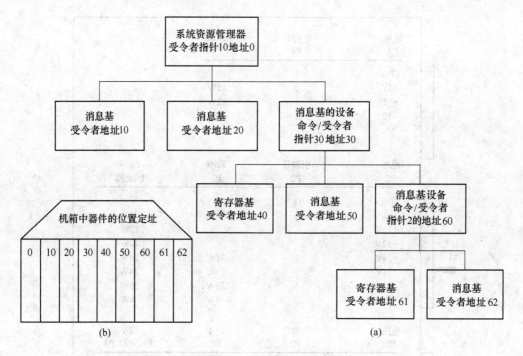

图 4-13　零槽资源控制器的系统管理控制

VXI 总线对空气流的方向也作了规定，规定从 P3 吹向 P1 板，以便制造商设计一种能使空气流改道吹向最热部件的模块。VXI 主机箱向模块提供的冷空气气流流速（用字母 G 表示，单位为 kg/s）和槽内空气的压力（用字母 P 表示，单位为 mm H_2O），与槽内模块对空气的阻力有关。当冷风机转速一定时，若气流受到模块的阻力大，气流流速小，空气压力大；反之受到的阻力小，气流流速大，压力小。通常主机箱制造厂家都会给出处于主机箱内最不利位置的槽空气压力与气流流速的关系曲线。

对于冷风机可调速的主机箱，也可以给出不同环境温度中（对应不同冷风机转速）的上述关系曲线。环境温度高，冷风机转速大，气流流速和空气压力变大，相应曲线高于环境温度低时的曲线。VXI 对测试冷却要求的方法也做了规定。

4.3.3.2　VXI 对电磁辐射和敏感度的考虑

由于 VXI 总线系统中一个机箱内模块间距紧密，为了不造成因内部或彼此之间存在的电磁干扰而影响其正常的工作，VXI 对电磁兼容性（EMC）也做了规定，包括电源噪声的传导干扰和电磁波的辐射干扰。

VXI 总线系统由传导造成的电磁干扰问题主要是由电源引起的。当模块在公共电源中获取电流时，不应干扰其他模块的正常工作，这称之为传导干扰问题。VXI 总线规定，模块所使用的任何电源，模块的最大瞬间电流不应超过规定的模块峰值电流 I_{pm}。此外，在所有电源都被使用的情况下，模块受到最大限度干扰时的电磁噪声传导干扰，必须满足一个特定的限定曲线。传导每感度是以波纹/噪声（ripple/noise）电流作为考虑基点，也必须满足一特定的限制曲线。

对电磁波辐射造成的干扰，也分为模块造成的辐射干扰（称为辐射传输）和模块抗辐射干扰的能力（称为辐射敏感度）两方面。

模块造成的辐射干扰分为远场和近场两种。对远场辐射，厂家应说明产品所遵循的标准。若主机箱内部有 n 个模块，每个模块产生的辐射不应大于整个主机箱允许值的 n 分之一。对于近场辐射干扰，主要是采用屏蔽来解决，厂家应按规范的要求，精心设计电路板、搞好屏蔽并辅以必要的测试。对磁场辐射干扰，VXI 总线标准将模块分成两组，其中 A、B 尺寸一组，C、D 尺寸一组，分别用曲线图给出在不同频率时允许的近场辐射值，如图 4-14（a）所示。

对于辐射敏感度问题，因电场干扰容易通过屏蔽解决，所以辐射敏感度主要研究模块与模块之间的磁场近场敏感度问题，VXI 总线规范按照讨论辐射传输中的分组方法，仍把模块分为两种，分别给出在不同频率时模块就能承受的近场辐射值，如图 4-14（b）所示。

VXI 对辐射传输和辐射敏感度的测试方法都作了定量规定，用以保证所有的模块和主机架能满足 VXI 总线在 EMC 方面的特性。

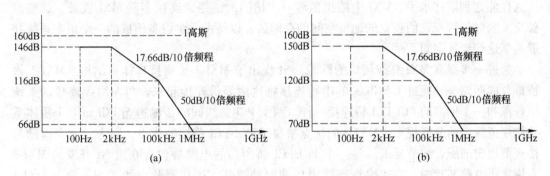

图 4-14　VXI 对辐射干扰兼容性要求的规定
（a）最大近场辐射传输的规定；（b）最小近场辐射敏感度的规定

4.4　MXI 接口总线

多系统扩展接口总线（MXI）是一种多功能、高速度的通讯链路，并且使用一种灵活的电缆连接方案与设备进行互连及互通。它起源于 VME 总线，MXI 总线提供了一种高效能的方法由桌面计算机和工作站去控制 VXI 系统。这种灵活的 MXI 接口总线由美国国家仪器公司开发，并在 1989 年发表了 MXI 技术规范，作为 VXI plag & play 的核心技术，MXI 接口已被 VXI PnP 系统联盟所支持。随后，美国国家仪器公司又先后提供了具有更高性能的 MXI-2、MXI-3 等系列规范。由于 MXI 具有完整的技术标准和开放的工业标准，任何人都能根据这一标准去开发系统集成中可用作 MXI 控制的产品。

MXI 总线的系统构造融合了通用计算机的灵活性，以及实现传统嵌入式 VXI 计算机的性能优点。MXI 总线的系统构造使用了高速的 MXI 总线电缆直接把一台外部的计算机与 VXI 机箱相连，控制的距离可达 20m。使用 MXI 总线可以很容易地在系统中增加更多的 VXI 机箱去组建一个大的测试系统。并且外部计算机中提供的插卡槽还可用于 GPIB 总线控制、DAQ 插卡或其他的外设适配卡的配用。对于仪器控制，MXI 总线由利用 PCI 总线的高流通量能力来辅助这个高速平台。以 PCI 总线为基础的桌面 PC 优于大多数的嵌入式计算机工作站，提供一个廉价的优异性能平台去控制复杂的 VXI 仪器。更重要的是，新的桌面计算机能采用最新的技术，包括更快、功能更强的微处理器和随机存储器，能很容易地升级到当前的 VXI 系统。一个基于 PCI 总线的 MXI-X 解决方案，能提供这些优秀的性能。

4.4.1 MXI 总线的结构

MXI 是一个通用的，在一条电缆中实现 32 位多主系统连接的接口总线。与 GPIB 方式相似，MXI 使用一种灵活的电缆连接方法与多路设备进行互相通讯，但是 MXI 使用硬件映射记忆通讯程序排除了软件操作的中间介入。MXI 设备通过简单读和写相应的地址位，就能直接存取相互的资源。

MXI-2 标准可输出所有的 VXI 底板信号，如 VXI 定义的触发线、中断线和系统时钟，并扩展了 MXI-1 标准的规范。作为标准的附加，MXI 总线信号直接输出到电缆的总线。MXI-2 用户能完成多达 8 个菊花型 MXI 设备之间的严格定时关系和同步工作。MXI 设备的连通性能达到硬件水平。MXI 电缆担负着一个透明的链路，连接多路 MXI 设备。这些设备交叉映射到带有它们独立的地址空间的存储区，以便由多个设备组成的一个单个系统并能共享这些地址空间。

为进一步提高 MXI 总线接口的性能，NI 提出了 MXI-3 扩展接口体系结构。MXI-3 将桥拆分成两路，并通过 1.5Gb/s 的串行连接将这两等份连接起来。与 MXI-3 连接的系统就好像和一个标准的 PCI-PCI 桥连接一样。两个 PCI 总线间的传输遵循 PCI to PCI 桥体系结构规范规定的分屏规则。MXI-3 的优点来源于 PCI-PCI 跨接的优点，因为它完全遵循跨接规范规定的所有细节要求。每一半 PCI-PCI 桥所需的电路被包含在由 NI 开发的 MXI-3 专用集成电路芯片内，高速串行连接由标准驱动器件、连接器和电缆实现。每个 MXI-3 连接包括一个主 MXI-3 卡和一个从 MXI-3 卡，一根铜线或者光纤将这两个卡连接起来。主卡对应于单片 PCI-PCI 桥的主 PCI 接口，它可作为 PCI 的启动方和目标方，但是不提供额外的 PCI 功能。从卡提供时钟分配和 PCI 总线段的仲裁。

这个技术方案的效应是增加数据的流通量，而无需软件的介入。每个 MXI 总线硬件接口有定址窗口电路，能检测安排到 MXI 总线的内部（本地）总线周期。另外，这个电路也检测编址进入整个系统的共享存储器空间的连接设备的外部（遥控）MXI 总线周期。当一个硬件写或读与地址发生越过 MXI 的定址区时，MXI 硬件会内锁通过 MXI 总线设备间的总线周期。这个硬件方案与嵌入式 VXI 控制器使用的方法相同。

MXI 总线信号包括 32 位多路地址和带奇偶性校验位的数据线，分别用于多重地址空间的地址修正器，单级多主，总线仲裁，单个的中断线，为处理超时和死锁状态的总线错误线，为异步操作的握手挂钩线等。MXI 支持 8 位、16 位和 32 位的数据传输，并有不透明的读/写操作和完整的块模式传送功能。使用 MXI 的同步方式，MXI-2 能完成高达 33MB/s 的爆炸式数据传输率和支持超过 20MB/s 的传输速率而无需关注 MXI-2 的电缆长度。

4.4.2 MXI 的连接方式

单根 MXI 电缆线的长度最长为 20m。8 个 MXI 设备能使用菊花型方法相互连接在一根 MXI 电缆线上。如果多个 MXI 设备一起由菊花型方式连接，MXI 电缆的总长度必须小于 20m。

MXI-1 连接电缆类似于 GPIB 的电缆线，使用了一种 15.24mm（0.6in）直径外包屏蔽层结构，且灵活柔韧的电缆线，线芯内采用 48 条单端双绞信号线组成。MXI-2 电缆线改进了 MXI-1 连接电缆的方案，它的特点是在系统内设备的连接中使用单条双屏蔽电缆线，并为每个设备配备一个高密度、高可靠性的 144 引脚连接器。使用这种新的连接方式，所有 MXI-2 设备不仅分享到了 MXI 总线本身的基本信号功能，而且也用到了 VXI 总线所定义的触发线、中断线、系统时钟和其他的提供在 MXI-1 产品上作为可选择的 2 个连接器和 INTX 电缆中所用到的信号线。

MXI-1 产品在两个设备间进行通讯时，使用了一根 MXI-1 电缆线作连接。但在一个多机箱的系统连接配置时，使用一种可选的 INTX 电缆线，能在各机箱间分享使用触发/定时信息。在这种多机箱的系统中，MXI-2 就不需要使用附加的 INTX 电缆线。由于电缆线的连接结构差别，用户不能在一个系统中混合使用 MXI-1 和 MXI-2 两种产品。MXI-1 和 MXI-2 都使用由掺铝聚酯薄膜层和铜质编网层所制成的双屏蔽电缆线，以消除 EMI 引起的问题，并且两种连接电缆都符合美国国家电气代码（National Electric Code，NEC）中的 CL2 安全规范。两个菊花型 MXI 电缆连接时叠加深度大约是 83.82mm（3.3in）。

MXI 实质上是一种在接口电缆上定义的底板总线。每个 MXI 信号与它自己的接地线作绞合。在 MXI 中使用了以下措施使所有的 MXI 信号线都做到最好的阻抗匹配，以减小信号反射失准的影响。

（1）连接杆（Stub）长度不超过 101.6mm（4in）。

（2）切断电源线的内联可使得阻抗中断，从而减小信号的反射。

（3）使用网络终端和在板上的跨接器的配置方式，装配在最前和最后的 MXI 设备上，这样能减小电缆线末端的信号反射的影响。

MXI 使用先进的单端、梯形的总线收发器，是为了在数据传输系统中减少噪声的串音干扰。为驱动底板总线信号，特别地设计了用 Open-collector（集电极开路）驱动的收发器，用来产生 9ns 的上升沿和下降沿时间，减少了在邻近信号线上噪声耦合（串音）的干扰。接收器使用了低通滤波器以消除噪声，并用一个高速的比较器，以便从干扰波中辨认出梯形类信号。

MXI-3 技术扩展了 PC 机和 PXI/CompactPCI 的最大应用范围。在 MXI-3 接口总线中，提供了更多的 I/O 槽给用户使用。使用铜绞线和光纤接口，外部控制器和系统机箱之间的遥控距离能远达 200m。

另外，MXI-3 提供高速传输，软件透明连接功能，使用户能很容易地去开发和扩充其测试系统。

4.4.3　MXI 总线的应用

MXI 总线有多种应用方式。应用工业标准的桌面计算机可接口到 VXI 总线或 VME 总线，使用 VXI-MXI 或 VME-MXI 扩展器可以建立多个机箱的组合连接装置。它还能集成 VXI 和 VME 机箱进入同一测试系统中。图 4-15 和图 4-16 显示两个基本的 MXI 总线的应用配置。

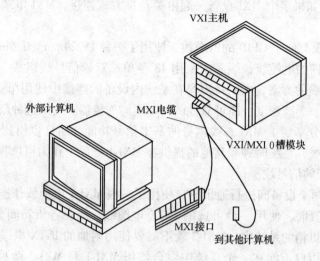

图 4-15 使用 PC 通过 MXI 去控制一个 VXI 总线系统

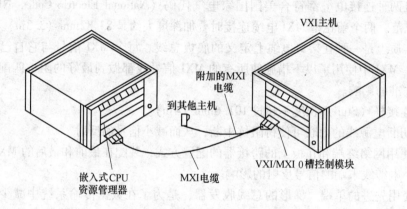

图 4-16 在多机箱的 VXI 系统中的 MXI 应用

在 MXI 的应用中，不仅应了解与 MXI 连接问题相关的性能，而且要掌握在链路上进行通讯的设备性能。MXI 的工作方式就像一台嵌入式计算机一样，使用一个存储地址分配图，用硬件方式来消除用户计算机和 VXI 总线之间的中间软件操作的介入。

MXI 和嵌入式 VXI 计算机两者都能使用分享存储区的通讯协议和直接的寄存器存取技术，与使用 GPIB 总线控制的系统相比，具有更高效的数据传输性能。但是，如果一个 VXI 仪器自身不具有这些能力，那么 MXI 或一台嵌入式计算机的系统性能并不比使用一个 GPIB 接口连接的 VXI 系统更好。

当把一台装备在 MXI 总线的计算机和一台嵌入式计算机作比较时，应考虑功能相等的因素。事实上，使用 NI-VXI/VISA 总线接口软件的一台 MXI 计算机应用程序软件，能很容易地在一台嵌入式计算机上运行。虽然存在细微的硬件、定时差别，但是没有大的结构性差别。例如，当 MXI 执行单个 VXI 读或写操作时，将比一台嵌入式计算机所花的时间约多 100ns。这是因为 MXI 信号的传送是以每米 10ns 在 MXI 电缆线上传播。但这些微小的时间差别相对于应用程序软件和仪器的执行速度，在系统中的影响程序是可以忽略不计的。系统中作控制用的计算机内中央处理器的处理速度是最重要的。用在计算、显示或执行键盘输入/输出的时间，比执行在 VXI 总线上实际的输入/输出操作时间更多。当前在 MXI 总线上用的外部计算机的处理器速度要比 VXI 嵌入式计算机的速度快很多。另外，因为嵌入式计算机受空间尺寸的约束，系统外设功能有限。但具有更快处理器的外部计算机能提供更先进的功能，如高速缓存随机存储器和其他更快的存储设备。

4.5 VXI 总线的系统结构

4.5.1 系统结构概述

VXI 总线结构允许不同厂家生产的各种仪器、接口卡、计算机等以模块的形式存在于同一个 VXI 主机箱中。但要指出的是，VXI 总线既没有规定某种特定的系统层次结构和模块的组合形式，也没有指定系统中所使用的控制器 CPU 的型号、操作系统以及与主计算机的接口类型，VXI 总线规定的是为保证不同厂家的产品之间相互兼容的基本原则。

组成 VXI 总线系统的基本逻辑单元称为"器件"。一般来说，一个器件占据一块 VXI 总线模块，但也允许在一块模块上实现多个器件或者一个器件占据多块模块。计算机、MyDMM、多路开关、信号发生器、人机接口和计数器等都可作为器件存在于 VXI 总线系统中。一个 VXI 总线系统由一个或多个 VXI 总线子系统组成，每个子系统由 0 号槽上的中央定时模块和最多 12 个其他仪器模块组成，装在一个标准的 VXI 总线机箱中。一个VXI 总线系统可以是 VXI 总线子系统的任意一种组合形式，但多数系统只包括一个插入13 块模块的机箱，系统中的全部器件分享一个公共的"资源管理器"。"资源管理器"和其他系统公共资源都在 0 号槽模块上，例如 VXI 总线定时的产生、VME 总线要求的系统控制功能以及数据通讯接口（IEEE-488、RS-232）等，0 号槽模块也可包括其他仪器，图4-17 给出了 VXI 总线几种典型系统的组成形式。其中包括所有仪器模块由一个模块集中控制的单 CPU 系统、分布式的多 CPU 系统、主计算机在机箱内的独立系统以及分层式仪器系统等。由于各系统间结构不同，系统内部的通讯方式也有所差别，VXI 总线定义了一组分层式通讯协议来支持各种系统结构的需求，如图 4-18 所示。VXI 总线对所有 VXI 器件规定了一些最基本的功能，以便实现系统和存储器的自动组态。每个 VXI 器件都有一组"组态寄存器"，系统可通过 VME 总线的 P1 连接器访问这些寄存器，以便识别器件的种类、型号、生产厂、地址空间（分为 64K 字节的 A16、16M 字节的 A24 和 4G 字节的A32）以及存储器需求等。只具有这种最基本能力的 VXI 器件叫做"基于寄存器的器件"，例如图 4-17 中单 CPU 系统中的全部仪器可以由这种器件来实现，CPU 与这些仪器由"器件特定协议"实现通讯。VXI 总线还定义了"存储器器件"，这类器件可以是RAM、ROM 或其他类型的存储器，可以根据工作速度和存储器的种类把它们组态成连续的存储器块。为使系统中模块之间具有更高一级的通讯能力，VXI 总线还定义了一类叫做"基于消息的器件"，这类器件除了具有组态寄存器外，还有一组可由系统中其他模块访问的通讯寄存器，由此可通过使用某种通讯协议（如字串行协议）实现与系统中其他器件的通讯。图 4-17 中多 CPU 系统就是一例，系统中每个器件都是基于消息的器件，它们有能力从主计算机或公共接口接收指令。另一种更高级的通讯协议叫做"存储器共享协议"，这种协议是字串行协议的一个补充，目的是使用较少的资源来实现大量的信息传送。

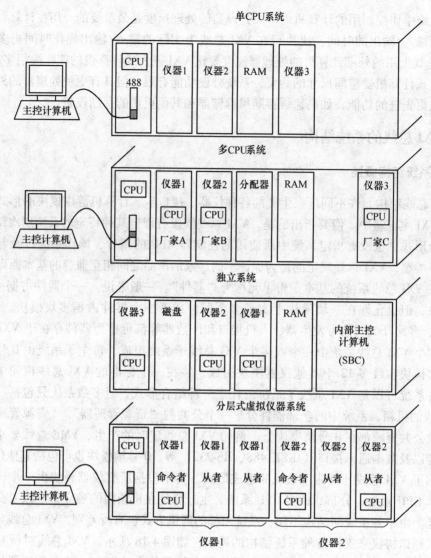

图 4-17 几种典型的 VXI 总线系统配置

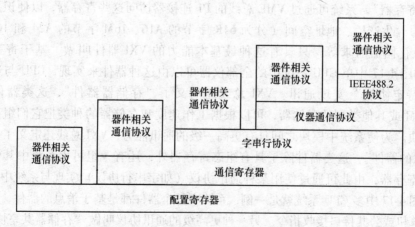

图 4-18 VXI 总线通讯协议分层结构

VXI 器件之间的通讯是基于一种器件的分层关系，即相互通讯的两个器件一个称"命令者"，另一个称"从者"。在某些系统中只存在着一个命令者/从者层，如图 4-17 的单 CPU 系统中 CPU 器件是命令者，而其他器件都是从者。命令者/从者结构也可以是多层的，因基于信息的器件可以是本层的命令者，同时又是上一层的从者。图 4-17 中分层式仪器系统就是这样的例子。对于多 CPU 系统，多个仪器需要通过公共接口与主控计算机通讯，例如 IEEE488、RS-232C 和其他形式的串行、并行接口等。VXI 总线把能支持这些接口通讯的器件定义为特殊功能的基于消息的器件，488-VXI 接口器件就是一例。

不管 VXI 总线系统的组成形式如何，由于 VME 总线标准中的多个"主功能模块"（必须注意：VME 和 VXI 总线文本中都使用了"模块"一词，但含义不同）同时存在于一个系统中，则 VXI 总线总是需要具备一些与系统相关的功能，这些功能由中央资源管理器来完成，其中包话：（1）地址分配图组态；（2）定义系统层次；（3）分配系统共享资源；（4）完成系统自检与诊断；（5）对系统中全部命令者初始化。

4.5.2 VXI 总线系统器件及其操作

4.5.2.1 器件的分类

VXI 总线器件根据它们所支持的通讯协议分为四种类型，如图 4-19 所示。

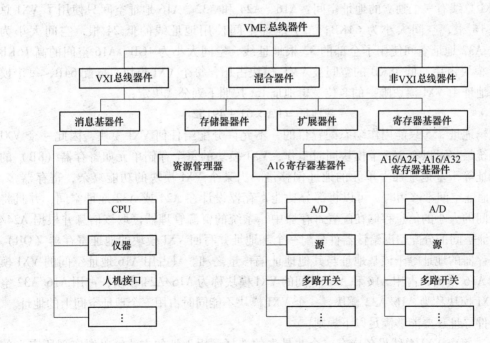

图 4-19 VXI 总线器件分类

基于消息的器件支持 VXI 总线的组态和通讯协议，只有这类器件具有命令者与/或基于命令的从者能力。基于消息的器件都是带有智能的仪器并需要具备某种通讯能力，例如 DMM、频谱分析仪、显示控制器、488-VXI 接口等。

基于寄存器的器件备有 VXI 总线指定的寄存器，但不支持任何 VXI 总线通讯协议。这类器件只具备基于寄存器的从者能力，本身一般不具有智能，例如简单的开关、I/O

卡、A/D 转换器等。

存储器器件备有组态寄存器和特征寄存器，但不具有 VXI 总线定义的其他寄存器或协议。这类器件包括磁泡存储器、RAM 和 ROM 卡等。

扩展器件是一种专用的 VXI 总线器件，它备有组态寄存器供系统识别，这类器件允许将来定义更新的器件种类以支持更高级的兼容性。

图 4-19 中的混合器件是指与 VME 总线兼容的器件，这种器件可以与 VXI 总线器件通讯并可使用 VXI 器件，但它们本身并不满足 VXI 总线器件标准，例如现有的一些 VME 总线板配以适当的软件就可以作为混合器件使用。图中非 VXI 总线器件是指那些不能用于 VXI 总线系统中的 VME 总线器件。

4.5.2.2 器件寻址

虚拟仪器软件之所以能够与 VXI 模块通讯从而控制其进行测试工作，是因为 VXI 器件提供了许多可读/写的寄存器。VXI 模块的每一项功能或属性均有相关的寄存器，按照 VXI 模块的要求读/写相应的寄存器即可控制器件工作。另外有一些 VXI 模块提供了一组通讯寄存器，与这类 VXI 模块通讯是向其通讯寄存器写所支持的命令，接收到不同的命令执行不同的操作。VXI 模块寄存器的地址位于 VXI 总线提供的地址空间，因此需要在一定的地址空间内访问它们。

VXI 总线有三个独立的地址空间：A16、A24 和 A32。A16 地址空间只使用了 VXI 总线的低 16 根，空间大小为 64KB；A24 地址空间使用地址线的低 24 根，空间大小为 16MB；A32 地址空间使用了全部的 32 根地址线，空间大小为 4GB。A16 空间的高 16KB 被 VXI 模块占用，低 48KB 的空间被 VME 模块占用，每个 VXI 模块只分配 64B，每个模块的基地址由 VXI 模块唯一的 8 位逻辑地址 LA 按照下列公式决定：

$$基地址 = LA \times 61 + 49152$$

逻辑地址 255 只能用作动态配置目的，不允许分配给任何 VXI 模块，因此一个 VXI 总线系统最多可以有 255 个模块同时工作，VXI 模块的每个存储单元如寄存器（8B）的物理地址等于基地址加上单元的地址偏移量。当某个 VXI 模块的功能复杂，寄存器多，64B 的地址空间不够用时，可以将部分功能寄存器设计在 A24 或 A32 地址空间，并且将所需空间的大小的信息存储在配置寄存器中，系统的资源管理器读取该信息并根据 A24/A32 地址空间的分配情况给该器件分配一个基地址并写回 VXI 模块的地址寄存器（OR），这些寄存器的地址等于该基地址与其他地址偏移量之和。只占用 A16 地址空间的 VXI 模块称为 A16 模块，占用 A16 和 A24 空间的 VXI 模块称为 A16/A24 模块，占用 A16/A32 空间的 VXI 模块称为 A16/A32 模块，一个 VXI 模块不能同时占用三个地址空间上的地址。

器件寻址还要能够满足以下规则：

（1）每个 VXI 总线设备应有一个非易失的选择逻辑地址的方法，以便实现所定义的 A16 寻址方案。

（2）如果某个 VXI 总线设备具有一组 A24 或者 A32 寄存器，那么这些寄存器的基地址应是可通过 A16 配置区域内的偏移寄存器进行编程的。

（3）所有 VXI 总线设备应实现 A16 寻址操作，并且在 A16 地址空间具有可用的配置寄存器组。

（4）VXI 总线受令者设备也可以实现 A24 或 A32 寻址。

（5）如果 VXI 总线受令者设备实现 A24 寻址操作，那么它不应实现 A32 寻址操作。

（6）如果 VXI 总线受令者设备实现 A32 寻址操作，那么它不应实现 A24 寻址操作。

此处仅介绍了基本的设备寻址规则，更为详尽的相关规则可参考 VXI3.0 标准或 GJB 2901—1997。

4.6 VXI 总线虚拟仪器系统集成

4.6.1 VXI 系统方案设计步骤

与基于 GPIB、RS-232 或 CAMAC 总线的自动测试系统相比，VXI 总线构成的虚拟仪器系统具有配置灵活、数据传输速率高、系统小型化以及很高的可靠性、可扩展性、可维护性和可用性等优点。在准备采用 VXI 总线系统以提高测试效率，改善系统性能和测量准确度的同时，也应充分考虑 VXI 总线系统集成的一些特殊要求。一般说来，设计和集成一个 VXI 总线系统，应按以下步骤进行。

（1）确定系统目标。相对于传统测控系统，VXI 系统具有许多吸引人的优势，诸如更小的系统尺寸、更为精确的定时与同步、与被测对象更为接近、电接触性能更好、数据吞吐能力更强、不同厂商模块的兼容性强、标准化的系统配置使得操作简便等。同时在大规模使用 VXI 系统之后还具有降低成本的可能性。然而，在确定采用 VXI 系统之前首先明确构建 VXI 总线虚拟仪器系统的设计目的。对被测单元的测试需求进行详细分析，确定虚拟仪器系统性能，包括系统功能和用户要求完成的自检、手动测试、安全保护等功能，确定被测参数与精度要求，如包括多少路模拟量、多少路开关量、各自的精度要求是什么等。在此基础上，编写系统集成任务说明书。

（2）制定软、硬件总体设计方案。根据设计任务说明书和一些约束条件，提出总体设计方案，并进行方案可行性论证，方案应该包括：虚拟仪器系统工作原理、误差分析、系统硬件结构、软件平台的选择与软件结构、性能/价格分析等。软件平台的选择在相当大的程度上决定了集成的效率。VXI 即插即用系统联盟协议定义了一系列系统架构（Framework），根据不同的硬件平台、操作系统和应用软件开发工具的编程风格，可分为不同的软件架构。其中，NI 公司的 LabVIEW 和 LabWindows/CVI 是完全符合 VXI 即插即用协议的系统开发软件平台。除此之外，作为一个符合 VXI 即插即用协议的仪器模块还应当提供兼容 VXI 即插即用标准的 I/O 接口驱动程序、仪器驱动程序、软面板和安装工具等软件，进一步简化系统编程。

（3）VXI 总线仪器模块与其他类型仪器的选择。目前已有相当多的各种功能的模块可供选择，而且不断有新的模块进入市场。这些模块大致分为 3 类：一是实现传统测量功能的仪器模块，如 Agilent 公司的万用表、WAVETEK 的信号发生器、TEKTRONIX 的示波器、RACAL 的射频合成器等，几乎所有的传统测量仪器都有相应的 VXI 模块；二是各种指标的数据采集模块。根据虚拟仪器的概念，无论何种测控工作都是由数据的采集、分析和显示 3 部分构成，数据分析和显示是计算机的强项，而数据采集的性能则决定了系统的性能。根据应用场合的不同数采模块分为高速与低速两大类；三是开关模块，如扫描开关、多路开关、继电器开关和开关阵列等，它们是实现自动测量必不可少的部件。

选择仪器模块除应注意测量指标要求之外，还应尽可能选择符合 VXI 即插即用规范的模块，这是简化系统开发和扩大系统兼容性的关键。

（4）VXI 总线主机箱的选择。在确定了零槽控制器和各个功能模块之后，也就明确了所占的槽数，这是选择机箱的首要指标。目前的主流产品是 C 尺寸 13 槽机箱，另外还有 5 槽或 6 槽的便携式机箱。同时机箱每槽提供的功率和冷却机制、物理特性、固定性能等也是机箱的关键指标，选择时应综合考虑。

（5）VXI 总线控制器的选择。在 VXI 系统中可以同时集成 GPIB 接口仪器和数据采集板，也可以仅仅包含 VXI 仪器模块。根据不同用途应当选择适合的零槽控制器方案，以实现最佳的性能价格比。

零槽控制器方案分为嵌入式和外置式两种。嵌入式方案将带有 VXI 总线的计算机直接插入零槽。由于在这种方案中控制器与 VXI 背板总线直接通讯，因而能充分发挥 VXI 总线的强大性能。外置式方案采用总线技术通过接口板将通用计算机与 VXI 的 0 槽连接起来，从而由外部计算机控制 VXI 系统的工作。这种方案的优势在于能够随着通用计算机的飞速发展而不断更新控制平台，外置式控制器可借助于 IEEE488、MXI、IEEE1394、RS-232 或以及网与 VXI 总线连接，可选种类较多，在价格、通讯速率、适用的软件平台等方面差别较大，用户可根据需求进行选择。

（6）硬件集成与调试。通过模块上的拨码开关设定各 VXI 总线模块的逻辑地址，并将模块插入主机箱。然后给系统上电，观察各模块的自检是否正常，模块前面板的指示灯是否表明自检通过。如果一切正常，就可以安装 0 槽模块及各仪器模块随机附带的软件或驱动程序。对于符合 VXI 即插即用规范的模块，还可以直接运行模块软面板程序，进行模块功能演示。然后利用 LabVIEW 或 LabWindows/CVI 等系统开发平台控制各模块协调工作，生成和实现各种特殊要求的应用系统，即完成系统的集成。

（7）系统配线与连接。VXI 总线系统与被测单元的连接通常会出现布线混乱的情况，采用测试适配器、间距面板或配线排是比较好的选择。

（8）应用软件编程。VXI 总线应用软件的设计基本上可分为人机交互界面和参数测控两部分，软件总体设计采用自上而下的设计方法，而在具体编程与调试过程中则采用模块化的、自下而上的方法。

（9）方案优化和系统集成。在系统方案选定之后，应对系统作一个总体评判，以求在性能、成本、扩展性和兼容性等方面达到协调。VXI 系统是一个开放的系统，它保证并鼓励用户提供自己的需求从各厂商选择合适的模块集成最佳系统。安装完成后，对系统功能进行全面的调试与评估，检查是否实现了系统测试要求的各项指标，并建立完善各种技术文档。

4.6.2　VXI 总线系统控制器的选择

VXI 总线规范对于资源管理器和 0 槽控制模块的功能做了详细的规定，但是对于采用何种方式实现对整个 VXI 总线系统的控制并完成自动测试功能，即选择什么样的系统控制器，却没有提出任何建议，而是留给系统制造商和系统集成商有足够的空间去做选择，从另一方面来说，这也是 VXI 总线系统的灵活性和开放性的体现。

目前 VXI 总线系统控制器主要有嵌入式和外置式两种。

嵌入式系统是将一台 PC 机或工作站嵌入到一个 VXI 总线模块上，占用一个或多个插槽，应用时只需接上显示器、键盘和鼠标等外设即可实现对 VXI 系统的控制。这种结构的优点是能使所集成的自动测试系统具有较好的整体性和便携性，体积小，电磁兼容性能好，且嵌入式微机直接与 VXI 背板总线相连，数据传输速率较高。但在另一方面，由于受 VXI 总线主机箱物理空间的限制，嵌入式系统控制器的性能价格比，升级灵活性等方面稍有欠缺。目前常用于航天、军事等性能要求高、投资较大的场合。

外置式控制器包括外置微机或工作站以及位于 VXI 总线主机箱内的 VXI 总线接口板。外置式微机或工作站通常通过 GPIB、MXI 或 IEEE 1394 总线来控制 VXI 总线系统，而不是直接与 VXI 总线通讯，VXI 总线接口板的功能就是沟通 VXI 总线与另一种总线，即完成总线翻译器的功能。外置式系统控制器可以不受 VXI 总线主机箱的空间限制，配置形式灵活，且具有较高的性能价格比，便于系统扩展和升级，应用范围广泛。

嵌入式系统控制器以及外置式控制器的 VXI 总线接口板通常都具备提供 VXI 总线系统资源管理器和 0 槽服务的功能，并放置于 0 号插槽，因此也称其为 0 槽模块。当然用户也可以不使用它们提供的资源管理器和 0 槽服务的功能，而另外选择其他的专用模块。

下面介绍几种常用系统控制器的结构、特性和功能。

4.6.2.1 嵌入式系统控制器

采用嵌入式控制器的 VXI 总线系统结构如图 4-20 所示。这种配置是将一台标准计算机集成在零槽模块中，应用时只需接上显示器、键盘和鼠标等外设即可实现 VXI 控制。显然在所有控制方案中，它具有最小的物理尺寸。更重要的是，它与背板总线直接连接，能够充分发挥 VXI 总线性能。NI 公司的嵌入式控制器主要有 NI VXIpc-882 等（如图 4-21 所示），安捷伦公司的有 Keysight E1406A 等。

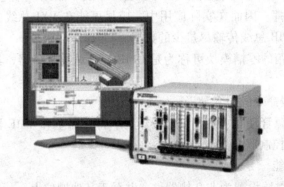

图 4-20 采用嵌入式控制器的 VXI 总线系统　　　图 4-21 NI VXIpc-882 嵌入式控制器

嵌入式控制器的主流是以 Intel CPU 为主控器的产品，它紧跟通用 PC 机的步伐而发展。如 NI 公司的 VXIpc-882 控制器，采用 Intel 公司的双核 T7400 系列处理器，主频高达 2.16GHz，1GB 双通道 667MHz DDR2 内存（最高可达 4GB）。提供 10/100/1000BASE-TX 以太网端口和 4 路高速 USB 端口，配置 GPIB（IEEE488）控制器和 RS-232 串口控制器，前面板设置了 8 路 TTL 电平背板触发和 CLK10 时钟端子，兼容 VXI 即插即用规范，内置看门狗定时器和 VXI 总线 0 槽资源管理器。该嵌入式控制器支持 32 位 Windows 7、Windows Vista 和 Windows XP 操作系统。

4.6.2.2 GPIB-VXI系统控制器

采用GPIB-VXI系统控制器的VXI总线系统结构如图4-22所示。图中的外置计算机（在其扩展槽中插有GPIB接口卡）具有IEEE488接口，通过GPIB电缆与位于VXI总线主机箱的零槽模块相连，并可以菊花链方式与其他仪器级联。

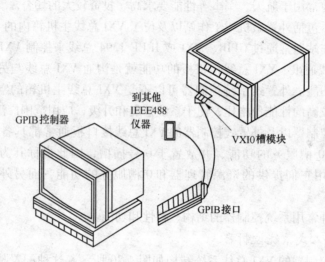

到其他
IEEE488
仪器

GPIB控制器

VXI0槽模块

GPIB接口

图4-22 采用GPIB-VXI系统控制器的VXI总线系统

这种系统结构的特点是与早期系统的兼容性强，可以像控制GPIB系统一样控制VXI总线系统。由于多数仪器编程人员对于GPIB编程方式熟悉，系统的软件升级比较方便。但是由于GPIB总线的数据传输速率只有1MB/s，远低于VXI总线，形成"瓶颈"效应，使得VXI总线系统的整体性能得不到发挥。因而在实际应用中，应尽可能在VXI总线主机箱内部完成对数据的处理，只通过GPIB总线传输尽量少的数据。

在这种结构中，位于VXI总线主机箱的零槽模块可称为是GPIB-VXI总线翻译器，具有以下功能：

（1）GPIB仪器程控代码与VXI总线命令的交互翻译。

（2）内置局部命令集，提供访问资源管理器、系统存储器读写、寄存器基和VME器件控制、VXI总线TTL和ECL触发协议控制等命令。

（3）完成VXI总线资源管理器的功能。

（4）可选0槽服务功能，也可通过跳线设置为非0槽器件，并置于其他槽位上。

（5）GPIB副地址映射，即GPIB总线翻译器取各VXI总线系统仪器逻辑地址的前五位，作为其GPIB副地址，并通过副地址访问和VXI总线设备。

4.6.2.3 MXI总线控制方案

MXI接口总线在上一节中进行了介绍，这一总线被用于VXI零槽控制，形成了一种性能、灵活性和价格上都具竞争力的方案。其物理架构与GPIB控制方案相似，目前NI公司提供了多种方案，包括PXI-VXI总线接口卡、PCI/PCIe总线接口卡等。以NI公司的VXI-8360T/LT组件为例（如图4-23所示），它由PC机上的内插式PC-MXI-2接口板、插在VXI机箱零槽VXI-MXI-2模块和连接二者的MXI-2电缆组成。它的VXI控制方式和软件工具则与嵌入式控制器一样，可以实现字串行协议和高速寄存器直接访问，可访问 VXI 系统的全部内存空间，直接操作 VXI 机箱背板的触发、中断、时钟和其他实用总线。NI VXI-8360T/LT 遵循 MXI-2 规范，利用 PCI 总线的高速数据吞吐能力，采用 MITE 实现 MXI 总线和 VXI 总线的协议转换，因而在 MXI-2 电缆上的持续数据传输速率为 23MB/s，峰值传输速率可达 33MB/s，为充分发挥 VXI 总线的强大数据吞吐能力提供了通道。

图 4-23　NI VXI-8360T/LT 系列组件

　　MXI 方案相当于将嵌入式控制器的计算机部分延展为外挂式计算机，其价格仅为嵌入式方案的一半甚至三分之一。同时其升级灵活，只需更换外挂式计算机即可。VXI-MXI 模块还是实现多机箱扩展的必备接口。因此在对系统尺寸要求不太严格的应用场合，如建立实验室 VXI 系统，MXI 方案是个颇具吸引力的选择。

　　4.6.2.4　IEEE 1394-VXI 控制器

　　IEEE 1394 总线是一种高性能、高速度、低价格的串行总线，其优越的性能使其在 VXI 总线系统控制器中得到应用，代表了 VXI 总线的一个重要的发展方向。

　　采用 IEEE 1394-VXI 系统控制器的 VXI 总线系统，其外置或远程计算机具有 IEEE 1394 接口，对于台式机而言可能需要在扩展槽中插入 IEEE 1394 接口卡，对于 PXI 总线主控计算机或其他如笔记本电脑等项目嵌入了 IEEE1394 接口器件，通过 6 芯的 1394 电缆与位于 VXI 总线主机箱的零槽模块相连，并可以菊花链或星形方式与其他仪器级联。

　　4.6.2.5　USB-VXI 远程控制器

　　NI VXI-USB 远程控制器组件通过通用串行总线（USB）将台式或笔记本计算机与 VXI 总线相连。这样使得外接计算机好像直接插在 VXI 背板上运行，赋予外接计算机嵌入式计算机的性能。与利用 IEEE 1394（火线）-VXI 接口和 GPIB-VXI 接口相比，VXI-USB 接口采用 USB 2.0 技术，块传输和基于消息的字串行通讯处理能力更为出色。VXI-USB 工具包支持即插即用，与为 Windows XP/2000 操作系统提供的 NI-VXI/NI-VISA 组合使用，可简化 VXI 系统开发。NI-VXI/NI-VISA 软件具有直观的故障排除和调试工具，且程序库可与上百种工业标准的仪器驱动器兼容。

4.6.3　VXI 总线系统主机箱的选择

　　4.6.3.1　主机箱尺寸的选择

　　VXI 总线系统主机箱通常可以选择 B、C 或 D 尺寸。各种尺寸的主机箱都有各自的特点，应综合考虑成本、性能、屏蔽要求和模块选择等因素。

　　B 尺寸机箱在价格上有明显的优势，特别适合于包含各种开关、输入/输出装置、接口、继电器等较简单模块的系统。在一些对系统体积、抗冲击和振动性能要求较严格的场合，B 尺寸机箱也很适用。随着表面安装技术的广泛应用和芯片集成度的提高，B 尺寸产品还会有很广泛的应用。但是由于 B 尺寸模块偏窄（2cm），屏蔽不便，因而限制了其应用。在模拟、射频和数字仪器系统中，B 尺寸约占 10% ~ 30%；在开关、多种复用等简单应用中 B 尺寸约占一半左右。

C 尺寸主机箱是目前应用最普遍的形式，这种尺寸能满足多数高性能仪器的要求，且能兼顾成本、性能和屏蔽等多种需要。在各种类型的仪器应用中，C 尺寸约占 50% ~ 90%。

D 尺寸主机箱主要适用于一些特殊场合，例如要求定时关系非常严格、要求高速对称触发或使用的本地总线数目较多和高速应用场合。一般认为除了某些高级数字系统外，不必使用 D 尺寸产品。通常 B、C 尺寸模块也可通过转接板插入 D 尺寸主机箱。D 尺寸系统的冷却与屏蔽等问题较容易解决，但价格要明显高于 C 尺寸机箱。

图 4-24 为 Keysight（Agilent）E1301B 尺寸 9 槽 VXI 主机箱，该主机箱内置了高性能的命令模块、前面板和键盘，可以方便地直接对仪器进行控制。

除一般的主机箱外，一些公司还推出了智能主机箱，其智能化表现在电源、冷却、背板、总线定时、可维修性、机械特性、故障隔离等方面，主机箱本身就是一台具有智能测试功能的仪器。在机箱内，利用温度传感器构成一个完善的冷却气流和温度的自适应监控系统，从而大大提高了系统的可靠性和可维护性。例如 Agilent 公司的 E8400 系统 C 尺寸 13 槽智能主机箱，具备实时监控、自诊断功能，采用了背板优化设计，E8402A 和 E8402A 两种主机箱的前面板还具有彩色图形显示功能，用户可以通过显示窗口了解系统的工作状态。图 4-25 所示为 Keysight E8402A 主机箱。

图 4-24　Keysight E1301B VXI 主机箱图　　图 4-25　Keysight E8402A VXI 主机箱

4.6.3.2　主机箱与模块配合情况的校核

在选定主机箱和所需模块之后，应该对主机箱与模块之间的冷却、供电等方面的配合情况进行校核。如果配合不好，在开机后一段时间，系统可能闭锁或出现间歇性故障。

VXI 总线系统在各个领域的应用都要求具有高可靠性，通常工作温度对可靠性有重要的影响，温度升高会使系统的可靠性下降，平均无故障间隔时间缩短。对于许多半导体器件来说，温度每升高 10℃，故障率将增大一倍，因此合适的冷却是提高系统可靠性的关键。高性能的 VXI 仪器系统对冷却条件要求很高。在一个相对来讲总功率不很大的系统中，有可能某个大功率的仪器温度很高，而整个系统的平均温度并不很高，如果只考虑整个系统的温度，就会造成冷却不够，使 VXI 仪器过早损坏。

在校核主机箱的冷却能力时，可将厂家给出的主机箱最坏位置插槽冷却气流压力与气流速度关系曲线图，与所选择模块的冷却工作点（在一定空气压力下所需冷却气流的速度）相比较。如果这些工作点都在主机箱最坏位置插槽冷却气压与气流速度曲线的下方，两者之间的配合没有问题；如果在曲线上或上方，应考虑更换模块。

其次，应校核主机箱与模块在供电电源方面的配合情况。主机箱生产厂商通常会提供主机箱的各种电源的输出电流峰值和动态电流值，各模块所需电流也由模块制造厂商提供。第一，各模块所需峰值电流的代数和应明显小于各种相应电源所有提供的输出电流峰值；第二，各模块的动态电流的总和应是各模块实际动态电流的叠加，最好能有主机箱和各模块动态电流与频率关系曲线。如果缺乏这种资料，通常也可把各模块要求的动态电流直接相加作为动态电流的总和，其值应小于主机箱能提供的动态电流值。

4.6.4　VXI 总线系统仪器模块的选择

目前各厂商推出的 VXI 总线模块根据功能可分为测量仪表类、控制类、存储器类和基准仪表类等。测量仪表类包括数字转换器、数字万用表（DMM）、计数器、功率计、示波器、数字化仪等。控制类包括数字 I/O、D/A 转换器、各种开关（矩阵开关、多路复用开关、射频开关、微波开关等）。存储类包括 RAM、硬盘等。基准仪表包括各种波形发生器、函数发生器等。如安捷伦公司的 VXI 总线开关 E1463A、任意波形发生器 Keysight E1441A、Keysight VXI 模块化数字万用表 E1411B 等。用户可根据设计需求选用。

小　结

本章对 VXI 总线的机械规范、电气规范和设备操作等进行了介绍。并对 MXI 接口总线的主要特性也进行了介绍。由于 VXI 总线对多经销商开放式结构保证了在不同尺寸上对仪器的选择余地，从而在一定程度上保证了 VXI 系统的可互换性、标准化和可维修性。因此，本章最后介绍了如何根据测试需求，选购市场上各个厂商所提供的 VXI 模块、控制器和机箱等，构成 VXI 总线的虚拟仪器测量系统。详细说明了 VXI 系统的集成步骤、机箱和控制器及仪器模块选型等。

 习　题

4-1　什么是 VXI 总线？

4-2　什么是本地总线，试举出本地总线的一个应用实例。

4-3　什么是模拟相加总线，试举出模拟相加总线的一个应用实例。

4-4　什么是星形触发总线，试举出星形触发总线的一个应用实例。

4-5　什么是 VXI 总线器件，VXI 总线器件是如何分类的？

4-6　简述 VXI 总线系统集成的方法和原则，试举出一个 VXI 总线系统集成的实例。

第 5 章 PXI 总线技术规范与系统构建

5.1 概述

5.1.1 PXI 总线的发展历程

PXI 总线技术的产生和发展可以分为三个主要阶段：

（1）PCI 局部总线技术。PCI 是 Peripheral Component Interconnect 的英文缩写，由美国 Intel 公司首先提出。1991 年 Intel 公司联合世界上多家公司成立了 PCISIG，致力于促进 PCI 局部总线工业标准的建立和发展。1992 年，PCISIG 发布 PCI 局部总线规范 1.0。经过修改后，1993 年发布了 PCI 局部总线规范 2.0，1995 年又发布了修改版 2.1，PCI 局部总线是微型计算机上的处理器/存储器与外围控制部件、外围附加模块之间的互联机构，它规定了互连机构的协议、电气、机械以及配置空间规范。

（2）CompactPCI 总线技术。CompactPCI 是 Compact Peripheral Component Interconnect 的缩写，是 PCI 总线的电气和软件标准加欧式卡的工业组装标准。自 1993 年以来，由于 PCI 总线在开放性、高性能、低成本、通用操作系统等方面的优势，使其得到迅速的普及和发展。这一冲击波大大地激发了工业领域和通讯市场的制造商及用户开始考虑如何利用 PCI 的成果和改造 PCI 总线，制造出更坚实、模块化、更易用、生命周期更长的嵌入式计算机产品，满足工业控制、通讯领域的需要。

1994 年，美国的一些工业计算机制造商建立了 PCI 工业计算机制造协会，简称 PIC-MG。1995 年 PICMG 出版了 CompactPCI 规范 1.0，1997 年又出版了 CompactPCI 规范 2.0。CompactPCI 迅速利用 PCI 的优点，提供了满足工业环境应用要求的高性能核心系统。

（3）PXI 总线技术。PXI 总线是 1997 年美国国家仪器公司（NI）发布的一种高性能低价位的开放性、模块化仪器总线，是一种专为工业数据采集与仪器仪表测量应用领域而设计的模块化仪器自动测试平台。它能够提供高性能的测量，而价格并不十分昂贵。PXI 将 CompactPCI 规范定义的 PCI 总线技术发展成适合于试验、测量与数据采集场合应用的机械、电气和软件规范，从而形成了新的虚拟仪器体系结构。PXI 这种新型模块化仪器系统是在 PXI 总线内核技术上增加了成熟的技术规范和要求而形成的。

5.1.2 PXI 总线结构特点

PXI 直接引用了被广泛采用的 PCI 规范所定义的电气特征。它还采用了 CompactPCI 的外形结构，包括 PCI 电气规范、通用的 Eurocard 结构和高性能的连接器。这允许 CompactPCI 和 PXI 系统可以有 7 个外设插槽，而桌面 PCI 系统只有 4 个外设插槽。通过采用 PCI-PCI 桥构成多总线段可以组建具有更多插槽的系统。例如采用单个 PCI-PCI 桥可以构建一个 13 插槽的 PXI 系统。PXI 规范通过在电气规范中增加触发、本地总线和系统时钟能力以满足仪器系统应用对更高性能的要求。PXI 还提供了与 CompactPCI 产品的互操作能力。

PXI 可以利用大量现成的工业标准软件。桌面 PC 用户可以使用不同层次的软件，从操作系统到低级的器件驱动程序再到高级的仪器驱动程序直到完整的图形用户程序接口。所有这些层次的软件都可以在 PXI 系统中使用。PXI 为整个系统定义了软件框架，所有的 PXI 外设模块都要求适当的仪器驱动软件以方便系统集成。另外，PXI 还采用了虚拟仪器软件体系结构（VISA）。VISA 被用于定义串行、VXI 和 GP-IB 外设模块驱动程序并与其通讯。PXI 对 VISA 进行扩展，除上述接口外 VISA 还用于定位和控制 PXI 外设模块。该扩展保持了被仪器界采用的仪器软件模式。其结果是拥有了一大批跨越 PXI、CompactPCI、桌面 PCI、VXI、GPIB 和其他仪器体系结构的软件人员。

PXI 总线是 PCI 总线的增强与扩展，也是 CompactPCI 总线规范的进一步扩展（如图 5-1 所示），并与现有工业标准 CompactPCI 兼容，它在相同插件底板中提供不同厂商产品的互联与操作。作为一种开放的仪器结构，PXI 提供了在 VXI 以外的另一种选择，满足了希望以比较低的价格获得高性能模块仪器的用户的需求。

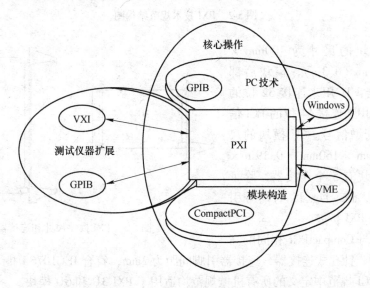

图 5-1　CompactPCI 和 PXI 的技术构成

PXI 规范的体系结构如图 5-2 所示。在本章将 PXI 对规范的各个部分做详细介绍。

5.2　PXI 机械规范

PXI 的机械结构与 VXI 相似，PXI 规范定义了一个包括电源系统、冷却系统和安插模块槽位的一个标准机箱。PXI 在机械结构方面与 CPCI 的要求基本上相同，采用 Eurocard 规范。PXI 支持两种类型尺寸的模块，即 3U 和 6U。

5.2.1　模块尺寸与连接器

PXI 的 3U 和 6U 两种尺寸类型分别与 VXI 总线的 A 尺寸和 B 尺寸模块相同，如图 5-3

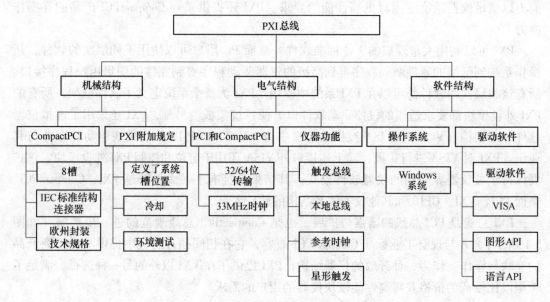

图 5-2 PXI 技术规范结构图

所示。3U 模块的尺寸为 100mm × 160mm（3.94in × 6.3in），模块后部有两个连接器，J1 用来连接 32 位的 PCI 信号，J2 用来连接 64 位的 PCI 信号和 PXI 的新增信号。6U 模块的尺寸为 233.35mm × 160mm（9.19in × 6.3in），该模块有 5 个连接器，除了 J1 和 J2 以外，J3、J4、J5 的信号引脚用于将来的 PXI 扩展。

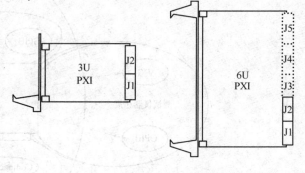

图 5-3 PXI 模块尺寸和连接器

PXI 使用与 CompactPCI 相同的高密度、屏蔽型、针孔式连接器，连接器引脚间距为 2mm，符合 IEC1076 国际标准。

CompactPCI 规范中定义的所有机械规范均适用于 PXI 3U 和 6U 模块。

所有在 PICMG 2.0 R2.1（CPCI 规范）中定义的机械规范都适用于 PXI 系统，但是 PXI 包含了以下要求以简化系统的集成：

（1）PXI 规定模块所需求的强制冷却气流流向必须由模块底部向顶部流动。

（2）PXI 规范建议的环境测试包括对所有模块进行温度、湿度、振动和冲击试验。

（3）PXI 规范还规定了所有模块的工作温度和存储温度范围。

5.2.2 机箱与系统槽

从硬件的角度来看，一个 PXI 系统的物理结构是由一个如图 5-4 所示的机箱所构成。

机箱作为 PXI 系统的外壳包含了电源系统、冷却装置和装入仪器模块的槽位。机箱中的背板支持系统控制器模块与外围模块进行通讯。机箱至少拥有一个系统槽，还备有多个外围设备槽。机箱的左边第一槽位是用于系统控制器的规定槽位。目前使用的有多种控制

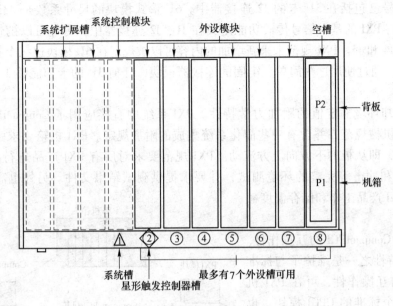

图 5-4　PXI 机箱结构图

器，常见的两种是嵌入式 PC 兼容控制器和 MXI-3 总线桥。嵌入式控制器是专为 PXI 机箱空间设计的专用计算机模块。MXI-3 则是一种接口控制器。它是一种使用台式 PC 机来控制 PXI 系统的外部控制器。机箱中右边第 2 至第 8 槽位称为外部设备槽用于插入仪器扩展槽。系统控制器槽的左边提供了 3 个控制器扩展槽，这些扩展槽能防止系统控制器占用宝贵的外部设备槽。星形触发控制器在系统中是可选用的，在使用时装置在与系统控制器相邻的位置。该模块可从星形触发槽传送各种触发信号至全部 PXI 背板上每个外设插槽上的仪器模块。如果系统中未使用星形触发控制器，系统控制器模块相邻的插槽可安装仪器外设模块。在机箱背板上的接口连接器（P1，P2，…），供控制器与仪器外设模块之间互连使用。在单个 PXI 总线段中，最多能使用 7 个仪器外设模块，使用 PCI-PCI 桥连接器可增加总线段用来附加扩展槽。

　　PXI 规定系统槽的位置在总线段的左端，PXI 为系统插槽规定了唯一位置，以简化集成的配置，同时也增加了 PXI 控制器与机箱间的兼容性。

　　PXI 有三个主要的机械特性：

　　（1）坚固的欧洲插卡封装系统。PXI 使用与欧式插卡相同的引脚－接插座系统。这种形式的模块支架和通用微型计算机的 PCI 插槽有所不同，模块能被上下两侧的导轨和"针－孔"式的接插连接端牢牢地固定住。这些由国际电工委员会（IEC-1076）规定的 2mm 高密度间距且阻抗匹配的接插件，能够在所有条件下提供最佳的电气性能。PXI 采纳了"针－孔"式接插端结构。这些接插件可被广泛地应用于高性能领域，尤其是电信领域。

　　PXI 支持 3U 和 6U 两种形式的模块。这两种 3U 和 6U 模块的机械尺寸由欧式插卡规范（ANSI 310-C，IEC 297 和 IEEE1101.1）所规定。3U 形式的模块尺寸系数是 100mm × 160mm，它具有两个接口连接器 J1 和 J2。J1 连接器用于传输 32 位局部总线所需的信号。J2 连接器用于传输 64 位 PCI 传输信号，以及实现 PXI 电气特性的信号。所有具备 PXI 特性功能的信号已包括在 3U 卡的 J2 连接器中。6U 形式模块的尺寸系数是 233.335mm × 160mm，它将 PXI 的基本信号传输功能定义在 J1、J2 连接器中，另外可以携带三个附加连接器 J3、J4 和 J5。PXI 规范未来新增加的内容可以被规定在 6U 模块这三个扩展连接器的引出脚上。通过使用这些简单、牢固的连接器模块，任何 3U 的卡都能够工作在 6U 的机箱中。

（2）冷却环境额定值的附加力学特性。PXI 系统中直接应用了 CompactPCI 规范中规定的所有机械规范，并含有一些简化系统集成的附加规定。PXI 机箱要求强迫冷却空气流动方向，即从板的下方向上方流动。PXI 规范要求对所有 PXI 产品进行包括温度、湿度、振动和冲击等完整的环境测试，并要求提供测试结果文件。另外也需要提供所有 PXI 产品工作和储存温度额定值。

（3）与 CompactPCI 的互操作性。PXI 的重要特性之一是维护了与标准 CPCI 产品的互操作性，可在 PXI 机箱中使用一个标准的 CPCI 模块，也可在 CPCI 机箱中使用 PXI 模块。CPCI 和 PXI 都利用其具有的 PCI 局部总线来确保它们之间在电气和软件上的兼容性，如图 5-5 所示。

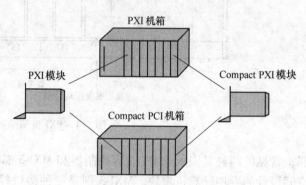

图 5-5 PXI 与 CompactPCI 的互操作性示意图

5.2.3 PXI 徽标和兼容性标志

图 5-6 所示为 PXI 徽标，各 PXI 产品制造商都可以向 PXI 系统联盟申请徽标的使用授权，在所生产的 PXI 模块前面板或插拔手柄上按比例印制徽标，表明该模块是完全符合 PXI 规范的。PXI 徽标可以替代 CompactPCI 徽标，也可以与之一起使用。

如图 5-4 所示，PXI 机箱的每个插槽都明确地标有插槽编号，而且该编号是叠在特定的兼容性标识符上。"三角形"的兼容性标志表示该插槽为系统槽，"圆圈"表示该插槽为外置扩展槽，如图 5-7 所示的旋转正方形表示该插槽为星状触发槽。由于星状触发槽也支持标准的外置扩展模块，星状触发槽标志通常与圆圈标志一起使用。

PXI 机箱和背板应在不同总线段分界处的相邻槽之间使用图 5-8 所示的垂直线来分隔开两个总线段。

图 5-6 PXI 徽标图   图 5-7 星形触发槽标志   图 5-8 PCI 总线分隔符

此外，PXI 模块和背板在使用兼容性标志符时也应符合 CompactPCI 规范（PICMG 2.0R3.0）相关规定。

5.2.4 环境测试

PXI 机箱、系统控制器和外设模块必须进行存储和使用温度范围测试，建议进行湿度、振动、冲击测试，PXI 环境测试建议按 IEC60068 规范进行。测试结果必须提供给用户，进行操作和存储温度试验结果也应提供。若生产商不是按 IEC60068 规范进行测试，其测试过程和方法应提供给用户。

5.2.5 制冷规范

PXI 模块在机箱中应有一个从底到顶的合适的气流通路。

制造商应在产品文档标明模块正常使用功率。

机箱设计时要考虑为每个模块提供制冷通路，说明书应注明机箱最大消耗功率和消耗功率最大的插槽的消耗功率，并在文档中注明具体的测试过程。

5.2.6 机箱和模块的接地需求和 EMI 指导方针

机箱应提供一个大地和机箱间的低阻通路，有一个接地螺栓用来提供和机箱地直接相连的通路。

PXI 模块使用带金属护套的连接器，实现 EMI/RFI 的保护，金属护套应符合 IEC1101.10 规范，通过低阻通路与前面板相连。

PXI 模块尽量不要将电路板上的逻辑地与机箱地相连。

5.3 PXI 电气规范

PXI 电气规范描述了 PXI 系统中各种信号的特征及实现要求，规定了 PXI 连接器的引脚定义、电源规范以及 6U 系统的实现规范和电气要求。

5.3.1 PXI 连接器引脚定义

表 5-1 列出了 PXI 系统中使用的各种信号，并按照最初出处（定义该信号的原始规范）对信号进行了分类。

表 5-1 PXI 系统信号

原始规范	信 号		
PXI	PXI-BRSV	PXI-CLK10	
	PXI-LBL [0~12]	PXI-LBR [0~12]	PXI-CLK10
	PXI-STAR [0~12]	PXI-TRIG [0~7]	
CompactPCI	BD_SEL#	HEALTHY#	REQ# [0~6]
	BRSV	INTP	RSV
	CLK [0~6]	INTS	SYSEN#
	DEG#	IPMB_PWR	SMB_ALERT#
	ENUM#	IPMB_SCL	SMB_SCL
	FAL#	IPMB_SDA	SMB_SDA
	GA0~GA4	PRST#	UNC
	GNT# [0~6]		

原始规范	信 号		
PCI	ACK64#	INTD#	TCK
	A/D [0~63]	IRDY#	TDI
	C/BE [0~7]	LOCK#	TDO
	CLK	M66EN	TMS
	DEVSEL#	PAR	TRDY#
	FRAME#	PAR64	TRST#
	GND	PERR#	V (I/O)
	GNT#	REQ#	3.3V
	IDSEL	REQ64#	5V
	INTA#	RST#	+12V
	INTB#	SERR#	−12V
	INTC#	STOP#	

普通外置扩展槽 J1/P1 和 J2/P2 连接器的引脚定义、系统槽 J1/P1 和 J2/P2 连接器的引脚定义以及星形触发槽 J1/P1 和 J2/P2 连接器的引脚定义可参见 PXI 规范手册。

5.3.2 PXI 信号

PXI 提供了与台式机 PCI 总线特性相同的性能。只是 PXI 系统可在每个 33MHz 的总线段上提供 8 个槽（1 个系统槽和 7 个外设槽），在每个 66MHz 总线段提供 5 个槽（1 个系统槽，4 个外设槽）。但 PCI 分别只有 5 个和 3 个。此外，以下 PCI 特性都可平移到 PXI 总线上：

（1）33/66MHz 总线时钟；

（2）32~64 位数据传输；

（3）132MB/s 到 528MB/s 峰值数据传输速率；

（4）通过 PCI-PCI 桥进行扩展的能力；

（5）可升级为 3.3V 系统；

（6）支持即插即用等。

除此之外，PXI 在标准 PCI 总线的基础上增加了仪器专用信号线，包括总线型触发线、星状触发线、参考时钟和本地总线，以满足仪器用户对于高级定时、同步和边带通讯的需要（如图 5-9 所示）。下面分别对这些信号规范做详细的介绍。

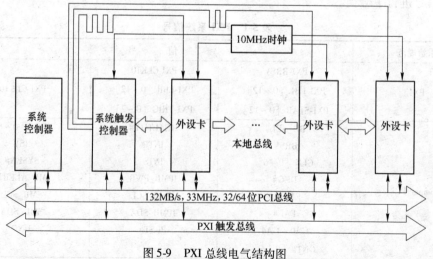

图 5-9 PXI 总线电气结构图

5.3.2.1　P1/J1 连接器信号

所有 PXI 模块和 PXI 底板的 P1/J1 连接器上的信号应符合 PICMG2.0 R3.0 规范（CPCI）。

为了使系统控制模块可在 PXI 或 CPCI 系统中正确运行，控制器上 BIOS 须将它的中断路由表配置成允许 A/D［25～31］到 IDSEL 映射方式。将底板 PCI 器件或第一个 PCI 段的 PCI-PCI 桥的 IDSEL 线连接到除 A/D［25～31］以外的地址线。

第一个 PCI 总线段的 PCI 底板器件、PCI-PCI 桥和外设模块槽中，它们的 IDSEL 线必须和 A/D［25～31］其中一根相连。将 PCI 底板器件、PCI-PCI 桥和外设模块槽中的/INTA、/INTB、/INTC 和/INTD 引脚连接到系统槽的相应引脚上。

5.3.2.2　P2/J2 连接器信号

CompactPCI 规范将 P2/J2 连接器的引脚定义为开放式的，允许用户利用这些引脚实现后面板 I/O 连接。而 PCI 规范在定义这些引脚时，首先将 CompactPCI 规范用于 64 位扩展的那些 P2/J2 连接器引脚定义移植过来，然后对 CompactPCI 规范保留或没有定义的一些引脚进行重新定义。因此，符合 CompactPCI 64 位规范的模块可以在 PXI 系统中应用，PXI 模块也可以在符合 CompactPCI 64 位规范的系统中应用。但在后一种情况下，PXI 在 CompactPCI 64 位规范基础上新增的一些功能不能被使用。

A　PXI 的规范

PXI 系统槽上的下列信号线应符合 CompactPCI 64 位规范的相关要求：GND、V（I/O）、A/D［32～63］、C/BE［4～7］、/DEG、/FAL、/PRST、/SYSEN、CLK［1～6］、/GNT［1～6］、REQ［1～6］、GA0～GA4、/SMB-ALERT、SMB-SCL、SMB-SDA 和 RSV 等。系统槽接口也应符合 CompactPCI 规范的要求。PXI 系统槽在实现后面板 I/O 时，将 CompactPCI 64 位规范中的 BRSV 引脚改用于实现仪器特性扩展。

对于 PXI 外围模块而言，下列信号线应符合 CompactPCI 64 位规范的相关要求：GND、V（I/O）、A/D［32～63］、C/BE［4～7］、GA0～GA4 和 UNC。PXI 外围扩展槽在实现后面板 I/O 时，将 CompactPCI 64 位规范中的 BRSV、CLK［1～6］、/GNT［1～6］、REQ［1～6］和 RSV 引脚改用于实现仪器特性扩展。应该注意：CLK［1～6］、/GNT［1～6］和 REQ［1～6］信号线在 CompactPCI 规范的外围扩展槽和外围扩展模块中并没有使用。

对于 PXI 背板而言，下列信号线应符合 CompactPCI 64 位规范的相关要求：GND、V、A/D、C/BE、/DEG、/FAL、/PRST、/SYSEN、CLK、/GNT、REQ、GA、/SMB-ALERT、SMB-SCL、SMB-SDA 和 RSV。同时，PXI 背板将 CLK［1～6］、/GNT［1～6］和 REQ［1～6］信号线按照 CompactPCI 规范的要求从系统槽连线到外围扩展槽 J1 连接器的相应引脚上，将系统槽上的 RSV 线断开不用。

B　PXI 总线保留的信号线

PXI 总线中有两条为未来 PXI 系统扩展保留的信号线，即 PXI-BRSVA15 和 PXI-BRSVB4，统称为 PXI_BRSV。任何 PXI 系统控制模块和外围模块都不能使用这两条信号线。与 CompactPCI BRSV 信号线的实现方式相同，PXI 背板应将各 PXI_BRSV 线以总线方式连接到各个插槽。

C　本地总线

如图 5-9 所示，PXI 定义了与 VXI 总线相似菊花链状的本地总线，各外围模块插槽的右侧本地总线与相邻插槽的左侧本地总线相连，依次类推。但是系统背板上最左侧外围模块插槽的左侧本地总线被用于星状触发，系统控制器也不使用本地总线，而将这些引脚用于实现 PCI 仲裁和时钟功能。PXI 系统最右侧插槽的右侧本地总线可用于外部背板接口（例如用于与另一个总线段的连接）或者放弃不用。

本地总线共有 13 根信号线，用户可以自行定义它们的功能。例如用于传输高速 TTL 信号或高达 42V 的模拟信号，或作为相邻模块间边带数字通讯的传输通道，同时不占用 PXI 系统的带宽。PXI 对于本地总线的使用作出如下规定。

（1）PXI 外围模块不能在局部总线上传输超过 +/−42V 或超过 200mA 直流电流的信号，但允许外围模块将其左右两侧的本地总线直接相连，或是将某一条本地总线接地。

（2）若需要通过局部总线连接附加模块，可允许外设模块将它的局部总线左半边连接到其右半边。须注意局部总线长度或特征阻抗是否违反其规范。

（3）若没有与地相连的一个外设模块的局部总线，处于高阻状态，至系统配置软件认为底板和其他外设模块局部总线是兼容的。

（4）允许外设模块将局部总线信号上拉至一定电压，防止系统上电时处于不稳定状态。

（5）外设模块在每条本地总线上的最大输入漏电流为 100μA。

（6）在每个总线段，PXI 背板应将表 5-2 中 A 列对应各槽的 PXI_LBR[0:12] 与 B 列对应各槽的 PXI_LBL[0:12] 相连，前提是这些槽都在同一总线段中。

（7）PXI 背板不能在本地总线上安装电阻或缓冲器，各条本地信号线都应能够直接与邻近插槽的本地总线相连。

（8）相邻插槽本地总线间的连线不能大于 3in。所有连线的长度差应在 1in 之内，连线的特征阻抗应为 $65\Omega \pm 10\%$。

（9）星状触发槽不使用插槽左侧的本地总线，而应将这些引脚用于星状触发线。

（10）实现与外部背板接口的 PXI 机箱应使用机箱中编号数最大的插槽的右侧本地总线引脚来实现对外接口。

表 5-2　本地总线连线

A	B	A	B
IDSEL = AD31	IDSEL = AD30	IDSEL = AD28	IDSEL = AD27
IDSEL = AD30	IDSEL = AD29	IDSEL = AD27	IDSEL = AD26
IDSEL = AD29	IDSEL = AD28	IDSEL = AD26	IDSEL = AD25

本地总线的配置或键控由机箱的初始化文件 chassis. ini 来定义。初始化软件根据各个模块的配置信息来使用本地总线，禁止类型不兼容的本地总线同时使用。这种软件键控方法比 VXI 总线的硬件键控方法具有更高的灵活性。

D　参考时钟 PXI_CLK10

PXI-CLK10 是一个 10MHz 的 TTL 信号，精度在规定的操作温度和时间条件下应不小于 0.01% 。系统振荡器精度应高于 0.005%，PXI-CLK10 在 2.0V 作为转换点时，测量占空比应满足 50% ±5%。每个外设模块槽的时钟由一个独立的、与底板源阻抗匹配的缓冲器驱动，时钟线在底板两个槽间引入的畸变应小于 1ns。PXI 规范允许 PXI-CLK10 由外部时钟源提供更精确的时钟参考。星状触发槽定义了一个为外部时钟提供输入的引脚。若 PXI-CLK10 在两个源间切换，脉冲宽度应不小于 30ns，同极性的两个连续的边沿间应不小于 80ns。

上述规则是为了保证时钟转换过程不被短脉冲干扰而采取的一个机制。

E　触发总线

PXI 有 8 条总线型触发信号线：PXI-TRIG[0~7]。

采用触发线来实现模块间的同步和通讯，触发线可用于触发和时钟传送。利用触发总线能够实现无法由 PXI_CLK10 得到的可变频率时钟信号，例如，两个数据采集模块可以通过共享由触发总线提供的数倍于 44.1kHz 的时钟信号来实现 44.1×10^3 次/秒的 CD 音频采样。

PXI 规定了两种触发协议，即异步触发（单线广播触发）和同步触发（以 PXI-CLK10 为时钟参考的触发信号，触发源在 PXI-CLK10 第一个上升沿触发，接收者在下一个 PXI-CLK10 上升沿响应）。

对 PXI 机箱中同一个 PXI 总线段，PXI-TRIG[0~7] 信号连接到每个插槽。但底板只能用一缓冲器将不同总线段触发线逻辑相连。PXI-TRIG[0~7] 须在地和 +5V 间连接两个快速肖特基二极管。底板基线特征阻抗应为 $75\Omega \pm 10\%$。底板布线长度应小于 254mm。

对于外设和系统模块而言，触发信号线在模块上布线长度应小于等于 38.1mm。允许模块不使用全部触发线，上电后，触发线应处于高阻状态，直到软件配置完毕。

F　星状触发

PXI 星状触发信号线为 PXI 用户提供了更高性能的同步功能。星状触发控制器安装在第一个外围模块插槽（系统插槽的右侧，不使用星状触发的系统可在星状触发线控制器槽位上安装其他外围模块），使用插槽左侧的 13 条本地总线引脚，实现与各外设模块星状触发信号线 PXI_STAR 相连。允许一个星状触发控制器监控一个以上 PCI 总线段，若总线段超过 2 个，PXI 建议只连接前两个总线段（星状触发线共 13 根，两个总线段共可连接 13 个外设）。

PXI 规范规定，一个机箱只允许有一个星状触发控制器模块，但并不要求必须有触发控制器模块。触发槽允许一个外部的 10MHz 频率的标准信号输入到底板作为 PXI-CLK10 信号使用。PXI 底板连接到每个外设模块星状触发线的阻抗应为 $65\Omega \pm 10\%$。PXI 规范对底板触发线到各个外设模块槽的连接方式进行了建议。推荐背板按照表 5-3 所示的方式进行星状触发线的连接，否则制造商应提供详细配线表。不同插槽间星状触发信号的传输延时不能大于 1ns，星状触发槽至各外围扩展槽间星状触发信号的传输延时不能大于 5ns。

表 5-3　星状触发线映射图

星状触发信号线	插槽号	星状触发信号线	插槽号
PXI-STAR0	3	PXI-STAR7	10
PXI-STAR1	4	PXI-STAR8	11
PXI-STAR2	5	PXI-STAR9	12
PXI-STAR3	6	PXI-STAR10	13
PXI-STAR4	7	PXI-STAR11	14
PXI-STAR5	8	PXI-STAR12	15
PXI-STAR6	9		

PXI 系统在实现星状触发信号线的布线和连接时，采用了传输线均衡技术，以此来满足对于触发信号要求苛刻的应用场合。星状触发线也可用于向星状触发控制器回馈信息，如报告插槽状态或其他响应信息等。对于星状触发的具体应用，PXI 规范没有做出更详细的规定。

5.3.2.3　6U 系统的实现

6U 尺寸的模块用于需要更多电路板空间的系统及未来需要通过 J3 和 J4 连接器实现功能扩展的系统中。PXI 规范中规定，6U 外围模块只实现 J1 和 J2 连接器上的功能，不应使用 J3 和 J4 连接器，而留待 PXI 规范的未来版本实验。

CompactPCI 规范允许 6U 模块在 J3 和 J4 连接器之外设置 J5 连接器，由于 J5 连接器在 PXI 规范的未来版本中也不会使用，厂商可以使用 J5 连接器用于 PXI 定制系统的开发。

5.3.2.4　使用 PCI-PCI 桥接器实现系统扩展

采用标准 PCI-PCI 桥接技术，PXI 系统可用一个以上总线段来组建。桥接部件在其互相连接的每个总线中占用一个 PCI 负载。因此，双总线段的系统可为 PXI 外围模块提供 13 个扩展插槽，即：

$$2 \text{ 总线段} \times 8 \text{ 插槽（每段）} - 1 \text{ 个系统控制器插槽} -$$
$$2 \text{ 个 PCI-PCI 桥接器插槽} = 13 \text{ 个可用扩展插槽}$$

三总线段系统为 PXI 外围模块提供 19 个扩展插槽。

PXI 触发总线只提供单总线段内的连接，不允许与相邻的总线段存在物理连接。

5.3.3　机箱电源规范

PXI 机箱电源应按照表 5-4 和表 5-5 所示的规范进行设计。

PXI 模块制造商需在产品文档中给出各模块所需的电源电流指标。单一的系统控制模块或外围扩展模块不能从任一电源引脚吸入或向任一地引脚返回大于 1A 的电流。

表 5-4　5V 机箱电源电流规范

电流值说明	5V		3.3V		+12V	-12V
	系统槽	外围槽	系统槽	外围槽	所有槽	所有槽
需要值	4A	2A	6A	0A	0.5A	0.1A
推荐值	6A	2A	6A	0A	0.5A	0.1A

表 5-5　3.3V 机箱电源电流规范

电流值说明	5V		3.3V		+12V	-12V
	系统槽	外围槽	系统槽	外围槽	所有槽	所有槽
需要值	0.5A	0.5A	6A	3A	0.5A	0.1A
推荐值	6A	2A	6A	3A	0.5A	0.1A

5.4　PXI 软件规范

PXI 在总线级电气规范的基础上定义了软件规范，以便进一步简化系统集成，提升现有台式 PC 软件的使用范围和效能。软件规范的内容包括操作系统和工具软件等。

PXI 软件规范还定义了软件架构，这是 PXI 平台一个非常重要的元素。由于 PXI 基于软件定义的仪器架构，PXI 的硬件本身不包含用户可直接访问的功能，如显示屏、旋钮和按键。所有用户可访问的功能均是在软件上。该软件框架定义了系统控制器模块和 PXI 外围模块的 PXI 系统软件要求。系统控制器模块和 PXI 外围模块必须满足特定的操作系统和工具支持需求，才能被视为兼容给定的 PXI 软件框架。

5.4.1 系统软件框架标准

系统软件框架定义了 PXI 系统控制器和外围模块都应遵守的一些系统软件要求，包括操作系统和工具软件支持等，PXI 软件架构如图 5-10 所示。

PXI 规范不仅定义了确保多厂商产品互操作性的仪器级（即硬件）接口标准。还增加了相应的软件要求，以进一步简化系统集成。这些软件要求就形成了 PXI 的系统级（即软件）接口标准。

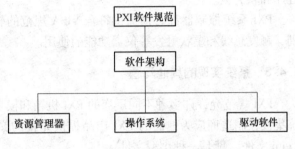

图 5-10　PXI 软件架构

PXI 规范规定了基于 Microsoft Windows 操作系统的 PXI 系统的软件框架。因此，控制器可以使用行业标准的应用程序编程接口，如 NI LabVIEW、NI Measurement Studio、NI LabWindows/CVI、Visual Basic 和 Visual C/ C++。PXI 还需要由模块和机箱供应商提供的特定软件组件。对于 PXI 组件，用于定义系统配置和系统功能的初始化文件是必需的。最后，规范还规定了 PXI 必须能够实现仪器仪表行业广泛采用的 VISA，以配置和控制 VXI、GPIB、串口以及 PXI 仪器。PXI 软件架构的完整内容如图 5-11 所示。

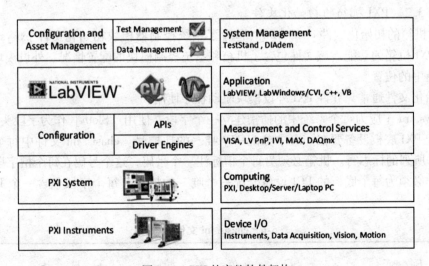

图 5-11　PXI 的完整软件架构

对其他没有软件标准的工业总线硬件厂商来说，他们通常不向用户提供其设备驱动程序，用户通常只能得到一本描述如何编写硬件驱动程序的手册。用户自己编写这样的驱动程序，其工程代价（包括要承担的风险、人力、物力和时间）是很大的。PXI 规范要求厂商而非用户来开发标准的设备驱动程序，使 PXI 系统更容易集成和使用。

5.4.2　对已有仪器标准的支持

为了保护仪器用户现有的一些软件投资，PXI 规范也支持一些已有的仪器标准。

如果一个 PXI 模块能够控制 VISA 规范支持的某种仪器接口（例如 GPIB、VXI、串行接口等），该模块应提供 VISA 软件，作为与该种仪器接口通讯的一种机制。

仪器类 PXI 模块应提供符合 VPP 联盟提供的仪器驱动规范（VPP-3 和 VPP-7）的驱动程序和软面板。

PXI 系统控制器都必须提供符合 VISA 规范的软件接口，作为对系统配置、槽位置识别、触发总线和星状触发等仪器功能的使用。

5.4.3　系统实现的其他问题

PXI 规范允许许多种不同厂商的 PXI 机箱和模块共存于一个 PXI 系统中。为了便于系统集成，制造商应为他们的 PXI 产品提供完备的文档。由 ASCII 文本构成的初始化文件". ini 文件"就是一种小型文件。

5.4.3.1　系统配置与初始化文件

". ini"文件由 ASCII 码文本行组成。文件包含一个和多个字段，每个字段包含一个或多个标志行，每个标志行描述一个字段的特殊属性。其注释行以#开头，字段头由［］限定，标志行由标志名、=、数字（值）三部分组成。

系统配置信息包含在初始化文件 . ini 中。". ini"初始化文件的作用是：帮助系统设计者了解外设模块局部总线的使用情况；帮助系统了解外设模块的物理位置；可有效获得系统中各个模块槽的编号。

5.4.3.2　PXI 机箱的初始化文件

PXI 机箱的初始化文件 chasis. ini（包含了系统控制器模块初始化文件 pxisys. ini）用于描述 PXI 机箱的功能。该文件包含了机箱和系统控制模块的配置情况、外设模块的性能和在机箱中的位置。

初始化文件通常只允许 PXI 外设模块驱动程序使用。

pxisys. ini 中应为每个系统中的插槽建立一个字段，使用［Slot$n$］作为字段头。

每个 PXI 底板设备要在 . ini 中分配一个唯一的插槽号。chasis. ini 文件中每个字段包含表 5-6 所列的标志行。机箱必须为每个槽标注一个号码，这个号码在每个槽字段的第一行出现，必须为每个底板的 PCI 设备分配一个唯一的槽号。每个字段包含一个 IDSEL 标志行。

表 5-6　chasis. ini 文件标志行

标　　记	有　效　值	描　　述
IDSEL	n（n 为与该槽 IDSEL 引脚相连的 PCI 地址线编号）	表示背板上与该槽 IDSEL 的连接情况

标　记	有　效　值	描　　述
SlotNumberOfOtherHalfOfBridge	1. 无 2. n（n 表示槽号）	若该槽为 PCI-PCI 桥的一部分，该标记行表示 PCI-PCI 桥中包含的其他 PCI 模块的编号
SystemSlotNumber	n（n 表示系统槽的槽号）	本 PCI 总线段中，系统槽的槽号

5.5 PXI 系统构成与特点

当前，PXI 由 PXI 系统联盟（PXISA）进行管理，该联盟由 70 多家公司组成，它们共同推广 PXI 标准、确保 PXI 的互通性，并维护 PXI 规范。一般情况下，PXI 系统由三个基本部分组成——机箱、控制器和外设模块。下面分别予以介绍。

5.5.1 机箱

机箱是 PXI 系统的基本组成部分。目前市场上有 3U 和 6U 尺寸的机箱，插槽数目从 3 槽到 21 槽不等，从外形的配置方式上分类，有便携式、台式和机架式等，如图 5-12 所示。

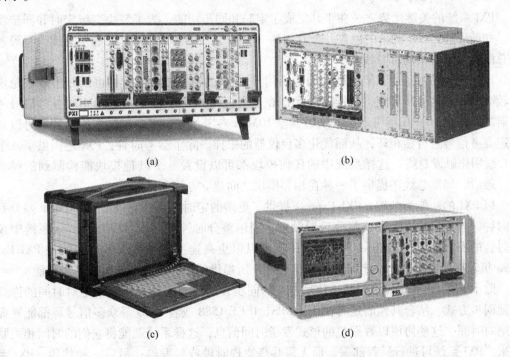

(a)　　　　　　　　　　　　　　　　(b)

(c)　　　　　　　　　　　　　　　　(d)

图 5-12　PXI 机箱

（a）NI PXI-1085 18 槽台式机箱；（b）NI PXI-1010 集成有 4 槽 SCXI 的机箱；
（c）便携式一体化 PXI 机箱；（d）NI PXI-1020 8 槽机箱

作为 PXI 系统的支撑框架，PXI 机箱为 PXI 控制器和模块提供了电源、冷却以及 PCI 和 PCI Express 通讯总线。PXI 机箱提供了各种配置，包括低噪声、高温、低插槽数和高插槽数。此外，它还提供一系列的 I/O 模块插槽类型、液晶显示器等集成外设。以下是机箱的一些主要特征。

5.5.1.1　PCI 和 PCI Express 通讯

1990 年代中期，PCI 就已被主流计算机总线所采用。PCI 总线最常见的应用是能在 33MHz 32 位、理论峰值带宽为 132MB/s 的条件下运行，并能用于大多数的 PXI 系统。PCI 使用的是共享总线拓扑结构，总线带宽会在多个设备之间分配以实现总线上不同设备间的通讯。随着时间的推移，有些设备会变得更加耗费带宽。因此，PCI Express 就是为了克服同一共享总线上带宽高耗设备导致其他设备可用带宽不足的局限。

PCI Express 相比 PCI 最显著的进步在于它的点对点总线拓扑结构。共享开关代替了 PCI 的共享总线，这样每个设备都可以各自直接接入总线。不同于 PCI 需要为总线上的所有设备分配带宽，PCI Express 给每个设备本身都提供了专用数据管道。数据被打包后通过称为 "lane" 的传送 – 接收信号线路对串行输出，使得 PCI Express1.0 每个方向、每条 lane 的带宽都能达到 250MB/s。多条 lane 可按 ×1、×2、×4、×8、×12 和 ×16 的通道宽度进行分组，从而增加插槽的带宽，使总吞吐量达到 4GB/s。自从 PCI Express 的推出，系统标准不断发展，在维持向后兼容性的同时还具有更快的数据传输速率。例如，PCI Express2.0 将每条 lane、每个方向的带宽扩大了一倍，从 250MB/s 提高至 500MB/s。

5.5.1.2　定时与同步

PXI 系统的关键优势之一在于其集成了定时和同步功能。为了解决高级定时和同步需求，如前所述，PXI 机箱中包含一个专用的 10MHz 系统参考时钟、PXI 触发总线、星形触发总线以及槽对槽局部总线。

这些定时信号是通讯架构之外的专用信号。机箱内的 10MHz 时钟可以导出或被稳定性较高的参考信号所替代，这样就能允许在多个机箱和其他能够接受 10MHz 参考信号的仪器之间共享 10MHz 参考时钟。通过共享 10MHz 参考信号，更高采样率的时钟就可以对稳定参考信号进行锁相环，从而优化多台仪器的采样。除了参考时钟，PXI 还提供了八个 TTL 线用作触发总线。这样系统中的任何模块都可以设置一个其他模块能检测到的触发器。最后，局部总线还提供了一种在相邻模块之间建立专用通讯的方式。

以 PXI 的功能为基础，PXI Express 提供了更多的定时和同步功能——100MHz 差分系统时钟、差分信号传输以及差分星形触发。利用差分时钟和同步，PXI Express 系统中仪器时钟的噪声抑制性能进一步提高，并且可以以更高速率传输数据。这些就是 PXI Express 机箱在所有标准 PXI 定时和同步信号之外所提供的更为先进的定时和同步功能。

除了 PXI 和 PXI Express 基于信号方式的同步，这些系统还采用基于绝对时间的许多其他同步方式。结合其他的定时模块，GPS、IEEE 1588 或者 IRIG 等众多信号源都能够提供绝对时间。这些协议以数据包的形式发送时间信息，这样系统就能将它们的时间相关联起来。PXI 系统可进行远程部署，而无需共享物理时钟或触发器；最后一种替代，PXI 系统可以通过 GPS 等信号源来实现测量的同步。

5.5.1.3　典型机箱简介

图 5-12（a）所示的 PXI 机箱 PXI-1085 是设计用于各种测试和测量应用的高性能 18 插槽机箱。该机箱配有高带宽全混合背板，可满足各种高性能测试和测量应用的需求。每个外设槽对应的混合连接器类型使得用户能够灵活地插入各种仪器模块。它还集成了最新

PXI 规范的所有特性，包括通过内置 10 MHz 参考时钟实现的 PXI 和 PXI Express 模块支持、PXI 触发总线和用于 PXI 模块的 PXI 星形触发以及内置 100 MHz 参考时钟、SYNC 100 和用于 PXI Express 模块的 PXI 星形差分触发。

（1）PCI Express 第三代技术：PXIe-1085 采用 PCI Express 第三代技术，专为高吞吐量应用而设计。通过连接至每个插槽的 PCIe x8 第三代链路，实现了 8GB/s 的每插槽带宽和 24GB/s 的系统带宽。

（2）支持高性能仪器：NI PXIe-1085 在整个温度范围内（0～55℃）可提供 925W 的总功率，而不会降额。通过该设计，电源便可为机箱提供每插槽 38.25W 的功率。

（3）系统可管理性：NI PXIe-1085 机箱可监测电源健康状况和电压、进气温度以及风扇健康状况和转速。还可通过位于机箱前面板上的 LED 状态指示灯向用户提供故障反馈。而且，用户还可通过 web 服务门户和机箱后端的以太网连接，远程监测该机箱的健康信息。

（4）可服务性：PXIe-1085 的机箱后端具有可热插拔的冷却风扇。此外，电源可单独拆卸。

（5）高性能平台：如果要充分利用 PXIe-1085 机箱所具有的数据处理能力，NI 公司推荐使用配备 Intel Xeon 处理器的 PXIe-8880 嵌入式控制器。

（6）主要技术指标：

1）16 个混合插槽，1 个 PXI Express 系统定时插槽；

2）高性能—每插槽高达 8GB/s 的专用带宽，24GB/s 的系统带宽；

3）兼容 PXI、PXI Express、CompactPCI 和 CompactPCI Express 模块；

4）0～55℃ 温度范围内，总功率为 925W，无降额。

5.5.2　控制器

正如 PXI 硬件规格所规定的，所有 PXI 机箱的系统控制槽都位于机箱的最左侧（插槽1）。可供选择的控制器包括可通过台式电脑、工作站、服务器或笔记本电脑进行操作的远程控制器，或者装有 Microsoft 操作系统（Windows 7/Vista/XP）或实时操作系统（LabVIEW Real-Time）的高性能嵌入式控制器。

5.5.2.1　PXI 嵌入式控制器

嵌入式控制器无需使用外部 PC 机，从而为 PXI 机箱提供了一个完整系统。NI 提供了从高性能到高性价比等不同的嵌入式控制器。这些嵌入式控制器都有标准规范，比如集成 CPU、硬驱动、RAM、以太网、视频输出、键盘/鼠标、序列号、USB 以及其他外围设备，同时已安装了 Microsoft Windows 和其他设备驱动程序。它们适用于基于 PXI 或 PXI Express 的系统，您还可以自主选择使用 Windows 7/Vista/XP 还是 LabVIEW Real-Time 操作系统。

PXI 嵌入式控制器主要使用标准 PC 机组件，封装在一个小型的 PXI 机箱中。例如，NI PXIe-8135 控制器搭载了 2.3GHz Intel Core i7-3610QE 四核处理器（单核 Turbo Boost 模式下主频最高可达 3.3GHz），具有 16GB DDR3 RAM，可选择硬盘驱动或者固态硬盘驱动，还具有两个千兆位以太网端口和标准 PC 外设接口，如高速 USB（2 个超高速、四个高速）接口、ExpressCard/34、串口与并口（如图 5-13 所示）。

NI 嵌入式控制器专门针对严苛的运行条件而设计，如全天候运行、极端工作温度范围，或是便携式系统以及需要经常移动的"单箱"应用的理想之选。

5.5.2.2 远程控制器（外置式控制器）

外置式控制器采用外置台式 PC 机结合总线扩展器的方式实现系统控制。通常需要在 PC 机扩展槽中插入一块 MXI-3 接口卡，然后通过电缆或光缆与 PXI 机箱 1 号槽中的 MXI-3 模块相连。MXI-3 是 NI 公司提出的一种基于 PCI-PCI 桥接器规范的多机箱扩展协议，它将 PCI 总线以全速形式进行扩展，外置 PC 机中的 CPU 可以透明地配置和控制 PXI 模块。MXI-3 模块通常是 3U 尺寸的。

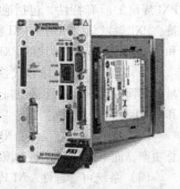

图 5-13 NI PXIe-8135 嵌入式控制器

A 笔记本电脑控制 PXI

采用 NI ExpressCard MXI（Measurement eXtensions for Instrumentation，面向仪器系统的测量扩展）远程控制套件，用户可以直接在笔记本电脑上通过软件透明的链路来控制 PXI 系统。借助这种软件透明的链路，笔记本电脑可以识别 PCI 板卡等所有 PXI 系统中的外设，之后就可以通过笔记本电脑来控制这些设备。通过笔记本电脑控制 PXI，需要在笔记本上插入一块 ExpressCard 卡，并在 PXI 系统的第 1 槽中插入一个 PXI/PXI Express 模块，并用铜线电缆将两者相连，如图 5-14 所示。

图 5-14 通过 ExpressCard 远程控制套件实现 PXI 的笔记本电脑控制

B PC 机控制 PXI

借助 NI MXI-Express 和 MXI-4 远程控制套件，用户可以直接通过台式机、工作站或服务器计算机控制 PXI 系统。与 PXI 的笔记本电脑控制方式相同，用户可以在 PC 机上通过软件透明和驱动透明的链路来控制 PXI 系统。开机时，电脑系统会默认 PXI 系统中的所有外围模块都是 PCI 板卡，所以可以通过控制器来使用这些设备。通过 PC 机控制 PXI，需要在电脑中插入一块 PCI/PCIExpress 板卡，并在 PXI 机箱第 1 槽中插入一个 PXI/PXI Express 模块，并用铜线电缆或光缆将两者相连，见图 5-15。

图 5-15 通过 MXI-Express 远程控制套件实现 PC 机对 PXI 的控制

NI 提供的 MXI-Express 远程控制套件配有一或两个可连接到 PXI 机箱的端口。采用双端口的远程控制套件，用户可以通过一台 PC 机同时控制两个 PXI 系统，从而建立一个多机箱星形拓扑结构。结合这些 MXI 产品，用户还可以通过菊花链方式将多个机箱连接至同一个控制器，建立一个线形拓扑结构，如图 5-16 所示。

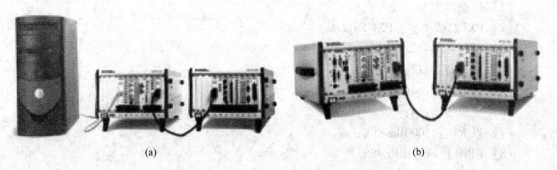

(a)　　　　　　　　　　　　　　　　　　(b)

图 5-16　PC 机通过 MXI 远程控制 PXI 系统

（a）PC 机控制多台 PXI 系统；（b）多机箱 PXI 系统

借助 PXI 远程控制器，用户可以通过台式电脑或笔记本电脑来远程控制 PXI 系统，从而以最低的成本获得最优的处理器性能。此外，使用这些设备还可以在系统/主机控制器和仪器之间建立物理和电气隔离。

5.5.2.3　机架安装式控制器

NI 提供了外置 1U 机架安装式控制器，为计算和控制提供了另一种选择。它们具有用于密集计算的高性能多核处理器和可实现高数据存储容量和高速流盘的多个可移动硬盘。这些控制器可通过 MXI-Express 或 MXI-4 远程控制器连接至 PXI 或 PXI Express 机箱，此配置使得 PXI 系统中的 PXI/PXI Express 设备看上去就像机架安装式控制器中的本地 PCI/PCIExpress 设备。机架安装式控制

图 5-17　机架安装式控制器

器结合 MXI-Express 或 MXI-4 可用于控制 PXI 或 PXI Express 机箱，如图 5-17 所示。

5.5.2.4　NI 公司 PXI 控制器介绍

现以 NI PXIe-8840 嵌入式控制器为例介绍 PXI 系统控制器的特点。

NI PXIe-8840 RT 是一款基于 Intel 处理器的高性能嵌入式控制器，适用于 PXI Express 系统。该控制器具有 2.7 GHz 基频、3.4 GHz（单核 Turbo Boost 模式）主频和单通道 1600 MHz DDR3 内存，非常适合用于处理器密集型模块化仪器和数据采集应用。用户可在 Windows 操作系统上使用 LabVIEW Real-Time 模块或 LabWindows™/CVI Real-Time 模块开发应用程序，并通过以太网将程序下载至 PXIe-8840 RT 控制器。已部署的嵌入式代码在实时操作系统上执行，提供了一个用于实时测试、测量和控制应用且具有高度确定性的可靠执行平台。

要提高 PXIe-8840RT 的使用性能，用户可快速访问硬盘和内存的 in-ROM 诊断，而无需借助外部第三方工具。通过运行 in-ROM 诊断，用户可决定是否需要更换硬盘或内存。

控制器的设计可让您在现场快速更换关键组件（如硬盘、内存）而不会影响保修。为了简化备用组件的购买流程，PXIe-8840 RT 提供了硬盘和内存升级服务。备用组件购买流程的简化和 in-ROM 诊断相结合，可显著提高 PXIe-8840 RT 的可用性。

其主要性能指标如下：

（1）控制器类型：嵌入式；

（2）PXI 总线类型：PXI Experss；

（3）CPU 频率：2.7GHz；

（4）处理器：双核；

（5）标准内存：4GHz；

（6）所需插槽：4；

（7）以太网：1000BaseTX；

（8）GPIB 接口：IEEE488.2。

5.5.3 PXI 接口模块

PXI 接口模块的种类很多，包括与其他仪器系统的总线接口模块（如 IEEE-488、MXI-2 for VXI、VME、RS-232 和 RS-485 等）、军用接口模块（如 ARINC-429 和 MIL-STD-1553 等）、通讯接口模块（如 Ethernet、SCSI、CAN、DeviceNet、光纤、PCMCIA 等）及符合 IP 和 PMC 标准的 M 模块等。图 5-18 是 NI 公司的两款 PXI 总线串行接口卡和 CAN 接口卡。

5.5.3.1 NI PXI-8232 GPIB 控制器和千兆以太网端口的组合

NI PXI-8232 是基于 Intel 82540EM 千兆以太网（Gigabit Ethernet）控制器的高性能千兆以太网 PXI 接口，如图 5-18（a）所示。它在单槽 PXI 模块中加入了 IEEE 488 接口，少占用了系统的一个插槽。与 100Mb/s 高速以太网（Fast Ethernet）相比，1000Mb/s 千兆以太网（Gigabit Ethernet）可为用户提供更优异的性能；而且系统完全兼容 10BASE-T 和 100BASE-TX 高速以太网。PXI-8232 上的 Ethernet 端口可作为 EtherCAT 控制器，在 Lab-VIEW 软件中通过针对 EtherCAT 的 NI 工业通讯驱动进行编程。

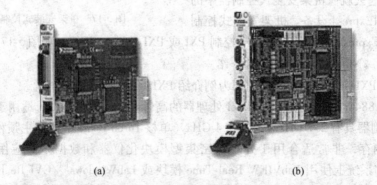

(a)   (b)

图 5-18 PXI 接口模块

(a) PXI-GPIB 组合接口卡；(b) PXI CAN 接口卡

主要技术指标：

（1）产品系列：GPIB；

（2）PXI 总线类型：可兼容 PXI 混合总线；

（3）操作系统：Windows；

（4）MXI 兼容：是；

（5）最大波特率（IEEE488.1）：1.5MB/s；

（6）最大波特率（HS488）：7.7MB/s；

（7）端口数：1；

（8）最大电缆长度：4m；

（9）最大设备/端口连接：14；

（10）电压：3.3VDC；

（11）I/O 连接：24 针 IEEE488。

5.5.3.2 NI PXI-8464/2 CAN 控制器

NI PXI-8464/2 是一款 2 端口收发器可选的 CAN 界面，专为高速、低速或单线 CAN 设备通讯而设计，如图 5-18（b）所示。在配置工具或应用程序中选择各个端口适合的收发器。用于 PXI 的 NI CAN 模块使用 Philips SJA1000 CAN 控制器，实现了单独侦听、自收（回声）和高级滤波模式等高级功能，该模块中还使用了睡眠/唤醒模式的新型收发器。每个 CAN 接口都配有 NI-CAN 设备驱动软件。使用 PXI 触发总线，可同步 CAN、DAQ、视觉模块和运动模块。所有 NI CAN 接口的设计均符合基于 CAN 的车载（机动车）网络的物理和电气要求。

主要技术指标：

（1）Philips SJA1000 CAN 控制器和 ISO 11898 物理层；

（2）100% 总线载荷，速率达 1Mb/s；

（3）用于 2000/NT/XP/Me/9x 的 NI-CAN 软件；

（4）标准（11 位）和扩展（29 位）CAN 仲裁识别号码；

（5）高速、低速或单线收发器，在软件中选择；

（6）硬件定时，精确的时间标识和同步。

5.5.4 PXI 设备/模块

NI 可以提供 300 多种不同的 PXI 模块。由于 PXI 是一种开放性的工业标准，目前共有 70 多家不同设备商提供了将近 1500 种 PXI 产品。

5.5.4.1 PXI 模拟仪器模块

模拟激励源和测量仪器是测试系统的基本组成模块。目前的产品有：模数转换器、数模转换器、数字万用表（$5\frac{1}{2}$ 位至 $7\frac{1}{2}$ 位）、计数器（100MHz 和 1.2GHz）、信号发生器、数字化仪（最高达 2×10^9 次/秒）、程控功率源、程控电阻、程控离散输出和温度表等。下面以几个典型模块为例进行简要介绍。

A NI PXI-6280 系列多功能数据采集卡

NI PXI-6280 是一款高精度多功能 M 系列数据采集（DAQ）板卡，经优化可提供 18 位模拟输入精度，该精度相当于 $5\frac{1}{2}$ 位的直流测量。NI-PGIA 2 放大器技术以其优化的高线性和 18 位快速建立时间的特性，确保了测量的精确度。其可编程低通滤波器能降低高频率噪声并减少频率混叠。该卡的外形如图 5-19 所示。

（1）隔离性能包括：

1）瞬态安全；

2）去噪；

3）降低接地循环；

4）抑制共模电压。

PXI-6280 是在高压和电子噪音环境下测试、测量、控制和设计应用程序的理想选择。PXI-6280 可从编码器、流量计和所接传感器中读取信息，并对阀门、泵和继电器进行控制。

图 5-19　NI PXI-6280 系列
多功能数据采集卡

带隔离的 M 系列设备包括了 M 系列的高级技术，如 NI-STC 2 系统控制器、NI-PGIA 2 可编程仪器放大器和 NI-MCal 校准技术，从而提高了性能和精度。

（2）驱动软件。M 系列设备可在多种操作系统上使用，有三个驱动软件可供选择，包括 NI-DAQmx、NI-DAQmx Base 和测量硬件 DDK。NI M 系列设备与传统的 NI-DAQ（Legacy）驱动程序不兼容。

（3）应用软件。与 LabVIEW、LabWindow/CVI 和 Measurement Studio 等最新开发软件均保持兼容。

（4）主要技术指标：

1）测量类型：数字、正交编码器、电压、频率；

2）PXI 总线类型：可兼容 PXI 混合总线；

3）操作系统/目标：Linux、Mac OS 与 Windows；

4）模块宽：1；

5）RoHS 兼容：是；

6）隔离类型：无；

7）模拟输入：16（单端通道），8（差分通道）；

8）模拟输入分辨率：18 位；

9）最大电压范围：-10~10V；

10）精度：980μV；

11）灵敏度：24μV；

12）最小电压范围：-100~100mV；

13）精度：28μV

14）灵敏度：0.8μV；

15）量程数量：7；

16）同步采样：无；

17）板载内存：4095 样本（Samples）；

18）信号调理：低通滤波；

19）模拟输出：无；

20）双向数字 I/O 通道：24；

21）定时方式：硬件/软件；

22）逻辑电平：TTL。

B　NI PXI-4220 SC 系列集成信号调理功能的多功能采集卡

NI PXI-4220 是功能齐全的数据采集模块，具有 2 路 16 位输入，可用于 1/4 桥、半桥和全桥传感器，如应变仪、测压元件和压力传感器，如图

5-20 所示。每通道的桥路配置、激励、放大和滤波均完全可编程。而且 NI PXI-4220 还提供了同步采样保持功能来消除通道间的相位延迟。PXI-4220 的每个输入通道都包括一个便于和桥式传感器连接的 9 针 D-Sub 接头以及通过消除增益和补偿误差来提高测量精度的可编程分路和零位校准电路。

此外，PXI-4220 的设计适合搭配 NI LabVIEW 图形化系统设计平台和 NI-DAQmx 驱动与测量服务软件。在 LabIVEW 中，DAQ 助手（DAQ Assistant）可以通过菜单式窗口配置模块并采集数据，无需手动对模块进行编程。

图 5-20　NI PXI-4220 SC 系列
多功能 DAQ 卡

主要性能指标如下：

（1）双通道，每通道均可为 1/4、1/2 和全桥传感器编程；

（2）每通道两个分路校准电路以及可编程桥路零位调整电路；

（3）每通道 4 极可编程 Butterworth 滤波器（10 Hz，100 Hz，1 kHz，10 kHz，旁路）；

（4）通过 PXI 背板以及每通道可编程增益（1 到 1000）实现自动模块同步；

（5）实现设备配置、自动代码生成和简易测量的 NI-DAQ 驱动软件。

C　NI PXIe-4081 $7^1/_2$ 位 PXI 数字万用表（DMM）和 1000V 数字化仪

PXIe-4081 一款 $7^1/_2$ 位高性能 PXI Express 数字万用表（DMM），提供了以下两种常见测试仪器的测量功能：高分辨率 DMM 和数字化仪。作为一款数字万用表，PXIe-4081 可快速准确地进行 ±10nV 到 1000V 范围内的电压测量、±1pA 到 3A 范围内的电流测量、10μΩ 到 5GΩ 的电阻测量以及频率/周期和二极管测量。在高电压隔离数字化仪模式下，PXIe-4081 能以高达 1.8×10^6 次/秒的速率采集波形。用户可使用 LabVIEW 或 LabWindows/CVI 软件中的分析函数在时域和频域上分析波形。PXIe-4081 为研发阶段的特性分析和生产车间测试提供了卓越的速度、精度和功能。

与 PXI 开关系统的集成：PXIe-4081 DMM 还可与 PXI 开关配合使用，形成一个多通道的高压数据采集系统。PXI-2584 12 通道 600V 多路复用器可与 PXIe-4081DMM 配合，在500V DC 共模隔离下测试燃料电池或电池组。PXI-2527 64 通道 300V 多路复用器具有更高通道数，用以实现低电压高精度测量。

使用放大器附件优化测量结果：PXI-4022 是一款附件模块，包含了高速高精度放大器，可用于调理 PXI DMM 采集的信号。PXI-4022 的保护功能使得用户可以使用 6 线电阻测量方法来测量复杂印刷电路板中的并联电阻。对于小电流测量，PXI-4022 放大器和高精度电阻形成一个反馈电流放大器。这可使负载电压降至最低，并将电流转化为电压，使得测量 pA 级信号时的噪声仅为 fA 量级。

主要技术指标：

（1）PXI 总线类型：可兼容 PXI 混合总线；

（2）操作系统/目标：Linux、Windows；

（3）±10nV 到 1000 VDC 范围内的电压测量（700 VAC）；

（4）8 DC 电流范围，电流敏感度达 1pA；

（5）10μΩ 到 5GΩ 的电阻测量；

（6）±500 VDC/Vrms 共模隔离；

（7）1.8×10^6 次/秒隔离，1000V 波形采集。

5.5.4.2　PXI 数字仪器模块

数字仪器模块常用于半导体测试、LCD 显示控制、磁盘驱动控制、总线仿真、帧捕捉和通讯等领域。目前的 PXI 数字仪器模块有静态数字 I/O、光电隔离静态 I/O 和动态数字 I/O 三种类型，支持最高测试速率达 100MHz、矢量深度达 513Mb、总线宽度达 512 通道。

NI PXI-7813R 数字 RIO 模块是一款典型的、具有 Virtex-II 3 百万门 FPGA 的 R 系列数字 RIO，该模块提供了用户可编程的 FPGA 芯片，适合板载处理和灵活的 I/O 操作，如图 5-21 所示。用户可借助 NI LabVIEW 图形化程序框图和 NI Lab-VIEW FPGA 模块，配置各项功能。该程序框图在硬件中运行，有助于直接及时地控制全部 I/O 信号，实现各项优越性能。该模块的主要技术指标如下：

图 5-21　NI PXI-7812R
数字 I/O 模块

（1）160 条数字线，可配置为速率高达 40 MHz 的输入、输出、计时器或自定义逻辑；

（2）Virtex-II 3 百万门 FPGA 可通过 LabVIEW FPGA 模块进行编程；

（3）用户定义的触发、定时、板载决策，分辨率为 25 ns；

（4）借助板载 FPGA 块存储器和 DMA 数据读写生成高速数字模式；

（5）I2C、SPI、S/PDIF、RS-232 和其他数字通讯协议相关范例。

5.5.4.3　PXI 开关模块

开关模块是实现测试自动化的核心部件。目前各种类型、拓扑和尺寸的 PXI 开关模块都已面世。适用信号频率范围从 DC 到 20GHz，电流范围从 mA 级到 10A，拓扑形式有扫描器、复用器、开关矩阵和独立继电器等。

5.6　PXI 仪器系统的组建与应用

5.6.1　PXI 仪器系统的组建

组建一个 PXI 仪器系统可以按照以下 7 个步骤进行。

5.6.1.1　需求分析和技术方案的制定

在组建一个 PXI 仪器系统时，首先应针对测试任务做详细的需求分析，明确测试项目、测试指标、应用环境、经费预算、系统未来扩展等多方面的问题，并在需求分析的基础上提出技术方案，给出详细系统结构框图。

5.6.1.2　选择操作系统和应用软件开发平台

软件是组建 PXI 系统时需要着重考虑的问题。PXI 兼容产品均提供微软 Windows 操作系统下的驱动器软件，因此选择 Windows 操作系统可以大大加速系统集成的进程。

在确定了使用 Windows 操作系统类型（Windows 8.1 32 位、Windows 8.1 64 位、Windows 8 32 位、Windows 8 64 位、Windows 7 32 位、Windows 7 64 位、Windows XP（SP3）32 位等）后，就可以进行应用软件开发平台的选择。对于多数测试和数据采集系统，选用图形化编程语言 LabVIEW 或者基于 C 和 C ++ 的文本编程软件 Measurement Studio、LabWindows/CVI 都是很好的选择；对于实时性要求较高的场合，可以选择 LabVIEW RT 及与之配套的 RT 系列硬件模块。

5.6.1.3 选择 PXI 机箱

PXI 机箱的选择与系统的应用密切相关，在选择时应考虑以下问题。

（1）确定机箱的尺寸和插槽数，例如可选择 4 槽、8 槽或选择 18 槽机箱，如果需要槽数更多，则需要使用 MXI-3 桥接器进行多机箱扩展。

（2）根据应用环境要求，选择便携式（集成了显示器的机箱）、嵌入式、台式或机架式的机箱。

（3）根据测试方案，决定是否需要将信号调理 SCXI 部分集成在 PXI 机箱中，如果需要，可以选择 NI 公司专门配有 SCXI 插槽的几款机箱。

5.6.1.4 选择系统控制器

在系统控制器选型时，应首先确定是采用带有 MXI-3 接口的外置式 PC 还是采用嵌入式计算机来实现系统控制。

嵌入式控制器具有结构紧凑、易于维护等特点。以 NI 公司的产品为例，目前有多种嵌入式控制器可供选择，满足用户对于 CPU 速度、I/O 配置、操作系统和应用软件开发环境的要求。对于实时应用的场合，嵌入式控制器还可以作为 LabVIEW RT 的目标机，实现对系统中各种数据采集模块的实时控制。

选用外置式 PC 作为 PXI 系统控制器时，通常需要用 MXI-3 来实现 PC 机与 PXI 机箱的透明连接。这种配置方式的特点是可以充分利用先进的 PC 技术，并降低系统成本。

5.6.1.5 选择 PXI 模块

目前已经有多家公司为 PXI 和 CompactPCI 系统提供了适用于仪器、数据采集、运动控制、图像采集、工业通讯等众多领域应用的各种模块。需要与其他类型总线连接的系统，还可以选用多种可用的接口模块，包括 PCMCIA、SCSI、Ethernet、RS-232、RS-485、CAN、VXI、VME 和 GPIB 等，组成如图 5-22 所示的混合系统。

5.6.1.6 选择 PXI 附件

连接器是系统应用的重要组成部分。高性能的系统需要有性能优越、宜于使用的连接器，以实现与测试夹具、现场传感器或过程节点的连接。目前可选用的连接器及附件包括：电缆、终端模块、前面板连接器及安装工具套件等。

在很多工业应用中，信号调理部分也十分重要。用户可根据需要选择低成本的单通道信号调理器或高性能的信号调理组件 SCXI（Signal Conditioning eXtention Instrumentation，信号调理对仪器应用的扩展）。

5.6.1.7 选择 NI 安装服务

为了方便用户安装 PXI 系统，NI 公司提供了 PXI 系统安装服务。如果用户在嵌入式

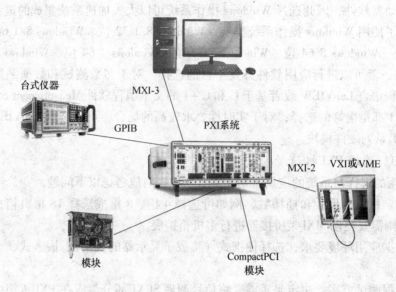

图 5-22　PXI 系统与其他系统组成的混合系统

控制器或 PXI 机箱的订单中加入购买安装服务一项，NI 公司负责将 PXI 模块安装在机箱中、完成存储器升级、安装用户选择的应用软件和驱动器软件，并负责测试和验证系统配置是否满足用户要求。

5.6.2　PXI 系统应用中需要注意的问题

　　PXI 的一个重要特点是保持了与 CompactPCI 产品的互操作性。很多 PXI 兼容系统常常并不要求外围模块必须实现 PXI 特有的一些功能。例如，PXI 规范允许用户在 PXI 机箱中使用 CompactPCI 网卡，或者在一个标准 CompactPCI 机箱中使用一块 PXI 兼容模块。此时，PXI 规范为 J2 连接器专门定义的一些功能不能被使用，但这并不会影响用户对于模块基本功能的使用。此外，在后一种应用中，用户应用首先注意所使用的 CompactPCI 机箱是否对 P2 连接器的某些引脚做了重新定义，是否与 PXI 规范中的定义冲突。只有确保不会引起兼容性问题时才能使用。

5.6.3　PXI 系统的应用

　　目前 PXI 系统已被应用于采集、工业自动化与控制、军用测试、科学实验等领域。特别是在工业自动化与控制领域，PXI 系统以其坚固的机械结构、良好的兼容性和较高的可靠性、可用性得到了业界的青睐，其应用范围包括：机器工况监测与控制、机器视觉与产品检测、过程监测与控制、运动控制、离散控制、产品批量检验和测试等。

　　PXI 的典型应用实例包括：

　　（1）美国 B&B Technologies 公司研制的 M1A1 坦克发射过程自动测试系统；

　　（2）美国洛斯·阿拉莫斯国家实验室研制的 Ntvision 数字相机系统；

　　（3）我军某研究所研制的工程装备检测平台，其外形如图 5-23 所示。

　　上述平台采用了基于"控制器 + 模块化仪器 + 连接器 + 适配器"开放式的硬件体系

图 5-23　工程装备检测诊断平台

结构和以测试流程引擎为中心的软件体系，实现了硬件互换和软件可移植。该平台的研制完成了包括需求分析、硬件接口、连接适配器设计等相关的软件、硬件技术规范。该平台的成功研制进一步拓展了 PXI 仪器的军事装备上的应用领域和开发水平。

小　结

    PXI 总线是 PCI 总线在仪器领域的扩展，是一种用于测试和自动化系统领域的基于 PC 模块化仪器平台。PXI 继承了 PCI 总线适合高速数据采集传输的优点，支持 32 位或 64 位数据传输，最高数据传输速率可达 132MB/s 或 528MB/s；也继承了 CompactPCI 规范的坚固、模块化等优点，并且增加了适合仪器使用的触发总线、局部总线等硬件特性和关键的软件特性，使其扩展为一种用于测量、自动化和虚拟仪器的高性能、低成本的开发平台。

    PXI 仪器系统一般由机箱、模块化仪器/设备、嵌入式控制式或远程控制器、接口卡、电缆等相关附件组成。详细讨论了 PXI 总线虚拟仪器系统的组建过程、注意事项和相关应用等，为读者开发和构建 PXI 总线模块化仪器系统提供了技术参考。

 习　题

5-1　什么是 PXI？比较 PXI 与 CompactPCI 的异同点。

5-2　在 PXI 系统中，本地总线的配置方法与 VXI 总线有何不同？

5-3　PXI 嵌入式控制器与远程控制器在应用上分别有什么特点和不同？

5-4　如何组建基于 PXI 的虚拟仪器系统？

第6章 基于数据采集系统的虚拟仪器及其集成

本章主要讨论以美国 NI 公司为代表的基于数据采集的虚拟仪器系统。NI 数据采集（DAQ）包含一系列基于 USB、PCI、PCI Express、PXI、PXI Express、无线和以太网等常用总线的产品。前面章节已经介绍了 VXI 总线仪器和 PXI 总线仪器等的设计与集成，因此，本章主要研究除上述两种总线之外的其他虚拟仪器，主要是基于 PC 的卡式仪器的原理与集成。这一类的数据采集虚拟仪器主要包括传感器、信号调理电路、测量系统选型、数据采集系统的构成与技术指标等方面的内容。传感器、系统配置、电路连接等主要内容结合 NI 公司的 NI-DAQmx 驱动软件进行讨论。

6.1 数据采集系统概述

数据采集就是将被测对象（外界、现场）的各种参量（如压力、温度、流量和振动等）通过各种传感器进行适当转换后，再经采样、量化、编码、传输等步骤，最后送到处理器进行数据处理或存储记录的过程。处理器一般由计算机承担，所以说计算机是数据采集系统的核心，它对整个系统进行控制，并对采集的数据进行加工处理。用于数据采集的成套设备称为数据采集系统（Data Acquisition System，DAS）。其中，基于 PC 机的数据采集系统目前已广泛应用于实验室研究、测试与测量、工业和军事测试等领域，这种系统往往要借助于 PC 总线或通讯端口，包括 PCI、PCMCIA、USB、IEEE 1394、以太网口、串行口等，再增加一些硬件和软件，以实现数据采集或一些不十分复杂的仪器功能，构成所谓的个人仪器、PC 仪器或卡式仪器。

计算机信息系统离不开数据采集问题，它是了解被控对象的一种必要手段。进一步而言，计算机数据采集系统也是电子测量的一个极其有用的手段，是计算机用于电子测量的一个重要标志。数据采集系统已广泛应用于国民经济和国防建设的各个领域，并且随着科学技术的发展尤其是计算机技术的发展与普及，数据采集技术将有更广阔的发展前景。

数据采集的关键问题是采样速度和精度。采样速度主要与采样频率、A/D 转换度等因素有关，而采样的精度主要与 A/D 转换器的位数有关。对任何被测参数而言，为了使测试有意义，都要求有一定的精确度。提高数据采集的速度不仅仅是提高了工作效率，更主要的是扩大了数据采集系统的适用范围，便于实现动态测试。

现代数据采集系统具有如下主要特点：

（1）大规模集成电路及计算机技术的飞速发展，使其硬件成本大大降低；

（2）数据采集系统通常由计算机控制，使数据采集的质量与效率大大提高；

（3）数据采集与处理工作的紧密结合，使系统工作实现了一体化；

（4）数据采集系统的实时性，能够满足更多实际应用环境的要求；

（5）数据采集系统中配备有 A/D 转换装置和 D/A 转换装置，使得系统具有处理数字量和模拟量的能力；

（6）随着微电子技术的发展，电路集成度的提高使得数据采集系统的体积越来越小，而可靠性变得越来越高；

（7）总线技术在数据采集中的应用日益广泛，对数据采集系统结构的发展起着重要的作用。

6.2　数据采集系统的组成

6.2.1　数据采集系统的基本组成

基于 PC 机的数据采集系统（Data Acquisition，DAQ）大致有两类，一类是采用插入 PC 扩展槽中的插卡形式实验数据采集并将数据直接通过 PC 总线传送到计算机内存中；另一类是采用远端数据采集硬件完成数据采集，然后通过串行或其他传送方式将数据传回计算机。无论实现形式如何，数据采集系统都存在共性。如图 6-1 所示，一个完整的数据采集系统通常由原始信号、信号调理设备、数据采集设备和计算机四个部分组成。但有的时候，自然界中的原始物理信号并非是直接可测的电信号，所以需通过传感器将这些物理信号转换为数据采集设备可以识别的电压或电流信号。

加入信号调理设备是因为某些输入的电信号并不便于直接进行测量，因此需要信号调理设备对它进行诸如放大、滤波、隔离等处理，使得数据采集设备更便于对该信号进行精确的测量。数据采集设备的作用是将模拟的电信号转换为数字信号送给计算机进行处理，或将计算机编辑好的数字信号转换为模拟信号输出。计算机上安装了驱动和应用软件，使得虚拟仪器或测试系统软件能够与硬件交互，完成采集任务，并对采集到的数据进行后续分析和处理。

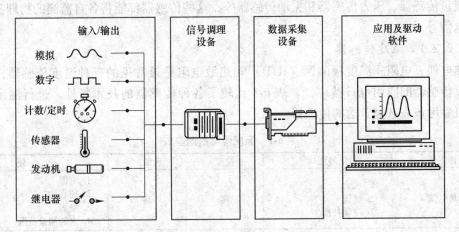

图 6-1　数据采集系统基本组成部分

对于数据采集应用来说，所使用的软件主要分为三类，如图 6-2 所示。首先是驱动软件。本书以 NI 公司生产的硬件设备为例进行说明，所提供的数据采集硬件设备对应的驱动软件是 DAQmx。该软件包提供了一系列 API 函数供用户编写数据采集程序时调用。并且 DAQmx 不光提供支持 NI 的应用软件 LabVIEW、LabWindows/CVI 的 API 函数，对于 VC、VB、.NET 也同样支持，方便将数据采集程序与其他应用程序整合在一起。

同时，NI 也提供了一款配置管理软件 MAX（Measurement and Automation Explorer），

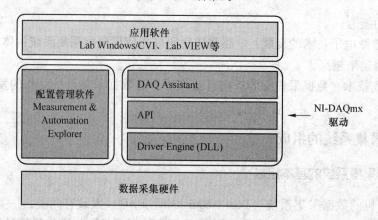

图 6-2　数据采集软件架构

以便用户与硬件进行交互，并且无需编程就能实现数据采集功能，还能将配置出的数据采集任务导入 LabVIEW，并自动生成 LabVIEW 代码。关于这款软件的使用方法，在后面的章节中会进行介绍。

位于最上层的是应用软件，可用于虚拟仪器数据采集编程的软件较多，NI 公司的包括 LabVIEW、LabWindows/CVI、Measurement Studio 等，以及 Agilent VEE 和 Delphi 语言等。

6.2.2　数据采集传感器

传感器的作用是把对某种物理现象的感应转换为 DAQ 系统能够测量的电信号。例如：热电偶、RTD 和热敏电阻能够将温度转换为模拟信号供 ADC 测量。其他的例子还有应变计、流量传感器、压力传感器和振动传感器等，这些传感器都能将各自监测的物理参数转换为电信号。

6.2.2.1　温度传感器

热电偶、电阻式温度检测器（RTD）和热敏电阻是最常见的三种温度传感器，光纤式温度传感器的应用也日益广泛。表 6-1 比较了各种传感器的技术特性。进行温度测量时，可参考该表选择合适的传感器。

表 6-1　温度传感器选型表

传感器	信号调理	精度	灵敏度	比　较
热电偶	1. 放大 2. 滤波 3. 冷端补偿	高	高	1. 有源 2. 便宜 3. 坚固 4. 大的测量范围
RTD	1. 放大 2. 滤波 3. 电流激励	最高	更高	1. 很精确 2. 很稳定
热敏电阻	1. 放大 2. 滤波 3. 电压激励	更高	最高	1. 高阻抗 2. 低热容量
光纤温度计	1. 微小或无放大 2. 滤波	最高	最高	1. 适用于恶劣环境 2. 适用于长距离 3. 抗电磁干扰,（EMI）减小噪声

A　电阻式温度传感器（RTD）

RTD 是一种电阻随温度上升的温度传感设备。RTD 通常为线圈或带有保护膜的金属。不同金属制成的 RTD 具有不同的电阻，最常见的是铂 RTD，0℃时的额定电阻为100Ω。

信号调理中通常要求使用 RTD 测量温度。RTD 是具有阻值的设备，必须输入电流，产生可测量的电压。在测量中提供电流是信号调理的一种形式，称为电流激励。除了为 RTD 提供电流激励，信号调理可将输出电压信号放大并对信号进行滤波以去除不需要的噪声。信号调理还可用来将 RTD 和被监测的系统与 DAQ 系统和计算机主机隔离。

不同的 RTD 使用不同的材料，具有不同的额定阻值和电阻温度系数（TCR）。RTD 的 TCR 是指在 0 至 100℃之间，RTD 阻值的平均温度系数，是表明 RTD 特性的最常用方法。

B　热敏电阻

热敏电阻是由金属氧化物制成的半导体，通常经高温压制成较小的珠状、磁盘状或其他形状，外部包裹一层环氧材料或玻璃。

与 RTD 类似，通过在热敏电阻上连接电流，读取热敏电阻两端的电压，可获得热敏电阻的温度。不同于 RTD，热敏电阻的阻值更大（2000 ~ 10000Ω）且更灵敏（约200Ω/℃）。热敏电阻的测量范围通常在 300℃ 以下。

NI-DAQmx 使用 Steinhart-Hart 热敏电阻方程将热敏电阻的阻值换算为温度：

$$\frac{1}{T} = A + B\text{In}(R) + C\left[\,\text{In}(R)\,\right]^3$$

式中，T 为温度值，以开尔文为单位；R 为电阻测量值；A、B 和 C 为热电偶厂商提供的常量。

由于热敏电阻的阻值远大于导线的电阻，故导线的电阻不会影响测量的准确性。不同于 RTD，2 线测量即可达到要求。

C　热电偶

热电偶是最常见的测量温度的传感器。

两种不同的金属接触时，接触点可产生微小的开路电压。热电偶根据该原理制成，该开路电压与温度相关。该电压称为 Seebeck 电压，与温度成非线性关系。热电偶需要接信号调理电路。不同类型的热电偶的成分和精度不同。

D　光纤温度计

光纤式温度传感器可用于恶劣的环境或电磁干扰剧烈的场合。这种传感器是非导体、电被动、免电磁干扰且具有噪声衰减特性，而且数据可以在长距离传输过程中损失极小或几乎没有损失。

6.2.2.2　应变传感器

应变计是典型的应变测量传感器。应变式传感器可以用来测量微小的扭曲、弯曲和表面拉伸等。应变传感器往往接成电桥电路进行应变、应力、弯曲、拉伸和扭转位移、力或力矩的测量。表 6-2 是比较了应变式传感的技术特性和优缺点，可供应变式传感器选型使用。

应变计的基础参数是其对应变的灵敏度，在数量上表示为应变计因子（GF）。GF 是电阻变化与长度变化或应变的比值。

$$\text{GF} = \frac{\Delta R / R}{\Delta L / L} = \frac{\Delta R / R}{\varepsilon}$$

表 6-2 应变式传感器选型表

应变	应变片布置	电桥类型	灵敏度（@100με）/mV·V^{-1}	描 述
轴向		1/4	0.5	好，容易实施，如进行温度补偿，需使用补偿片
		1/2	0.65	更好，进行了温度补偿，但对弯曲应变影响比较敏感
		1/2	1.0	更好，消除了弯曲应变影响，但必须使用补偿片进行温度补偿
		全桥	1.3	最好，灵敏度更高，且补偿了弯曲与温度效应
弯曲		1/4	0.5	好，容易实施，但必须使用补偿片进行温度补偿
		1/2	1.0	更好，消除了轴向应变影响并进行了温度补偿
		全桥	2.0	最好，消除了轴向应变影响，并进行了温度补偿，以弯曲应变最敏感
扭转与剪切		1/2	1.0	好，必须针对中心线成45°用布片
		全桥	2.0	最好，全桥布片，最敏感，消除了轴向和弯曲应变影响

金属应变计的应变计因子通常约为 2。通过传感器厂商或相关文档可获取应变计的实际应变计因子。

实际上，应变测量的量一般仅几个毫应变（$\varepsilon \times 10^{-3}$）。因此，测量应变时必需精确测量电阻极微小变化。例如，假设测试样本的实际应变为 500me，应变计因子为 2 的应变计可检测的电阻变化为 $2(500 \times 10^{-6}) = 0.1\%$。对于 120Ω 的应变计，变化值仅为 0.12Ω。

为测量如此小的电阻变化，应变计配置基于惠斯通电桥的概念。常见的惠斯通电桥由四个相互连接的电阻臂和激励电压 V_{EX} 组成，如图 6-3 所示。

惠斯通电桥在电气上等同于 2 个并联的分压器电路。R_1 和 R_2 为一个电压分压器电路，

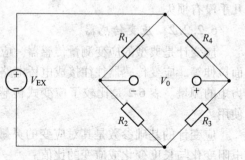

图 6-3 在惠斯通电桥电路中配置应变计以检测电阻的微小变化

R_4 和 R_3 为另一个电压分压器电路。惠斯通电桥的输出 V_0 在两个电压分压器的中间点之间测量。

$$V_0 = \left[\frac{R_3}{R_3 + R_4} - \frac{R_2}{R_1 + 2} \right] V_{EX}$$

从上面的等式中可以发现，当 $R_1/R_2 = R_4/R_3$ 时，电压输出 V_0 为 0。在这种情况下，认为电桥处于平衡状态。任何电桥臂的电阻变化都会产生非零输出电压。因此，如将图 6-3 中的 R_4 替换为工作应变计，那么应变计阻值的任何变化都将改变电桥的平衡并产生与应变相关的非零输出电压。

6.2.2.3 声测量传感器（麦克风）

麦克风被用于测量声音信号，当进行虚拟仪器应用系统开发时，可选择的麦克风各类很多，如表 6-3 所示。

表 6-3 声参数测量传感器（麦克风）选型表

麦克风	价格	环境	阻尼水平	灵敏度	比　较
预极化电容器	中等	噪声	中等	最高	1. 适用于潮湿环境 2. 应用预极化电容
外部预极化电容器	高	噪声	较高	高	1. 适用于高温环境 2. 应用预极化电容
碳粒传声器	低	一般	较低	高	1. 低质量 2. 手持式电话听筒用
驻极体	低	一般	较低	更高	较适用于高频环境
压电式	中等	噪声	较高	高	适用于冲击波等测量
动磁式	高	噪声	中等	更高	1. 有一定的抗潮湿性能 2. 不适用于高电磁环境

电容式麦克风包含的金属振膜可作为电容的一个基板。紧靠振膜的金属盘可作为另一个基板。声音触发金属振膜后，两个基板间的电容可随声压的变化而变化。通过高阻抗连接稳定的 DC 电压至基板，可使基板保存电荷。电荷数量的变化引起 AC 输出随声压的变化而变化。图 6-4 为电容式麦克风。

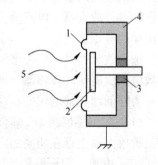

作为仪器的麦克风通常包含麦克风模块和前置放大器。两部分可各自独立，也可集成在一起。

图 6-4　麦克风
1—金属振膜；2—金属盘；3—绝缘体；4—容器；5—声压

麦克风的主要参数为灵敏度（单位为 mV/Pa）和频率响应。麦克风有不同的直径，通常为：1/8in、1/4in、1/2in 和 1in。不同尺寸的麦克风具有不同的灵敏度和响应频率。

为降低使用麦克风时的误差，应考虑下列因素：

（1）对于自由音场（音场附近无主要的反射）中的测量，可使用自由音场麦克风指向声源。

（2）对于扩散场（在混响较高的室内），可使用随机散射麦克风。

（3）如麦克风位于房间墙面或待测物体表面，可使用声压式麦克风。

（4）对于室外测量，应对麦克风进行相应的防护。例如，遮挡风雨的装置和防止水汽凝结的内置加热器。

（5）通过支架固定麦克风可防止混响对测量的影响。关于混响对灵敏度的影响，见麦克风的产品规范。

（6）对于重复进行的测量，应确保麦克风始终位于相同位置（相对于待测单元和环境）。

（7）开始测试前应校准所有测试相关设备。对于要求较高的测量（例如，需增加额外防范措施），测试结束后应立即进行校准，确保系统的误差在允许范围内。

6.2.2.4 压电集成电路（IEPE）

压电集成电路（IEPE）是一种附带内置放大器的传感器。由于一些传感器产生的电量很小，因此传感器产生的电信号容易受到噪声干扰，需要用灵敏的电子器件对其进行放大和信号调理。IEPE传感器集成了灵敏的电子器件，使其尽量靠近传感器以保证更好的抗噪声性并更容易封装。使用这些传感器需要 $4 \sim 20mA$ 电流激励。

A 加速度计

加速计是通过电压表示加速度的传感器，分为两种轴类型。最常见的加速计仅测量沿单轴的加速度。通常，此类加速计用于测量机械振动的水平。另一类加速计为三轴加速计。此类加速计可通过正交组件创建加速度的三维向量。此类加速计用于测量组件振动（横向、纵向或旋转）或加速度的方向。

两类加速计均可以是两端导线绝缘（隔离）或单端导线接地。某些加速计通过压电效应生成电压。使用此类传感器测量加速度时，传感器必须连接电荷灵敏放大器。

其他传感器具有内置的电荷灵敏放大器。该放大器需使用稳定的电流源，阻抗随压电晶体电荷的变化而变化。加速计输入端的电压变化可反映阻抗的变化。加速计的每个轴仅使用两根连线用于传感器的激励（电流或电压）和信号输出。此类加速计包含稳定的电流源和差分放大器。电流为传感器的内置放大器提供了激励，而仪器的放大器则测量传感器两端的电压。

选择放大器时，应考虑最关键的参数。如需在极端温度下使用传感器，应选择通过压电效应生成电压的传感器。如环境噪声很大，应选择内置电荷灵敏放大器的传感器。

为降低加速计的误差，应考虑下列因素：

（1）如传感器为DC耦合，加速计的DC偏移可随温度和使用时间变化。加速计的电荷灵敏放大器也存在相同的问题。放大器的输出为AC耦合时，可使系统的漂移最小化。

（2）电机、变压器和其他工业设备可使传感器电缆产生噪声电流。对于通过压电效应生成电压的加速计，该电流为传感器系统中主要的噪声。谨慎选择连线路径可降低电缆中的噪声。

（3）加速计可能存在接地环路。某些传感器的包装与传感器的导线相连，其他的传感器可能与包装完全隔离。如在输入放大器接地的系统中使用包装接地的传感器，则存在较大的接地环路，可产生噪声。

B 力传感器（压电）

压电式力传感器通常用于测量动态的应力。这类传感器一般分为两种：荷重测力元和冲击力锤。

压电荷重测力元测量在外部激励下（例如，摇动、冲击）传感器传输的力的大小。

冲击力锤用于在某种材料上施加冲击力，并测量实际施加的力的大小。然后，可将荷重测力元测得的力与加速器的读数相关联。冲击力锤可使用不同大小、形状、材质的锤测量不同的频率。

不同的荷重测力元和冲击力锤的灵敏度特性有所区别。详细信息请参考相关荷重测力元和冲击力锤的说明文档。

力传感器的存在校准问题，这主要是因为力传感器使用时间较长后，可能相对于文档上的额定值有所偏移。力传感器校准也就是将传感器复原为原来的精度。使用校准过的加速计进行比例校准，确定力传感器的实际精度。

6.2.2.5 LVDT

LVDT 由一个固定线圈组和一个可动铁芯组成，工作原理类似于变压器。LVDT 将某一信号值与铁芯上的具体位置建立关联，从而测得位移。LVDT 信号调理器生成一个正弦波作为主输出信号并对次输出信号进行同步解调。被解调后的输出信号通过一个低通滤波器滤去其高频波纹。最后得到的输出信号是一个与铁芯位移呈正比的直流电压。直流电压的符号表明位移向左或向右。

LVDT 的传感器使用特殊的电子设计。由于信号调理器的滤波处理，LVDT 通常有 10ms 延迟。

LVDT 通常有 4 线（明线）和 5 线（壁纸线）两种配置。传感器上的连线被连接到一个将 LVDT 的输出转换为一个可测量电压的信号调理电路。第一个和第二个次信号的信号调理分别使用 4 线和 5 线配置。在 4 线配置中，传感器仅测量次信号间的电压差。

4 线配置仅需简单的信号调理系统。温度变化可能影响 LVDT 的磁性感应性能。4 线配置对主信号和输出的次电压信号的相位变化敏感，过长的连线和较低的激励也影响性能。

5 线配置对温度变化和主次信号间的相位变化不敏感。设备通过信号调理电路确定相位信息，无需参考主激励源的相位。因此，LVDT 和信号调理电路间可使用较长的连线。

LVDT 坚固耐用，可在较大的温度范围内工作，不受湿度和灰尘的影响。LVDT 使用寿命长，适用于严酷且无需移动的环境，可承受一定的摩擦。LVDT 还可进行小于 0.1in 的精确测量（例如，测量薄板材料的厚度）。与其他位移传感器不同，LVDT 传感器非常坚固。传感元素间不存在物理接触，因此无需对传感元素进行包裹。

由于设备通过磁性的变化进行测量，因此 LVDT 的精度可任意调节。配合适当的信号调理硬件可测量最小的移动，传感器的精度由数据采集系统的精度确定。

6.2.2.6 RVDT

RVDT 是旋转的 LVDT，适用范围通常在 ±30° 至 70°。RVDT 具有 Servo 安装端，可连续进行 360° 不停歇旋转。

RVDT 的传感器需特别设计的电子器件。由于信号调理器需要滤波，故 RVDT 通常有 10ms 延迟。RVDT 坚固耐用，可在较大的温度范围内工作。在温度及震动条件都非常极端的环境中，RVDT 是测量范围大于 70° 的最佳选择。

6.2.3　信号调理设备

在数据采集系统中，传感器的输出信号多种多样，一般不能直接传送到 DAQ 设备，而是要先经过信号调理处理，将信号进行放大、滤波、隔离、归一化等处理，以保证测量的精度。有些传感器的工作还需要有电压或电流激励源。

NI 公司提供了种类齐全、功能强大的信号调理设备，包括 SC Express、SCXI 高性能信号调理设备、NI CompactDAQ、SCC 便携式低价位信号调理设备、SC 系列数据采集与信号调理集成设备、Wi-Fi 无线数据采集与调理单元、USB 总线信号调理与数据采集模块等。NI 的信号调理设备的特点概括如下：

（1）直接连接传感器简化了系统设置；

（2）扩展数据采集系统中的通道数；

（3）通过隔离功能保护数据采集系统；

（4）通过放大、滤波和同步采样提高精度；

（5）与 NI 软件无缝集成，构成完整的数据采集/测试系统；

（6）可以测量几乎所有信号或传感器。

概括起来，信号调理包括如下功能。

A　放大

放大是信号调理的一种，通过增大信号相对于噪声的幅度，提高数字化信号的精度。

通过放大信号，使最大电压变化等于 ADC 或数字化仪的最大输入范围，可获得尽可能高的准确性。系统应通过最接近信号源的测量设备放大低电平信号。如图 6-5 所示。

应使用屏蔽式电缆或双绞线电缆。通过减小电缆长度降低导线引入的噪声。使信号连线远离 AC 电源电缆和显示器可减少频率为 50～60Hz 的噪声。

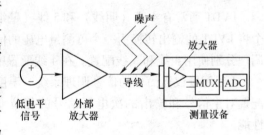

图 6-5　信号的放大

如通过测量设备放大信号，则测量和数字化的信号中可能包含由导线引入的噪声。在接近信号源的位置通过 SCXI 模块放大信号，可减少噪声对被测信号的影响。

B　线性化

线性化是信号调理的一种，通过软件使传感器产生的信号线性化，换算后的电压可用于物理现象。例如，通常热电偶 10mV 的电压变化意味着温度的变化为 10。但是，通过软件或硬件的线性化处理，应用中的热电偶值可换算为相应的温度变化。绝大多数传感器具有用于说明传感器换算关系的线性化表格。NI 公司的许多虚拟仪器应用软件如 LabVIEW、LabWindows/CVI、Measurement Studio 等在其开发环境中包含了用于热电偶、应变计和 RTD 等的线性化函数和例程，用户可根据需要参考和选用。

C　传感器激励

信号调理系统可为某些传感器生成激励。应变计和 RTD 需要外部电压和电流激励电路，然后开始测量物理现象。激励类似于收音机用于接收和解码音频信号所需的电源。许多测量设备可为传感器提供激励。例如，RTD 测量过程中需要有一个电流源将温度引起的电阻值变化转换成可测的电压值，应变计则需要采用带有电压或电流激励的惠斯通电桥。信号调理模块常为这些传感器提供所需的激励信号，例如 NI SCXI-1121 和 SCXI-1122 模块有内置的激励源，可配置成电流型或电压型以满足不同的测量需求。关于设备是否可生成激励，可查阅相关的设备文档。

D 隔离

信号通常会超出测量设备的处理范围。测量过大的信号可能导致测量设备损坏或人身伤害。通过隔离信号调理技术可防止人体和测量设备接触过大的电压。信号调理硬件可降低较高的共模电压，获取测量设备可处理的电压信号。通过隔离可避免接地电势差对设备的影响。例如，NI SCXI-1120 和 SCXI-1121 模块的隔离部分能够抑制高达 250V（有效值）的共模电压干扰。

E 滤波

滤波的作用是消除被测信号中无用的信号分量。很多 SCXI 模块在 ADC 的前级提供了 4Hz 和 10kHz 的低通滤波器，用以滤除温度等直流类信号中的高频成分。对于交流类信号（如振动信号）则需要另一种低通滤波器，即抗混叠滤波器，这类滤波器通常有较窄的过渡带，用于滤除有用信号带宽之外的高频信号，避免混叠现象的产生。一些专门为交流信号测量设计的动态信号采集模块（NI PCI-4451、PCI-4452）及 SCXI-1151 模块都有内置的抗混叠滤波器。

F 复用

为了实现用一个测量器件来测试多路缓变信号的目的，模拟信号调理器件常常提供复用功能。在 ADC 采集完一个通道的信号后，复用开关电路将 ADC 自动切换到下一个通道，采集完成后，再依次切换到下一个通道。复用后，ADC 对单通道的有效采样率与通道数量成反比。

6.2.4 数据采集与分析硬件

常用的数据采集与分析硬件的功能包括模拟量输入、模拟量输出、数字量 I/O、定时 I/O 和触发等。简单的数据采集卡仅具备其中的一项或两项功能，复杂的多功能数据采集卡则可以具备以上的全部功能。此外，数据采集卡上都包含有与 PC 的接口电路，接口的形式多种多样，有专用 RS-232/RS-485 等传统形式，也有采用 PCI、PCMCIA、USB、IEEE 1394、以太网接口和 CAN 接口等。

模拟输入是数据采集最基本的功能，一般由多路开关（MUX）、放大器、采样保持电路及 A/D 转换器来实现。通过这些环节，一个模拟信号就可以转化为数字信号。A/D 转换器的性能参数直接影响着模拟输入的质量，要根据实际需要的精度来选择合适的 A/D 模块。

模拟输出通常是为采集系统提供激励。输出信号受数模转换器（D/A）的建立时间、转换速率、分辨率等因素的影响。建立时间和转换速率决定了输出信号幅值改变的快慢。建立时间短、转换速率高的 D/A 转换器能够提供较高频率的信号。如果用 D/A 转换器的输出信号去驱动一个加热装置，就不需要使用速度很快的 D/A 转换器，因为加热器本身就不能很快地跟踪电压变化。应该根据实际需要选择 D/A 转换器的参数指标。

数字 I/O 通常用来控制过程、产生测试信号和与外设通讯等。它的重要参数包括数字通道数、接收（发送）率、驱动能力等。如果输出是驱动电机、灯、开关型控制器件等，就不必用较高的数据转换率。数字通道数目要能同控制对象配合，而且需要的电流要小于采集卡所能提供的驱动电流。如果加上数字信号调理设备，则可用采集卡输出的低电流的TTL 电平信号去监控高电压、大电流的工业设备。数字 I/O 常见的应用是在计算机和外设，如打印机、数据记录仪间传送数据。另外一些数字口为了同步通讯的需要还有"握手"线。

计数器/定时器的应用场合是非常广泛的，如定时、产生方波等。计数器包括三个重要信号：门限信号、计数信号和输出信号。门限信号实际上是触发信号——使计数器工作或不工作；计数信号即信号源，提供了计数器操作的时间基准；输出信号是在输出端口上产生脉冲或方波。计数器最重要的参数是分辨率和时钟频率，高分辨率意味着计数器可以计更多的数，时钟频率决定了计数的快慢，频率越高，计数速度就越快。

6.2.5　计算机与软件

计算机系统是整个计算机采集系统的核心。计算机控制整个计算机数据采集系统的正常工作，进行必要的数据分析和数据处理。计算机还需要把数据分析和处理之后的结果写入存储器以备将来分析和使用，通常还要把结果显示出来。

一个完整的数据采集系统需要高效的软件支持。首先需要选择一个能够满足系统应用需求且随着系统升级可以轻松扩展的软件工具，而且驱动程序必须和软件工具相互兼容，这一点非常重要。此外，应用软件必须能够简单地与系统和数据管理软件集成，以存储大量的数据或各种测试信息。

6.2.5.1　驱动软件

驱动软件将计算机和数据采集硬件转变成完整的数据采集、分析处理与显示工具。驱动软件是硬件和计算机应用软件之间联系的桥梁，使得虚拟仪器开发人员不需要深入了解复杂的缓存器层级的程序设计和指令流程，就可以操作控制硬件功能。一般来说，驱动软件应具备如下功能：

（1）以设定采样速率进行数据采集；

（2）在后台进行数据采集的同时，前台进行其他操作；

（3）提供可编程 I/O、中断和 DMA 等多种数据传输手段；

（4）磁盘数据存取；

（5）函数的并发执行能力；

（6）适用于多种 DAQ 设备；

（7）能够与信号调理设备无缝集成。

6.2.5.2　应用程序软件

应用层可以是客户定制的应用程序或符合特定条件的开发环境，也可以是配置为基础、具有预先设计功能的程序。应用程序软件为驱动程序软件增加了分析及信号显示的功能。要选择正确的应用程序软件，应先评估应用程序的复杂程度、是否能取得符合应用所需配置以及开发时间等。NI 提供三种开发环境软件，用于开发完整的仪器控制、数据采集与控制应用程序。

6.3 数据采集（DAQ）设备

DAQ 硬件设备是计算机和外部信号之间的接口。它的主要功能是将输入的模拟信号数字化，使计算机可以进行解析。DAQ 设备用于测量信号的三个主要组成部分包括信号调理电路、模数转换器（ADC）与计算机总线。很多 DAQ 设备还拥有实现测量系统和过程自动化的其他功能。例如，数模转换器（DAC）输出模拟信号，数字 I/O 线输入和输出数字信号，计数器/定时器计量并生成数字脉冲。

针对数据采集应用需求，NI 公司提供了一系列的数据采集设备，包括台式、便携式和插入式的基于 USB、PCI、PCI Express、PXI、PXI Express、无线和以太网等常用总线的产品。这些采集硬件能够连接数千种传感器进行信号采集、分析和处理。并且能够与 LabVIEW 无缝连接，通过强大的技术支持服务，确保产品的易用性和可靠性。考虑到不同的项目需求和预算范围，NI 为用户提供了各种不同价位的数据采集产品系列，使得用户以最优的资金投入，高效完成数据采集项目搭建。

6.3.1 数据采集（DAQ）硬件关键特性参数

数据采集的以下几个重要参数对其选型的应用影响较大。

（1）通道数目，能否满足应用需要。

（2）待测信号的幅度是否在数据采集板卡的信号幅度范围以内。

除此以外，采样率和分辨率也是非常重要的两个参数。

采样率决定了数据采集设备的 ADC 每秒钟进行模/数转换的次数。采样率越高，给定时间内采集到的数据越多，就能越好地反应原始信号。根据奈奎斯特采样定理，要在频域还原信号，采样率至少是信号最高频率的 2 倍；而要在时域还原信号，则采样率至少应该是信号最高频率的 5～10 倍。我们可以根据这样的采样率标准，来选择数据采集设备。

分辨率对应的是 ADC 用来表示模拟信号的位数。分辨率越高，整个信号范围被分割成的区间数目越多，能检测到的信号变化就越小。因此，当检测声音或振动等微小变化的信号时，通常会选用分辨率高达 24 位的数据采集产品。

除此以外，动态范围、稳定时间、噪声、通道间转换速率等等，也可能是实际应用中需要考虑的硬件参数。这些参数都可以在产品的规格说明书中查找到。

6.3.2 基于 USB 总线的 DAQ 设备

基于 USB 总线的 DAQ 系列产品是简单的数据记录、便携式测量和实验室实验等基本应用程序的理想设备。该系列包括四款产品，这些产品具有各种性能，包括高达 16 位分辨率的模拟输入、硬件定时模拟输出功能、13 条数字 I/O 线以及用于边沿计数的基础计数器。

NI USB-6003 用于基础质量测量的低价位多功能 DAQ，具有 8 个模拟输入通道，各通道具有 16 位的分辨率、100×10^3 次/秒的采样率，同时还包括 13 条 I/O 线、一个用于边沿计数的基本计数器及两个硬件定时模拟输出通道，外形如图 6-6 所示。该设备具有轻质的机械外壳，并且采用 USB 总线供电，

图 6-6 USB-6003 采集卡

极其便携。并附赠有用于快速信号连接的螺栓端子连接器插头和一条用于供电的微型 USB 电缆。

USB-6003 的主要特点：8 路模拟输入，100×10^3 次/秒，16 位分辨率；2 路模拟输出，13 条数字 I/O 线；1 个 32 位计数器；轻质、总线供电、便于携带；通过螺栓端子连接轻松连接传感器和信号；可选用 ANSI C、C#. NET、VB. NET、LabVIEW、LabWindows™/CVI 及 Measurement Studio 等作为开发平台。其典型特性参数如下：

测量类型：数字、电压；

隔离类型：无；

模拟输入通道数量：8（单端通道）、4（差分通道）；

模拟输入分辨率：16 位；

同步采样：1；

最大带宽：300kHz；

模拟输出通道：2；

分辨率：16 位；

刷新频率：5×10^3 次/秒；

定时方式：硬件；

输出电阻：0.2Ω；

双向数字 I/O 通道数：13；

定时方式：软件；

逻辑电平：LVTTL；

数字输入：TTL。

6.3.3 PCI 数据采集卡

PCI 总线是当今使用最为广泛的内部计算机总线之一。PCI 总线提供了高速的传输，理论带宽的速度可达 1056Mb/s，为需要高速数据流盘应用的客户提供了便利。NI 针对 PCI 总线提供了多功能的数据采集设备，M 系列 DAQ 产品是 NI 新一代的多功能数据采集设备。M 系列产品的新技术包括 NI-STC 2 系统控制器、NI-PGIA 2 放大器和 NI-MCal 校准技术，这些技术可以提供更高的性能和精度以及更多的 I/O，而且价格甚至比 E 系列产品还低。由于 M 系列 DAQ 设备引进多种新技术和特性，可广泛适用于测试、控制和设计应用中，包括自动化测试、过程控制，原型验证以及传感器测量等。NI 最新推出了 X 系列数据采集硬件设备，X 系列数据采集硬件凭借高处理能力的 PCI Express 总线、NI-STC3 定时和同步技术、多核获得优化的驱动与应用软件，将性能提升至新高度。X 系列设备包含的多线程 NI-DAQmx 驱动软件与 NI 应用软件版本（或更高版本）兼容——LabVIEW 8. x、LabVIEW20x、LabWindows™/CVI 201x、或 Measurement Studio 201；LabVIEW SignalExpress 1. x；或带 LabVIEW 实时模块 201x 的 LabVIEW。X 系列设备还兼容 C/C++ 和 Microsoft Visual Studio. NET。NI-DAQmx 包含免费的 LabVIEW SignalExpress LE 数据记录软件和数百款范例，共用户开发时使用。

6.3.3.1 模拟信号采集卡

PCI-6229 是 NI 针对常规数据采集需求开发的数据采集卡，是一款低价位多功能 M 系列数据采集（DAQ）板卡，经优化适用于需要控制成本的应用，其外形见图6-7所示。该卡采用 NI-STC 2 定时和控制器 ASIC 实现高速数字 I/O 和计数器/定时器操作，可实现快速、精确得多通道扫描采样。另外，NI-PGIA 2 放大器和 NI-MCal 校准技术的应用，不但降低了稳定时间，而且能在所有的输入范围内进行校准并弥补非线性，与其他系列的 DAQ 产品相比，其精度提高了 4 倍多。利用板载的校准电路和简单的软件调用能够最大限度地减少由于温度和时间而造成的误差，提高信号采集的精确度。

图 6-7 PCI-6229 数据采集卡

NI PCI-6229 的主要特点：32 路 16 位模拟输入（250×10^3 次/秒）；4 路 16 位模拟输出（833×10^3 次/秒）；高达 48 路数字 I/O；32 位计数器；数字触发；关联（Correlated）DIO（32 条时钟线，1 MHz）；可溯源至 NIST 的校准证书，70 多个信号调理选项；NI-DAQmx 驱动软件和 NI LabVIEW SignalExpress 交互式数据记录软件。其详细参数规格如下：

（1）概述。

1）产品名称：PCI-6229。

2）产品系列：多功能 DAQ。

3）操作系统/对象：实时系统，Linux，Mac OS，Windows。

4）LabVIEW RT 支持：是。

5）DAQ 产品家族：M 系列。

6）测量类型：数字、频率、电压、正交编码器。

7）与 RoHS 指令的一致性：是。

（2）模拟量输入。

1）通道：32 路单端或 16 路差分输入通道。

2）单通道最大采样率：250×10^3 次/秒。

3）分辨率：16 位。

4）最大模拟输入电压：10V。

5）最大电压范围：±10V。

6）最大电压范围精度：3100μV。

7）最大电压范围的敏感度：97.6μV。

8）最小电压范围：±200mV。

9）最小电压范围精度：112μV。

10）最小电压范围敏感度：5.2μV。

11）量程数：4。

12）同步采样：否。

13）板上存储量：4095 样本。

（3）模拟量输出。

1）通道数，缓冲方式 4 通道，双缓冲方式。

2）分辨率：16 位。

3）最大模拟输出电压：10V。

4）最大电压范围：±10V。

5）最大电压范围精度：3230μV。

6）最小电压范围：±10V。

7）最小电压范围精度：3230μV。

8）频率范围：833×10^3 次/秒。

9）单通道电流驱动能力：5mA。

（4）数字 I/O。

1）双向通道：48。

2）仅输入通道：0。

3）仅输出通道：0。

4）通道数：24，0。

5）定时：软件、硬件。

6）最大时钟速率：1MHz。

7）逻辑电平：TTL。

8）输入电流：漏电流、源电流。

9）输出电源：漏电流、源电流。

10）可编程输入滤波器：是。

11）支持可编程上电状态：是。

12）单通道电流驱动能力：24mA。

13）总电流驱动能力：448mA。

14）看门狗定时器：否。

15）支持握手 I/O：否。

16）支持模式 I/O：是。

17）最大输入范围：0V、5V。

18）最大输出范围：0V、5V。

（5）计数器/定时器。

1）计数器/定时器数目：2。

2）DMA 通道数：2。

3）缓冲操作：是。

4）短时脉冲干扰消除：是。

5）GPS 同步：否。

6）最大量程：0V、5V。

7）最大信号源频率：80MHz。

8）脉冲生成：是。

9）分辨率：32 位。

10）时基稳定度：50ppm。

11）逻辑电平：TTL。

（6）物理标准。

1）长度：15.5cm。

2）宽度：9.7cm。

3）I/O 连接器：68-pin VHDCI 母头。

（7）定时/触发/同步。

1）触发：数字。

2）同步总线（RTSI）：是。

6.3.3.2 数字信号卡

NI PCI-6722 静态和波形模拟输出卡，其低价位模拟输出可满足多数应用的要求。PCI-6722 配置了 8 路模拟输出通道，每条通道均有最高输出速度 182×10^6 次/秒，13 位分辨率以及数字触发。该板卡有 8 条数字 I/O 线和 2 个 24 位计数器/定时器。该板卡采用 RTS 总线，可同步其他数据采集，运动和视觉产品，从而帮助用户创建个性化测量方案来测试其创新的设计。NI PCI-6722 适用于激励 – 响应、信号仿真、波形发生和激励器仿真等应用。与 Analog Waveform Editor 软件结合使用时，可轻松创建复杂的波形。可通过该软件中 20 多个内置原始波形或输入公式/等式，创建新波形。PCI-6722 的外形图如图 6-8 所示。

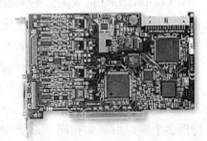

图 6-8 PCI-6722 数字 I/O 卡

NI PCI-6722 的主要特点：高度集成 LabVIEW、CVI 以及用于 Visual Basic 和 Visual Studio. NET 的 Measurement Studio；可配置的 NI-DAQ 驱动程序，简化了配置及测量；单通道时采样率为每通道 800×10^3 次/秒；8 通道时为每通道 182×10^3 次/秒；同步更新，板载或外部更新时钟；转换速度不超过 10 kHz 满量程正弦波；RTSI 总线用于与 DAQ，运动和视觉产品的同步。

其主要技术参数如下：

（1）模拟输出。

1）输出通道：8；

2）最大刷新频率：45×10^3 次/秒（32 通道）；

3）DAC 类型：双缓冲，电压；

4）FIFO 缓存：2045 样本；

5）DMA 通道：3。

（2）传输特性。

1）最大 INL 误差：±2.0LSB；

2）最大 DNL 误差：±0.9LSB；

3）单一性：13 位。

（3）电压输出。

1）范围：±10V；

2）耦合方式：DC；

3）最大输出电阻：0.1Ω；

4）最大驱动电流：±5mA；

5）保护：对地短路保护。

6.3.4 CompactDAQ

NI CompactDAQ 是 NI 公司提供的中等通道数，且适用于中型应用项目的紧凑式混合量测量系统。它是一种坚固耐用的便携式数据采集平台，将连接和信号调理功能与模块化 I/O 相集成，可直接连接任何传感器或信号，并提供 USB、以太网和 Wi-Fi 以及独立运行选项。CompactDAQ 与 LabVIEW 软件相结合，可用于自定义采集、分析、显示和管理测量数据的方法。NI 提供了可编程软件、高精度测量以及当地技术支持，以确保能够满足从研究、开发到验证等不同阶段的测量应用需求。

NI CompactDAQ 构成的数据采集系统主要包括机箱、控制器和模拟输入/输出模块以及相应的开发与应用软件等。在构建数据采集系统时，还应该考虑传感器的连接、通讯方式与总线、信号的同步、系统供电方式、接地和隔离、HMI 和用户界面、外壳和安装等。

6.3.4.1 CompactDAQ 机箱与控制器

NI CompactDAQ 机箱或控制器负责控制嵌入式或主机计算机与多达 8 个 C 系列 I/O 模块之间的定时、同步和数据传输。单个机箱可以管理多个定时引擎，在同一系统中以不同的采样率运行多达七个独立的硬件定时 I/O 任务。NI CompactDAQ 平台包括可单独运行的控制器以及由外部 PC 控制的高性价比机箱。在选择机箱或控制器时，应该考虑尺寸、坚固性、数据传输带宽、插槽数、与控制电脑的距离以及嵌入的能力。机箱与控制器的外形图如图 6-9 所示。

图 6-9　CompactDAQ 机箱与控制器外形图

（1）USB 机箱。CompactDAQ USB 机箱为传感器及电子测量提供了 USB 即插即用的简便特性。CompactDAQ USB 机箱提供单槽、4 槽、8 槽和 14 槽选项，适用于工作台或现场使用的小型便携式混合测量系统。

（2）以太网机箱。CompactDAQ 以太网机箱将高速数据采集的范畴拓展到远程传感器和电子测量。CompactDAQ 以太网机箱提供了单槽、4 槽和 8 槽以及超坚固选项，是使用标准以太网设施开发台式或现场分布式测量系统的理想选择。

（3）集成控制器。CompactDAQ 控制器为嵌入式测量和数据采集提供了高性能平台。4 或 8 插槽控制器将一体化电脑、可移动存储、数据采集（DAQ）和内置的信号调理功能集成到单个坚固的平台，可助您降低数据采集（DAQ）系统的成本和复杂性。

机箱和控制器的选型可参考表 6-4 和表 6-5。

表 6-4　CompactDAQ 机箱	
连接方式	模块数量
USB	1，4 和 8
Ethernet	1，4 和 8
802.11（无线）	1

表 6-5　CompactDAQ 控制器	
处 理 器	模块数量
1.33 GHz dual-core Intel Atom	4 或 8
1.06 GHz dual-core Intel Celeron	8
1.33 GHz dual-core Intel i7	8

6.3.4.2 CompactDAQ I/O 模块

C 系列模块集模/数转换器、信号调理和信号连接于一体，用于测量或生成一种或多种信号类型。C 系列 I/O 模块可热插拔，并可自动被 CompactDAQ 机箱识别。I/O 通道通过 NI-DAQmx 驱动程序访问。模块内置信号调理功能，可对较宽范围的电压和工业级信号进行调理。一般情况下，用户可直接将 C 系列 I/O 模块连接至传感器或激励器。大部分 C 系列 I/O 模块提供通道 - 地的隔离。

NI 公司提供了 60 多款具有集成信号调理功能的可热插拔 I/O 模块供用户选择。由于 CompactDAQ 系统将连接和信号调理功能与模块化 I/O 相集成，因此它可以直接连接任何传感器或信号，与 LabVIEW 软件相结合，可用于定义采集、分析、显示和管理测量数据的方法。常用的模块见表6-6。

表 6-6　CompactDAQ I/O 模块

信号类型	信 号	模块	通道	特 性	连接方式
模拟输入	热电偶	NI 9211	4 差分输入	24 位 delta-sigma，15 次/秒，差分（J，K，R，S，T，N，E and B 分度号）	螺栓端子
	IEPE 传感器（加速度计、麦克风）	NI 9323	4 单端输入	24 位，50×10^3 次/秒，同步，IEPE 调理	BNC 接头
	通用设备（±80mV）	NI 9211	4 差分输入	24 位，15 次/秒，差分	螺栓端子
	通用设备（±200mV 至 ±10V）	NI 9205	32 单端输入/16 差分输入	16 位，50×10^3 次/秒	螺栓端子或 D-Sub 接头
		NI 9206	32 单端输入/16 差分输入	16 位，250×10^3 次/秒，600VDC Cat、I 隔离	螺栓端子
		NI 9215	4 差分输入	16 位，100×10^3 次/秒每通道，同步，差分	螺栓端子或 BNC 接头
	桥接信号	NI 9237	4	24 位，50×10^3 次/秒每通道	RJ50 接头
模拟输出	通用设备（±10V）	NI 9263	4 单端输入	16 位，100×10^3 次/秒每通道，同步	螺栓端子
数字输入	双向 5V TTL	NI 9401	8	10×10^6 次/秒，5V TTL，超高速、双向、30V 保护	25 针 D-sub 接头
	24V sinking	NI 9421	8	10×10^3 次/秒，24V 逻辑电平，40V 保护	螺栓端子或 25 针 D-sub 接头
数字输出	双向 5V TTL	NI 9401	8	10×10^6 次/秒，5V TTL，超高速、双向、30V 保护	25 针 D-sub 接头
	24V 有源	NI 9472	8	$100\mu s$，24 V 逻辑，750mA 最大每通道，30V 保护，短路保护	螺栓端子或 25 针 D-sub 接头

信号类型	信 号	模块	通道	特 性	连接方式
继电器输出	A 型（SPST）	NI 9481	4	1s, 30VDC（2A），60VDC(1A)，250VAC(2A) 机电式 A 型（SPST）	螺栓端子
计数器，脉冲发生器	计数器/定时器(TTL)	NI 9401	8	10×10^6 次/秒，5V TTL，超高速、双向、30V 保护	25 针 D-sub 接头
	PWM/脉冲生成(24V)	NI 9472	8	10×10^3 次/秒，24V 逻辑电平，每通道最高 750mA，30V 保护，短路保护	螺栓端子或 25 针 D-sub 接头

6.4 数据采集系统构建与集成

数据采集的目的在于测量一个电量或物理量，如电压、电流、温度、压力或声音。基于 PC 的数据采集通过软硬件与计算机的结合，实现测量的自动化并提供可分析的数据。因此，构建一个测量系统或数据采集系统，通常可按照下述步骤进行：（1）选择合适的传感器；（2）选择合适的数据采集（DAQ）硬件；（3）选择合理的计算机总线；（4）选择合适的计算机；（5）选择合适的驱动软件；（6）选择合适的应用程序开发软件；（7）选择合适的分析工具、可视化技术、数据存储方式和报告生成工具等。本节对其主要步骤进行说明。

6.4.1 数据采集系统构建方法

虚拟仪器的数据采集系统的设计和步骤与传统的数据采集系统设计有相当的不同，这主要是由于数字化技术在虚拟仪器系统中的大量采用。同样，它与一般的软件开发也有较大不同，因为虚拟仪器数据采集系统的软件和系统硬件有紧密的关系。这种数据采集系统的设计更像一般的测控系统设计。与通用测控系统设计相同，系统的维护与测试也应在总体设计阶段予以考虑。

虽然每个数据采集系统都会根据其应用需求进行定义，但是每个系统具有共同的数据采集、分析与显示的步骤。数据采集系统包括了信号、传感器或执行机构；信号调理；数据采集设备和软件等部分。虚拟仪器的数据采集系统架构如图 6-10 所示。

根据图 6-10 的数据采集系统的基本架构，即可开始数据采集系统的具体设计。

6.4.2 传感器的选型

传感器可将振动、温度或压力等物理现象转化为可测量的电信号。根据传感器类型的不同，其输出的可以是电压、电流、电阻或是随着时间变化的其他电子属性。一些传感器可能需要额外的组件和电路来正确生成可以由 DAQ 设备准确和安全读取的信号。传感器是数据采集系统的前端，是整个虚拟仪器的基础。

具体的传感器可以大致划分为 5 个类型进行测试选型。

（1）使用热电偶、RTD 或热敏电阻测量温度。热电偶属于无源传感器，其电压会随着温度的变化而产生微小的变化。电阻温度检测器（RTD）和热敏电阻属于有源传感器，

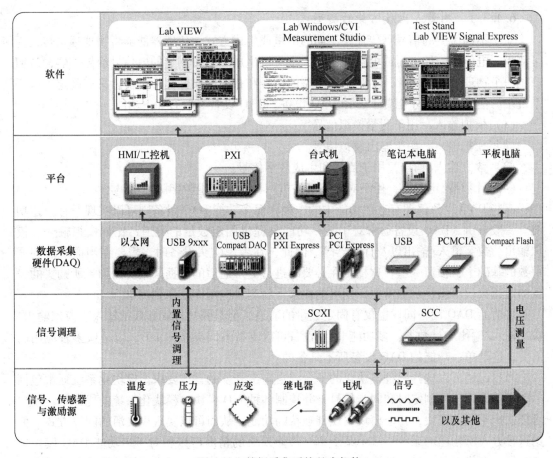

图 6-10 数据采集系统基本架构

其电阻随温度而变化。

（2）使用应变计测量应变。应变计可用于测量材料因所施加的力而产生的变形。应变计的电阻会随着材料的细微弯曲和所承受的拉力而发生变化。探索基本应变概念、应变计的工作原理，以及如何选择正确的配置类型。

（3）使用加速度计测量振动。加速度计通常用于测量振动。其中的压电晶体会产生电荷，电荷量与固体振荡产生的力成正比。了解振动理论、加速度计的工作原理，以及如何选择正确的加速度计。

（4）使用桥式传感器测量压力、负载和扭矩。压力、负载和扭矩传感器以不同的方式测量力的大小。测压元件用于测量力或重量。压力传感器测量每单位面积的力。扭矩传感器测量的是使对象旋转的力倾向。了解全桥式应变传感器如何用于测量压力、负载和扭矩。

（5）使用麦克风测量声音。声波是空气产生压力变化而形成的。麦克风将声压转化为电容变化，然后再转化成电压。查看声压的基础知识、麦克风的工作原理，以及如何选择正确的麦克风。

6.4.3 数据采集设备的设计与选型

目前市场上可供选择的数据采集设备非常多，在开始构建系统时，应考虑以下 5 个方面。

6.4.3.1　测量或生成信号的类型

对于不同类型的信号需要使用不同的测量或生成方式。传感器能够将物理现象转化为可测量的电信号，如电压或电流。同样，也可以生成一个可测量的电信号给传感器，从而产生一个物理现象。因此，了解不同类型的信号和相应的属性非常重要。只有确定了应用系统中的信号类型，才能着手选择 DAQ 设备。DAQ 设备一般有如下功能：

（1）模拟输入，用于测量模拟信号。

（2）模拟输出，用于输出模拟信号。

（3）数字输入/输出，用于测量和生成数字信号。

（4）计数器/定时器，用于对数字事件进行计数或产生数字脉冲/信号。

有些 DAQ 设备仅拥有上述功能中的一种，而多功能 DAQ 设备则可以实现所有上述功能。一般来讲，DAQ 设备通常对于某一功能只提供固定数量的通道，比如模拟输入、模拟输出、数字输入/输出以及计数器等。因此，在考虑购买设备时，需要在当前所需的通道数的基础上再预留一些，这样可在必要时进行更多通道的数据采集。而如果所购买的设备的通道数仅够满足当前需要，则可能在未来新测量应用面前遇到困难。

多功能 DAQ 设备同样也仅有固定数量的通道，但是其功能涵盖模拟输入、模拟输出、数字输入/输出和计数器。多功能 DAQ 设备可以支持不同类型的 I/O，以适应多种应用的需要，这是单一功能的 DAQ 设备所不具备的。

当然，还可以选择一种模块化的平台，自定义开发的具体要求。模块化系统通常包括一个机箱，用于控制定时和同步信号，并控制各种 I/O 模块。模块化系统的优点是，用户可以选择不同的模块，每个模块实现其独特的功能，从而可以实现更灵活的配置方式。使用这种方式所构建的系统，其中某个单一功能模块的精度可以相对于多功能 DAQ 模块更高。另一个优点是，可以根据需要选择插槽数量合适的机箱。一个机箱的插槽数量是固定的，因此在购买机箱时，可以在当前所需插槽数的基础上再预留一些，以备未来扩展。

6.4.3.2　信号调理的必要性

一个典型的通用 DAQ 设备可以测量或生成 +/−5V 或 +/−10V 的信号。而对于某些传感器所产生的信号，若直接使用 DAQ 设备进行测量或信号生成，则可能比较困难或会有危险。因此，大多数传感器需要对信号进行诸如放大或滤波之类的调理措施，才能使得 DAQ 设备有效、准确地执行测量信号任务。

例如，热电偶的输出信号通常需要放大，才能够使得模/数转换器（ADC）的量程得到充分利用。此外，热电偶所测得的信号还可以通过低通滤波消除高频噪声，从而改善信号质量。信号调理所带来的好处是单纯的 DAQ 系统无法比拟的，它提高了 DAQ 系统本身的性能和测量精度。

表 6-7 总结了针对不同类型的传感器和测量应用所需的常见信号调理措施。

表 6-7　传感器及信号调理措施

调整措施	放大	衰减	隔离	滤波	激励	线性化	冷端补偿	桥路补偿
热电偶	×					×	×	
热敏电阻	×			×	×	×		
RTD	×			×	×	×		

调整措施	放大	衰减	隔离	滤波	激励	线性化	冷端补偿	桥路补偿
应变片	×			×	×	×		×
力、压力、扭矩（mV/V，4~20mA）	×			×	×	×		
加速度计	×			×	×	×		
麦克风	×			×	×	×		
涡流传感器	×			×	×	×		
LVDT/RVDT	×			×	×	×		
高电压		×	×					

如果所使用的传感器已在表6-7中列出，那么就应该考虑使用相应的信号调理措施。可以选择添加外部信号调理措施或选择使用具有内置信号调理功能的DAQ设备。许多DAQ设备还包括针对某些特定的传感器的内置接口，以方便传感器的集成。

6.4.3.3 信号的采集频率或输出刷新频率

对于DAQ设备来说，最重要的参数指标之一就是采样率，即DAQ设备的ADC采样速率。典型的采样率（无论硬件定时或软件定时）可达2×10^6次/秒。在决定设备的采样率时，需要考虑应用中所需采集或生产信号的最高频率成分。

Nyquist定理指出，只要将采样率设定为信号最高频率分量的2倍，就可以准确地重建信号。然而，在实践中至少应以最高频率分量的10倍作为采样频率才能正确地表示原信号。选择一个采样率至少是信号最高频率分量10倍的DAQ设备，才可以确保能够精确地测量或者生成信号。

例如，假设应用程序要测量的正弦波频率为1kHz。根据Nyquist定理，至少需要以2kHz进行信号采集。然而，理论已经证明对于正弦信号，2倍的采集频率所采信号是失真的。因此，此处建议使用10kHz的采样频率，从而更加精确地测量或生成信号。当确定了信号的最高频率分量后，据此就可选择具有合适的采样频率的DAQ设备。

6.4.3.4 信号的最小识别量

信号中可识别的最小变化量，决定了DAQ设备所需的分辨率。分辨率是指ADC可以用来表示一个信号的二进制数的位数。为了说明这一点，试想一个正弦波通过不同分辨率的ADC进行采集后所表示的效果会有何不同。图6-11比较了3位和16位ADC。一个3位ADC可以表示8（2^3）个离散的电压值，而一个16位ADC可以表示65536（2^{16}）个离散的电压值。对于一个正弦波来说，使用3位分辨率所表示的波形看起来更像一个阶梯波，而16位ADC所表示的波形则更像一个正弦波。

典型的DAQ设备的电压范围为±5V或±10V。在此范围内，电压值将均匀分布，从而充分地利用ADC的分辨率。例如，一个具有±10V电压范围和12位分辨率（2^{12}或4096个均匀分布的电压值）的DAQ设备，可以识别5mV的电压变化；而一个具有16位分辨率（2^{16}或65536个均匀分布的电压值）的DAQ设备则可以识别到300μV的变化。大多数应用都可以使用具有12、16或18位分辨率ADC的设备解决问题。然而，如果测量传感器的电压有大有小，则需要使用具有24位分辨率的动态数据采集设备。电压范围和

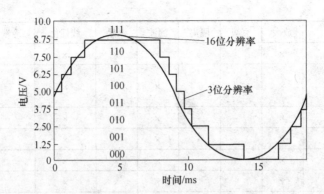

图 6-11 使用 16 位分辨率与 3 位分辨率表示一个正弦波

分辨率是选择合适的数据采集设备时所需考虑的重要因素。

6.4.3.5 测量最大误差

精度是衡量一个仪器能否忠实地表示待测信号的性能指标。这个指标与分辨率无关。然而精度大小却又绝不会超过其自身的分辨率大小。确定测量的精度的方式，取决于测量装置的类型。一个理想的仪器总是能够百分之百地测得真实的值。然而在现实中，仪器所给出的值是带有一定的不确定度的，不确定度的大小由仪器的制造商给出。这取决于许多因素，如：系统噪声、增益误差、偏移误差、非线性等等。制造商通常使用的一个参数指标是绝对精度，它表征 DAQ 设备在一个特定的范围内所能给出的最大的误差。例如，对于 NI 公司的一个设备计算绝对精度的方法如下所示：

$$绝对精度 = 读值 \times 增益误差 + 电压范围 \times 偏移误差 + 噪声不确定度$$

值得注意的是，一个仪器的精度不仅取决于仪器本身，还取决于被测信号的类型。如果被测信号的噪声很大，则会对测量的精度产生不利的影响。市面上的 DAQ 设备种类繁多，精度和价格各异。有些设备可提供自校准、隔离等电路来提高精度。一个普通的 DAQ 设备所达到的绝对精度可能超过 100mV，而更高性能的设备的绝对精度甚至可能达到约 1mV。一旦确定了应用中所需的精度要求，即可选择一个具有合适绝对精度的 DAQ 设备。

6.4.4 数据采集系统总线的选择

用于虚拟仪器系统的数据采集（DAQ）设备最少有上百种，伴随各种各样的总线，依据应用需求选择合适的总线是比较困难的。每种总线都有不同的优点，例如在吞吐量、延迟、便携性或与主机的距离等方面具有不同的优势。本节探讨最常见的 PC 总线选型，并概述为测量应用选择合适的总线时，技术方面的考虑因素。图 6-12 是常见的 DAQ 总线的分层结构图。

结合图 6-12 和第 2 章有关虚拟仪器总线选型内容进行总线的选择。

6.4.5 数据采集系统主控计算机的选型

选择好数据采集设备，顺理成章地进行下一步，即为虚拟仪器应用选择合适的计算机。计算机可以说是数据采集系统最关键的部分。计算机与连接据采集设备集成，通过运

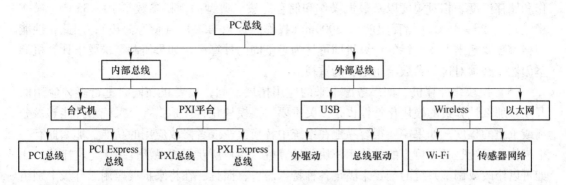

图 6-12 常见总线的分层结构图

行软件来控制虚拟仪器数据采集设备，并分析测量数据及保存结果，因此相比于传统的台式仪器系统更具灵活性。

6.4.5.1 计算机选型指南

选择计算机时，一般情况下要考虑以下几个因素，再综合衡量与选型。

（1）计算机处理能力。几乎每台计算机都具有三个影响数据管理能力的关键部件：处理器、内存（RAM）和硬盘驱动器。处理器是计算机读取和执行命令的部分，可以将它看做是计算机的大脑。大多数新型计算机中的处理器是双核或四核的，这意味着计算机可以使用两个或更多的独立实际处理单元（称为"内核"）去读取和执行程序指令。一台计算机的处理能力还包括 RAM 容量大小、硬盘驱动器空间的多少以及处理器速度的快慢。更大的 RAM 容量可以提高运行速度并能够同时运行更多应用程序。更多的硬盘驱动器空间可以使计算机储存更多的数据。最后，更快的处理器能够更快的处理数据分析、算法求解等应用。总而言之是越快越好，但是不同品牌的处理器速度可能不一样。例如需要分析或保存从应用获取的数据，那么处理能力就是考虑选择计算机的关键因素。

（2）计算机的便携特性。如果虚拟仪器应用系统经常变动使用地点，那么便携性能就是选择计算机时需要考虑的关键因素之一。例如，对于在现场实地测量，然后返回实验室分析数据的情况，便携式计算机是必不可少的。如果需要在不同地点进行监测，便携式也是至关重要的性能。当评估计算机的便携性能时，关键的考虑因素是其尺寸大小及重量。现场测量时携带一个难以移动的笨重计算机构成的系统显示是不明智的。

（3）计算机选择的经济性。预算几乎是每个项目中都需要关心的问题，而计算机的成本很有可能占用系统总体成本的一大部分。计算机性能和外观因素占据了计算机总成本的很大比例。在选择计算机时，需要在价格和性能之间折中考虑，越高性能的计算机成本越高。例如，一台具有快速处理能力的计算机显然会贵一些。此外，外观因素也对计算机成本有很大影响。一个典型的例子是：具有相似功能的笔记本电脑与台式计算机，笔记本电脑由于其具有便携性，要更加昂贵。最后，那些满足工业应用规格，或者针对仪器应用进行过优化的计算机，由于能够用于构建坚固的测试平台，其成本也会较高。

（4）计算机的坚固性。如果是在一个极端恶劣的环境中部署监测应用，那么计算机的坚固性会是一个重要的因素。用于描述计算机坚固性的规格参数主要是指其操作环境条件。现有的商用个人电脑的设计无法承受工业环境条件。例如，计算机的操作条件包括操作和储存温度、相对湿度以及最大操作和储存海拔。典型的规格参数是 10 ~ 35℃（操作稳定），－25 ~ 45℃（储存温度），3000m（操作海拔），4500m（储存海拔）；因此，性能规格参数要超出上述指标的计算机即可认为是坚固的计算机。如果研制需求要求计算机的坚固性，必须对这些参数给予足够的重视。

（5）模块化计算机。如果考虑未来的应用拓展空间，或者正在同时进行多种应用的开发，那么计算机的模块化特性也是至关重要的。模块化特性是指一个系统组件能够被分离或重组的程度。如果需要很容易地在系统中替换模块或者修改应用的功能，那么拥有一个模块化系统是必不可少的。使用模块化计算机，用户所获得的灵活性是无与伦比的。比如可以修改或调整系统的配置来满足各种特殊需求；而且，在将来扩展应用或升级个别组件时也无需购买整个全新系统。使用模块化系统，如果需要更大的存储空间，用户可以安装一个新的硬盘系统；如果需要更快速的采样率，可以使用带有更快速的模拟数字转换器的数据采集设备。需要注意的是，虽然笔记本电脑和上网本电脑提供了便携性，但是由于它们集成度太高而很难更新配置。如果用户需要在满足当前应用的同时适应未来需求，那么模块性是一个重要的参数。

（6）实时操作系统。为数据采集选择计算机时，其操作系统的性能是一个重要问题。到目前为止，最常见的通用操作系统是 Windows，但是数据采集和控制应用有时要求更专业的操作系统。一个实时的操作系统能够进行更具确定性的操作，这意味着应用可以根据精确的时间要求而执行。实时的操作系统具有执行的确定性，这是因为操作系统自身不会指定哪个进程在什么时间执行，而是由用户定义执行顺序和时间。这使用户可以更大程度地控制测量应用，而且相比于不确定性的操作系统，能够以更快的速率执行。

在综合考虑上述因素的基础上，可能参照表 6-8 进行计算机的选择。

表 6-8　常用数据采集计算机选型指南

数据采集计算机	PXI 系统	台式机	工控机	笔记本	上网本电脑
处理能力	最好	最好	更好	更好	好
OS 兼容性	最好	最好	好	更好	好
模块化	最好	更好	更好	好	好
坚固性	更好	更好	最好	好	好
便携性	更好	好	好	最好	最好
成本	好	更好	好	更好	最好

6.4.5.2　计算机类型概览

目前，可用于虚拟仪器系统中进行数据采集的电脑共有 5 种，即 PXI 总线电脑、台式机、工控机、笔记本电脑和上网电脑。计算机主要用来与数据采集硬件进行通讯和控制，因而其选型必须依据数据分析需求，如系统工作环境、系统需根据通道数量等。

A　PXI 系统

如本书前面章节所述，PXI（用于仪器的 PCI 扩展）是一个模块化的、坚固的、基于 PC 平台的测量和自动化的系统。PXI 系统由控制器、机箱及其模块化仪器组成。PXI 控制器运行操作系统，并作为"主机"为系统服务；它包含处理器、RAM 以及硬盘驱动器等。机箱用于容纳控制器，并包含从 4 到 18 个插槽。用户可以用来将主机与仪器组合成一个单一的紧凑的整体。如果虚拟仪器应用包含多种测量并且要求设备间严格同步，或者如果仪器需要适应将来的应用，那么 PXI 可能是最佳选择。PXI 是一个功能强大的、灵活的仪器平台；尽管 PXI 系统由于其模块性，可能比一个带有 USB 仪器的笔记本电脑或台式机初始成本要高，但是 PXI 系统能够在将来对仪器进行更改时节省时间和金钱。

B 台式机

台式机就是一台用在某一固定位置的常规计算机。台式机通常用在办公室、实验室等不是特别恶劣的环境中。这种计算机有几部分组成：监视器、键盘、鼠标以及主机本身。因为台式机有很多部分组成，所以通常不会想要频繁地将它移到不同的地方。尽管如此，由于台式机尺寸较大，它们能够散发更多热量，使得它们能够存储更大更强的处理器。因此，台式机的优势所在就是其处理能力。如果需要快速地分析数据或者记录数据到硬盘，且不需要移动，那么台式机可能正是用户所需要的。

C 工业计算机

工业计算机，顾名思义，即适用于工业或恶劣环境的专用计算机，图 6-13 所示是一种典型的工业计算机。工业计算机具有坚固的机械设计，并且适用于严苛的振动、温度和湿度的环境。但是，由于其坚固的设计，这些计算机要比其他类型的计算机昂贵。工业计算机的性能对于许多应用是必不可少的，如果需要在恶劣的环境中部署监测应用，工业计算机将是最佳选择。

图 6-13 工业计算机

D 笔记本电脑

笔记本电脑是专为移动应用而设计的计算机。由于其尺寸小，笔记本电脑通常用于创建便携式测量系统。笔记本电脑的所有部件都集成在一个单元内，这使得很容易将它从一个地方移动到另一个地方。笔记本电脑让使用用户能够轻松地自由监测多个地方的不同应用。但是因为所有的部件都在一个单元内，需要保证笔记本电脑的使用环境足够好，使其免受损坏。例如，大多数笔记本电脑不适用于灰尘或潮湿环境。如果需要一台能够分析和储存数据的便携式通用计算机，那么笔记本电脑或许可以满足需求。

图 6-14 上网本电脑

E 上网本电脑

上网本电脑也是可移动使用的计算机，和笔记本电脑很像，如图 6-14 所示。上网本电脑尺寸非常小并且成本低，主要是由于其部件成本较低，而且处理能力较低。使用上网本电脑，牺牲了处理能力以及外设连接端口，但是最终获得了一个极其轻便的计算机，且其价格高性能计算机的几分之一。上网本电脑是成本、尺寸大小以及性能间的折中选择。如果需要一台用于数据采集、并能够进行简要分析的低成本便携式计算机，那么上网本电脑是用户的理想选择。

6.4.6　驱动软件的选择

在开发数据采集（DAQ）系统时，驱动软件常常被忽视。驱动软件是处理硬件系统和应用软件之间的通讯层。尽管硬件的性能指标很重要，但若使用了较差的驱动软件也会对整个系统的开发时间和性能产生很大的影响。可以使用两种不同的方式控制仪器：通过直接 I/O 命令，或者使用仪器驱动。

在选择一个用于数据采集系统的驱动软件时，需要注意如下 5 个方面。

6.4.6.1　仪器驱动与操作系统的兼容性

操作系统的种类繁多，包括 Windows、Mac 操作系统，以及 Linux 等；这些操作系统各有所长，适用于不同类型的任务和操作。每种操作系统也会包含不同的版本、发布方式以及针对特定处理器的特殊设计。例如，Windows 操作系统家族包括 Windows XP、Windows Vista 以及 Windows 7 等，且针对 32 位和 64 位处理器都有不同的适用版本。由于 Linux 系统是开源的，因此其变种多达数百个。每个类型、发布或版本的操作系统的功能都会有所差异，且操作系统之间可能相互兼容，也可能不兼容。下面两点也应该注意：

（1）对于即插即用的仪器驱动，是专门针对一个特定的应用开发环境（ADE）而设计的，可用于此 ADE 所支持的所有操作系统。

（2）IVI 仪器驱动仅支持 Windows 操作系统。

6.4.6.2　驱动程序与应用软件的兼容性

仪器驱动与应用软件的兼容程度不尽相同。每个仪器驱动的核心都是一个函数库（DLL），用于管理与仪器的通讯。正常情况下，厂商会提供针对此函数库的说明文档；而在某些情况下，厂商会提供此函数库针对各种编程语言环境的封装。这些封装是一些简短的代码，将函数库内的函数翻译成兼容于特定编程语言的接口。有时，可能没有针对您期望的某个编程语言的封装或者根本就没有任何封装，此时可以使用直接 I/O 命令与应用软件进行交互。

如果该仪器驱动与应用软件本身就是集成在一起的是比较理想的。在这种无缝的集成关系下，驱动中的函数和文档都内置于应用软件中，总体性能更好。

（1）即插即用的仪器驱动提供源自某个应用开发环境（ADE）的源代码。有了源代码，用户即可对仪器驱动进行修改、自定义、优化、调试和增加功能。源代码还可以让即插即用的驱动得以跨平台兼容，因此可以在该 ADE 所支持的任意一个操作系统内使用该驱动。

（2）IVI 仪器驱动是基于两种不同的架构开发出来的驱动，包括：基于 ANSI C 的 IVI-C 驱动和基于 Microsoft 组件对象模型（COM）技术的 IVI-COM 驱动。两种架构的设计初衷就是并存发展，不相互排斥。

6.4.6.3　驱动程序技术文档的齐全性

仪器驱动通常会包含各种形式的文档，包括用户手册、函数参考、版本发布注意事项、已发现的问题以及范例代码等等。如果所提供的文档杂乱、不完整，会非常浪费用户时间。如果一个驱动的编程接口相关的文档不够详尽，用户不得不通过反复试错的方式确定其功能，这样会非常耗时、且令人沮丧。虽然反复试错是一种学习驱动的功能和句法的有效方式，但是仍需在必要时找到手册以便查询。因此，如果驱动的文档能够编排合理、内容详尽，能够给用户带来极大帮助。

良好的驱动软件相关文档应该内容完整、便于浏览、易于遵循。比较理想的情况下，还应该提供相关的编程语言提供范例代码，并提供详细的、包含有用信息的错误消息。开发人员应该事先了解驱动软件的文档情况，避免在后续使用中遇到麻烦。

6.4.6.4 驱动软件包含的启动或诊断工具

除了相关文档以外，驱动的启动和诊断工具可以帮助用户快速地安装和运行驱动，而且可以对错误进行诊断。用户应该充分利用大多应用开发环境所提供的交互式直接 I/O 功能。

6.4.6.5 驱动软件对其他设备/器件的适应性

开发人员往往很难决定现有数据采集系统在未来需要哪些改变或扩展。现有的系统可能需要更新为更高规格的硬件或集成附加的测试功能。驱动程序有可能仅适用单一硬件资源，也可能是为一系列硬件设计的。

为单一硬件资源设计的驱动软件比系列硬件的驱动程序更为轻巧。但是这种驱动软件也具有明显的不足，当需要增加新的硬件设备或替代存在的某种设备时，在驱动软件中增加对应的驱动程序的代码编写工作量非常大。驱动软件的编程接口的结构可能需要改变，代码的重写或改编量也是很大的。

另一方面，支持系列硬件的驱动软件更容易进行硬件的更新和功能的增加。对所有硬件的程序接口是一致和稳定的，增加新的设备时仅仅是一个简单的替代工作，代码的更新量很小或几乎没有。这类驱动软件往往支持同步采样及包含早期硬件的混合测量等其他特性。

6.4.7 为测量系统选择合适的应用开发软件

应用软件是现代数据采集（DAQ）系统的核心。因此，选择一个既能够满足当前应用需求，又可以随着系统的完善不断扩展的应用软件非常重要。如果因当前的代码不便扩展，导致不得不使用新的应用软件重写代码，这个过程将会相当困难。在为数据采集系统选择最佳的应用软件工具时，需要考虑如下方面的问题，再进行取舍。

6.4.7.1 应用软件能否满足未来需求

数据采集程序开发软件工具中既有现成可用的程序，也有可以完全自定义的应用开发环境。如果仅仅考虑现有的系统开发需求，那么可以很容易地对开发软件作出选择。但是，对于这个软件工具能否随着系统的不断完善成熟而进一步扩展，则需要慎重考虑。

现成可用的软件工具通常具有预先设定好的功能，可以完成特定的测量或测试任务，其仪器功能选项比较有限。如果这些功能恰好能够满足数据采集系统开发的当前需求，而且也不需要在未来扩展或修改该系统功能的话，那么这种类型的软件工具是一个不错的选择。但是，现成可用的应用软件的问题在于，当开发人员想要在现有的仪器控制系统中添加新的功能时，就很难实现。

为了充分利用应用软件工具，使其在满足当前系统需求的同时，还可以不断地扩展，就需要选择一个可以用于开发自定义应用程序的应用开发环境。应用开发环境非常灵活，可以将仪器驱动集成到软件中，开发自定义的用户界面（UI），通过编写代码实现所需的测量和测试功能。这种实现方式的唯一不足在于，需要提前花些时间来学习编程语言，才能开发自己的应用程序。这样看起来会花些时间，而事实上，应用开发环境产品发展至今，已经能够提供各种各样的工具，帮助用户尽快入门。这些工具包括在线培训和实地培训、入门范例、代码生成助手、社区论坛，以及来自应用工程师和支持团队的帮助。

6.4.7.2　需要多久才能掌握该软件

学习一个新的软件所需的时间因人而异，这取决于所选择的软件工具的类型和/或数据采集应用软件系统所需的编程语言。

现成可用的软件工具非常简单易学，因为其编程的细节已经被抽象了。在为系统选择自定义应用软件时，需要确保能够获取足够的学习资源，以尽快地掌握该工具。这些资源包括用户手册、帮助信息、在线社区以及技术支持论坛等。

应用开发环境通常需要花费较多的时间进行学习，但实际上，其中大部分的时间都是用来学习开发应用所需的编程语言。如果所用的应用开发环境中的编程语言恰好是已经掌握了的，那么用户就可以快速成为一位编程专家。

许多开发环境都可以在一个框架下集成甚至编译一种或者多种不同的编程语言。用户在选择某个需要学习编程语言的应用开发环境时，应该选择那些可以让人专注于工程问题本身的开发环境，而不应该将大部分的时间耗费在编程语言的底层细节上。基于文本的编程语言（例如 ANSI C/C++）通常较难掌握，因为必须遵守其复杂的语法、句法规则，才能够成功地编译和运行代码（如图 6-15 所示）。

```
int32 CreateDAQTaskInProject(TaskHandle *taskOut1)
{
    int32 DAQmxError = DAQmxSuccess;
    TaskHandle taskOut;

    DAQmxErrChk(DAQmxCreateTask("DAQTaskInProject", &taskOut));

    DAQmxErrChk(DAQmxCreateAIVoltageChan(taskOut, "Dev1/ai2",
        "Voltage", DAQmx_Val_Diff, -10, 10, DAQmx_Val_Volts, ""));

    DAQmxErrChk(DAQmxCfgSampClkTiming(taskOut, "",
        1000, DAQmx_Val_Rising,
        DAQmx_Val_FiniteSamps, 100));

    *taskOut1 = taskOut;

Error:
    return DAQmxError;
}
```

图 6-15　ANSI C 代码

图形化系统设计软件（例如 NI LabVIEW）通常较容易掌握，因为它的实现方式非常直观，而且其视觉效果与工程师的思维方式一致（如图 6-16 所示）。

6.4.7.3　软件是否集成了开发所需驱动和其他高效工具

开发人员往往认为将测量设备集成到数据采集系统中只需设备驱动即可。他们通常不会考虑将设备驱动与开发系统所需的应用软件集成。为了成功地将整个系统进行集成，需要选择那些可以相互兼容的驱动和软件工具。

数据采集系统通常需要与整个系统以及数据管理软件进行集成，以用于后处理分析或者数据存储。需要确保所选择的应用软件在采集到数据之后能够很容易地对数据进行

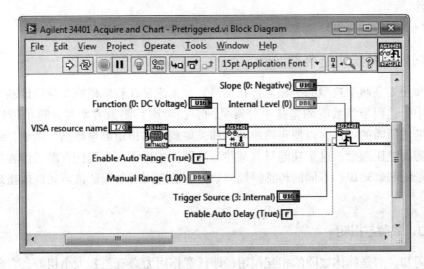

图 6-16　LabVIEW 代码

管理。

　　对于测量系统来说数据分析是一个常见功能，大多数用于数据采集应用软件使用信号处理工具或者 API 来实现数据分析功能。需要确保此应用软件能够提供系统中所需的分析功能，否则就要同时面对学习两个软件环境，即数据采集软件和数据分析软件，而且还要很艰难地完成二者之间的数据传输。如此就非常麻烦。

　　在一个数据采集应用中，数据的可视化与数据存储通常是伴随存在的。所选择的应用软件应该能够很容易地对所采集的数据进行可视化。可视化的方式可以通过一个预先定义的 UI，也可以通过自定义的 UI 控件来实现，这样就可以将其展示给用户。此外，应用软件应该能够以很简单的方式与整个系统和数据管理系统进行集成，从而存储大量的数据或者大量测试结果。因此常常需要将数据存储起来，等一段时间再进行处理。因此应用软件应该包含实现各种各样的存储和共享功能的工具。这样，就可以进行后处理和生成标准的专业报表，以便灵活实现数据和信息的交互。

6.4.8　数据采集系统集成

　　开发一个用于测试和控制的高质量数据采集系统时，开发者应从系统需要分析入手，考虑系统的各项功能需求和技术经济指标，然后进行详细的方案设计，研究系统的结构、功能和实现方式，根据系统方案选择符合要求的 DAQ 硬件、驱动器软件和虚拟仪器软件开发平台及一些附属设备，进行软件的设计和系统调试。

　　在 DAQ 系统集成时，应充分考虑系统中应用到的各个组件，在 DAQ 硬件满足系统要求的条件下，软件部分就是最重要的。由于插卡式 DAQ 板没有任何外部显示，软件是系统唯一的对外接口，系统控制以及系统信息的显示都依赖于软件。因此，DAQ 软件的选择十分关键，无论是在驱动器层，还是应用软件层，好的软件选择能够极大地节约系统开发时间和费用。例如，如果采用 LabWindows/CVI 作为虚拟仪器的软件开发平台，开发者就可以使用其中高级分析库中的信号处理函数，轻松地实现信号的频域分析、滤波和加窗等多种操作。

虚拟仪器的软件开发环境和软件设计将在后续章节进行介绍。

6.5 数据采集系统构建典型案例

载荷和扭矩是两个典型的机械运行状态参数，无论是在教学研究、故障诊断和教学实验等过程中，这两个参数的测量是十分常见的。在考虑其测量方案时，除了传感器特性外，必须考虑所需的硬件，以便正确地调理和采集载荷和扭矩测量数据。例如，未经调理的传感器需要电压激励，这个功能只有某些测量硬件才提供。本案例有助于读者理解载荷与所知测量的基础知识、不同的传感器规范如何影响应用所使用的液压元件或扭矩传感器的性能。

6.5.1 力、载荷与扭矩

众所周知，力是物体之间的相互作用，即任意作用力必有与其大小相等、方向相反的反作用力。力可认为是通过推、拉物体形成的，它是一个矢量，即有其大小和方向。

载荷通常指施加于物体之上的力。力或载荷的国际单位是牛顿（N），图6-17所示是一种测压元件。测压元件可直接测量力或重量。传感器通过测量物体受力后产生的形变，将机械力转换成电信号。这种传感器的一个典型应用是测量料斗中的干或湿物料。通过测压元件测得的重量，即可得出料斗中物料的数量。

扭矩是使物体围绕轴转动的一种力矩。正如力是推拉产生的，扭矩是通过扭转物体产生的。扭矩的国际单位是牛·米（N·m）。用一个简单的公式来表示，扭矩等于力乘以力臂，顺时针施加的扭力为正，逆时针为负。扭矩传感器是贴在扭杆上的应变计组成。扭杆转动时，应变计会产生与扭矩成正比的剪切应力。滑环式旋转扭矩传感器可用于测量启动、运行和怠速时的扭矩水平，其外形如图6-18所示。

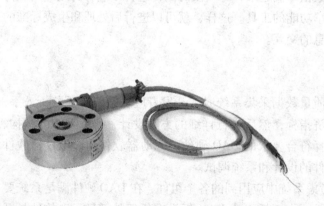

图6-17 测压元件用于测量力或重量　　　　图6-18 扭矩传感器

6.5.2 测压元件的工作原理

虽然不同类型的测压元件以不同的方式工作，但最常用的测压元件是应变式测压元件。通常情况下，应变式测压元件是一个磁轭组件，其中应变计按照惠斯通电桥配置排列，以测试对组件施加力后产生的应变。这些传感器通常都经过校准或标定，电阻变化可直接反映力的变化。液压和气动测压元件较不常见，这类传感器可直接将力转换成压强。当力作用于活塞或传感器膜片的一端时，膜片的另一端将产生一个与该力平衡的压力（气动或液压），该压力可通过传感器测量出来。

结构（弹性体）是测压硬件/应变计最重要的机械组件。结构会响应所施加的载荷，并将该载荷转换成独立的均匀应变场，应变计放置在应变场中就可以测量载荷。测压元件主要有以下三种结构，即多弯梁结构、多柱结构和轮辐式，这三种结构是所有可能测压元件配置的基本构建块。

如图6-19（a）所示，多弯梁测压元件量程较小（20～22kN），采用轮状弹性体，可适应低外形传感器。每个桥臂上装有四个或四组有源应变计，每一对应变计具有大小相等方向相反的应力（即拉力跟张力）。

图6-19（b）所示的多柱式测压元件采用多柱结构，量程较大（110kN～9MN）。每个桥臂装有四个有源应变片，其中两个沿应变主轴对齐，另外两个相互垂直，以补偿泊松效应。

图6-19（c）所示的轮辐式称重传感器量程适中（2kN～1MN），采用直剪式轮状径向辐射弹性体。每个桥臂装有四个有源应变计，应变片贴在辐射体的两侧，与悬梁轴呈45°。

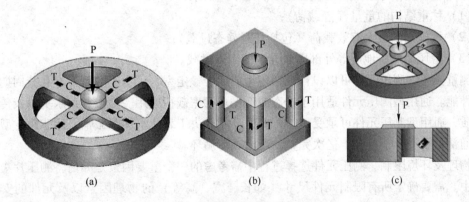

图6-19 测压传感器原理示意图

（a）多弯梁结构；（b）多柱结构；（c）轮辐式

6.5.3 测压元件的选择

测压元件有两种基本工作模式：压力模式，其中称重斗放置在一个或多个测压元件上；张力模式，其中称重斗悬挂在一个或多个测压元件上。可以使用前面介绍的任意测压元件配置设计不同的测压元件结构来测量压力或者是同时测量压力和张力。

除了要考虑主要测量方法外，在选择测压元件时还应重点考虑量程、精度、物理安装限制以及环保要求。仅考虑一个因素是无法正确预测传感器的性能，我们需要综合考虑传感器的各项参数以及测压元件的配置方式。表6-9比较了不同测压件的量程、精度、灵敏度以及价格。

表 6-9 测压元件选型指南

测压元件	价格	质量范围 klb	精准度	灵敏度	比 较
梁式传感器	低	10 ~ 5	高	中等	1. 储料罐、台秤 2. 适用于线性力测量 3. 应变计外置，需要保护
S 形梁式测压元件	低	10 ~ 5	高	中等	1. 储料罐、台秤 2. 耐侧向高载荷 3. 偏心载荷 4. 密封和保护较好
筒式传感器	中等	最高达 500	中等	高	1. 卡车、储料罐和料斗称 2. 允许载荷移动 3. 无水平载荷保护
轮辐/低外形	低	5 ~ 500	中等	中等	1. 全不锈钢材质 2. 储罐、货柜、天平 3. 不允许载荷移动
按钮和垫片式	低	0 ~ 50 或 0 ~ 200	低	中等	1. 载荷必须居中 2. 不允许载荷移动

量程：定义最大跟最小重量要求。选择测压元件时，应确保量程超过最大工作载荷，并确定外加载荷和力矩。载荷量程必须满足下列需求：

（1）称重结构的重量（静载荷）；

（2）可施加的最大有效载荷（包括任意静态过载）；

（3）由风荷载、地震等外部因素导致的额外过载。

测量频率：测压元件可以设计成通用型或疲劳额定型，可承受数百万次载荷周期而不影响性能。通用型测压元件适用于静态或低循环频率载荷应用。根据载荷水平以及传感器的材质，通用型测压元件可承受 100 万次循环。取决于载荷水平跟振幅，疲劳额定型测压元件通常可承受 5 千万至 1 亿次完整的反向载荷循环。

物理及环境限制。测压元件选择过程中需考虑的一个重要因素是如何将测压片集成到系统中。需要确定所有限制元件尺寸（如长、宽、高等）的物理因素以及元件的安装方式。大部分拉力和压力测压元件在顶部及底端使用中心内螺纹进行固定，也有用外螺纹，或内外螺纹混合使用的情况。另外还需要充分考虑系统运行方式及极端运行条件——最宽的温度区间、所需测量的最小重量变化、极端的自然环境（如洪水、暴风雨、地震）以及最大过载条件。

6.5.4 扭矩传感器的工作原理

6.5.4.1 静态扭矩传感器

静态扭矩是电能在传输及吸收过程中，设备的旋转部分对固定部分所施加的一个转力或扭矩。当驱动源施加旋转动力而荷载源保持固定，此时检测出的扭矩就是静态扭矩。静态扭矩传感器的传感元件由于固定在外壳上而受到限制，无法旋转 360°，而且没有线缆包裹。此类传感器多用于测量往复搅拌运动的扭矩。由于静态扭矩传感器不使用轴承、滑环或其他旋转元件，因此安装和使用成本较低。

6.5.4.2 动态扭矩传感器

动态扭矩传感器的设计和应用与静态传感器大致相同，不同的是动态扭矩传感器的位置与待测设备成一直线。由于动态扭矩传感器的轴可以 360°旋转，可将旋转体发出的信号传输到固定表面。传感器可以采用滑环、旋转变压器或遥测方法完成测量。

6.5.4.3 滑环法

滑环法就是将应变桥连接到旋转轴上的四个银滑环。银石墨碳刷在滑环上摩擦，为桥激励输入和输出信号提供电通路。可使用交流或直流电源来激励应变桥，图 6-20 为滑环法测量原理示意图。

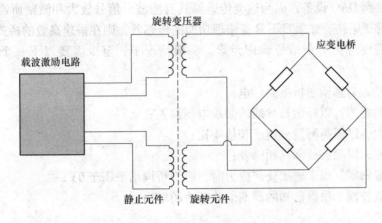

图 6-20　滑环法测量原理图

6.5.4.4 旋转变压器

对于变压器法，旋转变压器与传统变压器的差异就在于其主或次线圈可以旋转。一个变压器将 AC 激励电压输送到应变桥，另一个变压器将信号输出传送到传感器中非旋转部分。这样，两个变压器取代四个滑环，传感器的旋转元件和固定元件之间无需直接接触。

6.5.4.5 数字遥测

数字遥测系统中没有任何接触点。整个系统由收发器模块、耦合模块、信号处理模块组成。扭矩传感器集成在发射器模块中，对传感信号进行放大，数字化并调制射频载波，由卡尺耦合模块（接收器）接收。任何信号处理模块将射频载波恢复成数字测量数据。

6.5.5　如何选择扭矩传感器

与测压元件一样，扭矩传感器的选择主要取决于量程需求以及物理或环境因素。

6.5.5.1 量程

要正确选择量程，就要先确定所需的最大和最小扭矩。多余的扭矩和力矩会增加复合应力，从而加速传感器疲劳，影响精准度和性能。除了扭矩以外的任何载荷，如轴向载荷、径向载荷、弯曲载荷都视为外载荷，应予以事先确定。如果安装时不能将这些载荷的影响最小化，可以参照传感器文件，判断外载荷是否在传感器的载荷范围内。

6.5.5.2　物理和环境要求

评估所有物理约束条件（如长度、直径等）以及扭矩传感器在系统中的安装方式。充分考虑传感器的运行环境，确保在较宽温度范围、湿度和污染（油、污垢、灰尘）环境下的性能。

6.5.5.3　每分钟转速

动态扭矩传感器的转速取决于传感器的运行时间及速度。

6.5.6　载荷和扭矩传感器的信号调理

载荷和扭矩传感器可以具有调理功能，也可以不具有调理功能。具有调理功能的传感器可直接连接到 DAQ 设备，因为这类传感器具有滤波、信号放大和激励所需的组件以及测量所需的常规电路。如果是不具备调理功能的传感器，则在搭建高效的桥式载荷和扭矩测量系统时需要考虑多个信号调理元素。一般情况下，至少需要以下一个或多个调理功能：

（1）激励，为惠斯通桥电路供电；

（2）远程感测，以补偿长导线的激励电压误差；

（3）放大，以提高测量分辨率和信噪比；

（4）滤波，以除去外部高频噪音；

（5）偏置归零，当未施加任何应力时，可将桥输出平衡至 0V；

（6）分流校准，根据已知的预期值验证桥的输出。

小　结

本章首先介绍了基于 PC 的数据采集系统的基本知识点。包括数据采集系统的基本组成部分、市场上的数据采集硬件产品（主要是 NI 公司）的种类及特点、各种数据采集硬件的应用领域等。其次介绍了数据采集系统的构建与集成方法，包括传感器的选择、DAQ 硬件的选型、计算机总线和主控计算机选型、硬件驱动程序和应用程序开发平台的选择等。最后给出了力、载荷和扭矩测量系统组建的典型案例。

数据采集系统构建还包括分析工具、可视化技术、数据储存格式和报告生成工具的选择等内容，这些内容本章未能详细论述，读者可参阅相关参考文献和 NI 公司网站相关的内容介绍。

 ## 习　题

6-1　简述基于 PC 的数据采集系统的结构，说明各组成部分的功能。

6-2　数据采集系统的硬件设备分哪几类，各有什么特点？

6-3　数据采集系统的驱动软件和开发软件的如何选择？

6-4　试利用 RTD 温度传感器和 USB 总线采集设备构建一套温度测量系统，说明系统功能，并画出系统硬件和软件结构图。

第7章　工程装备故障检测系统设计

7.1　概述

电子设备故障检测系统主要为设备维修站提供一套智能化的故障检测设备，以满足使用单位对新装备电子设备技术状态的检测和故障诊断的需求。该系统可对某典型工程装备电子设备进行使用完好性检测和故障诊断，故障可定位到独立设备和板级可插拔单元（或组合）。同时，针对识别诊断出的故障可提供可视化的维修辅助指导。该虚拟仪器系统由检测诊断平台、适配器、连接电缆等组成。

7.1.1　虚拟仪器的通用设计流程

虚拟仪器系统的设计步骤与传统的仪器设计有较大的差异，这主要是由于数字化技术在虚拟仪器系统中的大量采用。同样，它与一般的软件开发也有较大不同，因为虚拟仪器系统的软件和系统硬件有紧密的关系。虚拟仪器系统的设计更像一般的测控系统设计。与通用测控系统设计相同，系统的维护与测试也应在总体设计阶段予以考虑。虚拟仪器的基本设计过程如图 7-1 所示。

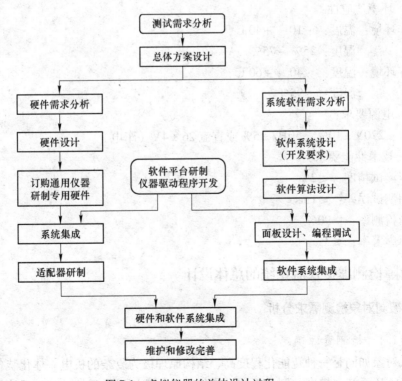

图 7-1　虚拟仪器的总体设计过程

本节分别依据此设计流程，对电子装备故障检测虚拟仪器的总体设计（硬件结构与软件体系设计）、程序编码、系统测试与维护进行说明。

7.1.2　故障检测系统的设计原则与设计依据

在故障检测系统的设计制作中遵循的指导思想包括：

（1）安全性：从技术设计上考虑，进行检测诊断时确保对操作手以及被测设备的安全；

（2）可靠性：尽最大可能检测到所有可以被检测的信号，确保检测全面、诊断可靠；

（3）经济性：元器件、原材料在满足设计要求的前提下，尽量考虑经济性，降低成本；

（4）可行性：对元器件、原材料的选购立足国内市场，从信誉好、产品质量高且有可靠供货保证的厂商处选购产品；

（5）方便性：在设计中充分考虑了使用、维护要求，保证操作方便，便于维护保养。

故障检测系统的主要设计指标包括：

（1）可对系统状态进行在线检测，包括输入信号、输出信号和总线状态，通过检测判断两栖装甲路面电子设备是否正常；

（2）出现故障时可提供故障定位信息，为排除故障提供参考；

（3）具有上装作业状态模拟功能，可对作业控制器和操纵台进行模拟调试和检测；

（4）战术性能要求：

测试准备时间：≤10min

连续工作时间：≥8h

故障诊断时间：≤30min

（5）环境适应性：

工作环境：温度：－10 ~ ＋40℃

湿度：25% ~75%

储存环境：温度：－40 ~ ＋60℃

湿度：≤95%

（6）电源要求：

交流：220V ±10%，50Hz ±5% 或直流 26 ±4V（车电）

（7）技术性能要求：

电压测试精度：≤2%

时间测试误差：≤1ms

故障检测率：≥90%

故障虚警率：≤3%

7.2　故障检测虚拟仪器系统的总体设计

7.2.1　被测对象检测需求分析

7.2.1.1　检测资源确定

测试对象如同是一种智能化程度高、结构原理极为复杂的机电一体化装备，主要由动力系统、液压系统、转向与制动系统、工作装置与液压操纵系统、电气系统等组成。对其进行检测的单元主要包括操纵插槽、控制器、扶手箱、传感器和开关、监控器、液压系统等。既有大量的开关量，也有很多模拟量，有些被测单元的检测还需要激励信号，例如表7-1为传感器和开关检测信号与类型。从表7-1中可以看出，检测对象既有开关信号，又有模拟信号，并需要提供激励信号。项目设计中，根据被测对象的信号类别、测试内容、测试方式、分析方法、维修方式等问题进行综合归纳总结，建立起统一的需求分析参数模型，为虚拟仪器的总体设计和硬件资源的选型打下基础。

表7-1　传感器和开关检测资源要求与分配

检测信号	资源要求	信号分配	判断准则
电源线	VI	C3 VI0	电压正常
充电电压	VI	C3 VI1	充电电压为 24～28 V
水温传感器	VI	C3 VI2	输出信号正确
液温传感器	VI	C3 VI3	输出信号正确
油位传感器	VI	C3 VI4	输出信号正确
水平传感器 X	VI	C3 VI5	输出信号正确
水平传感器 Y	VI	C3 VI6	输出信号正确
停车制动开关	DI	A3 DI3	开关有效
熄火开关	DI	A3 DI2	开关有效
前大灯开关	DI	A3 DI5	开关有效
转向灯	DI	A3 DI6	开关有效
转向灯	DI	A3 DI7	开关有效
低速行驶	DI	A3 DI8	开关有效
低速回转	DI	A3 DI9	开关有效

参照表7-1，对被测设备上所有信号进行统计，确定需要进行测试的信号约有200个，涉及信号连线近300根。在此基础上，进一步分析测试信号对资源的需求，将有关属性相同的信号合并处理，并根据不同性质的信号要求制定对应的调理方式，得出测试资源需求：

DO（数字量输出）：53路；

DI（数字量读入）：64路；

AI（模拟量读入）：15路；

AO（数字量输出）：2路；

MUX（中频多路开关）：2路1×10选择开关；

RS232_com（串口）：2路。

7.2.1.2　检测控制方式

故障检测系统对被测设备进行检测，所有检测均通过适配器进行，适配器完成接口类型、调理信号、电平的转换，将各种调理信号统一到标准I2C总线上。适配器采用模块化、系列化、标准化设计，因此可适应各种调理信号的连接方式。各模块的激励响应均由控制计算机统一协调。

7.2.1.3 检测流程

控制计算机向适配器发出开始发送指令，该适配器收到指令后，将按指定检测的顺序给被测设备加上检测信号。在检测信号发出后，控制计算机按设备工作流程向对应的模块发出开始接收指令，模块收到接收指令后，对其管理的所有设备进行测量，并将测量结果汇报到控制计算机。控制计算机收到检测结果后，根据故障检测系统的要求进行综合判断，并显示判断结果。

以表 7-2 的操纵盒检测流程为例，在每一检测步骤，检测仪根据检测需求，向被测单元发送激励信号，如操纵盒电源开关检测时，检测仪通过适配器和电缆，向操纵副提供电源，这里操作电源开关，检测仪接收开关输出信号，根据信号和按键状态的一致性，确定开关状态的异常。

表 7-2 操纵盒检测流程表

检测步骤	检测信号	判断准则
1	控制器供电	状态正常
2	总线通信	状态正常
3	操纵盒电源开关	收到信号和按键状态一致
4	作业方式开关	收到信号和按键状态一致
5	拔定位销开关	收到信号和按键状态一致
6	拔支架销开关	收到信号和按键状态一致
7	作业回转开关	收到信号和按键状态一致
8	运输回转开关	收到信号和按键状态一致
9	前绞盘放绳开关	收到信号和按键状态一致
10	前绞盘收绳开关	收到信号和按键状态一致
11	阻尼绞盘放绳开关	收到信号和按键状态一致
12	阻尼绞盘收绳开关	收到信号和按键状态一致
13	后绞盘放绳开关	收到信号和按键状态一致
14	后绞盘收绳开关	收到信号和按键状态一致
15	阻尼绞盘锁紧开关	收到信号和按键状态一致
16	动车开关	收到信号和按键状态一致

7.2.2 总体结构设计

在上述此测试资源需求分析的基础上，确定了系统的硬件总体技术方案，如图 7-2 所示。硬件设备采用了"主控计算＋模块化仪器＋连接器＋信号适配器＋测试电缆＋被测单元"的结构形式。其中控制计算机、模块化仪器和显示、键盘等外设附件等均为标准设备，只需选型、购买和调试集成即可。而适配器必须根据被测设备检测需求进行设计，因而适配器的设计是虚拟仪器硬件设计的重点。

其中模块化仪器和主控计算机两部分集成一个独立单元，称之为现场检测诊断平台，既可由 NI 公司的 PXI 模块化仪器平台构成，在紧急或就便测量时，也可以为便携式计算机。

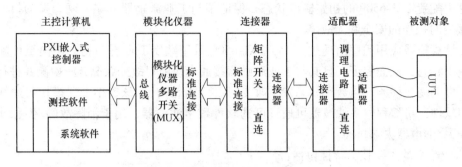

图 7-2 故障检测系统的模块化结构图

7.3 PXI 模块化仪器（现场检测诊断平台）构建

7.3.1 虚拟仪器主控计算机选型

根据总体设计方案要求，故障检测诊断平台能与 PC 机配合使用实现检测诊断功能。其核心设备为虚拟仪器平台，为满足系统开放性和可扩展性的要求，虚拟仪器平台采用了"PXI 机箱 + 主控计算机 + PXI 模块化仪器"的硬件结构，该虚拟仪器平台通过 VPC 接口板与故障检测适配器相连，PXI 系统的集成图如图 7-3 所示。

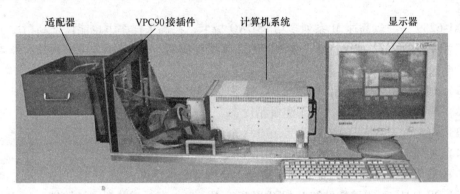

图 7-3 PXI 总线模块化仪器集成图

虚拟仪器平台是检测系统的核心设备，该平台相当于一台安装了特定采集板卡的计算机，运行有 Windows 操作系统。为保证适配器能与其配合使用，硬件上采用 RS-232 通讯方式与虚拟仪器平台进行交互，软件上基于其操作系统进行开发。

7.3.2 数据采集（DAQ）模块的选型

7.3.2.1 数字 I/O 模块

根据测试信号中开关量的检测需求，选择面向 PXI 系统的 NI PXI-6509 工业 96 通道数字 I/O 接口卡进行数字信号的测量。PXI-6509 具有 96 条双向数字 I/O 线，能够高电流驱动（24mA）并无须使用跳线。使用 PXI-6509，您可在 5V 数字电平下输入和输出，并可在每通道高达 24mA 的电流下直接驱动固态继电器（SSR）等外部数字设备。每个端口（8 条线）能进行输入或输出配置，且输出时无需外接电源。如开启可编程上电状态，能在软件中配置 PXI-6509 的初始输出状态，保证了与工业激励器（泵、闸、发动机、继电器）接通时操作的安全和无故障。

在计算机或应用程序出现故障时，PXI-6509 采用数字 I/O 看门狗，切换至可配置的安全输出状态，从而保证一旦其与工业激励器接通，便能对故障状况有所检测并进行安全恢复。借助变化检测，当数字状态发生改变时（无需轮询），该数字 I/O 模块可通知并触发应用软件。可编程输入滤波器可通过可选软件数字滤波器，用于消除故障/尖脉冲并为数字开关/继电器去除抖动。

PXI-6509 的主要技术特性包括：

（1）96 条双向数字 I/O 线，5V TTL/CMOS（数字线的方向可选，以 8 位端口为基础）；

（2）高电流驱动（24mA 漏极或源极电流）；

（3）可编程 DO 上电状态，DIO 看门狗，改动检测，可编程输入过滤器；

（4）最高生产效率和性能的 NI-DAQmx 软件技术（NI-DAQmx 7.1 及更高版本）；

（5）具有制造测试和工业控制应用高级特色的低价位解决方案。

7.3.2.2 数据采集模块

根据检测需求，模拟信号的检测与激励选用了 M 系列数据采集卡 NI PXI-6259，提供了 32 位模拟输入，最高采集频率 1.25×10^6 次/秒；4 路模拟输出，48 路双向数字输入输出通道。

PXI-6259 是一款高速 M 系列多功能 DAQ 板卡，在高采样率下也能保证高精度。该卡融入了 NI 产品的许多高级特性，如 NI-STC2 系统控制器、NI-PGIA 2 可编程放大器等。其主要特点如下：

（1）4 路 16 位模拟输出（2.8×10^6 次/秒）、48 条数字 I/O 线、32 位计数器；

（2）NI-MCal 校准技术提高了测量精度；

（3）可溯源至 NIST 的校准证书，70 多个信号调理选项；

（4）关联 DIO（32 条时钟线，10MHz）；模拟和数字触发；

（5）采用高精度 M 系列提高测量精度、分辨率和敏感度；

（6）NI-DAQmx 驱动软件和 LabVIEW SignalExpress 交互式数据记录软件。

7.3.3 多路开关模块的选型

虚拟仪器的信号切换开关模块选择 NI PXI-2530B 模块。NI PXI-2530B 可作为高密度多配置的多路复用器或矩阵开关使用。NI PXI-2530B 具有 4 种多路复用器配置及 3 种矩阵配置，为复杂系统或高通道系统提供了绝佳的解决方案。其多路复用器包括 128 × 1（1线）、64 × 1（2线）、32 × 1（4线）或 8 组 16 × 1（1线）的模式。矩阵则包括 4 × 32（1线）、8 × 16（1线）或 4 × 16（2线）的模式。通过选择恰当的接线盒即可完成此类配置。PXI-2530B 达到了簧片继电器的速度，是 NI PXI-4070 $6\frac{1}{2}$ 位 FlexDMM 等高速测量设备的理想前端元器件。

其主要特性如下：

（1）7 种多路复用器/矩阵配置；

（2）900 通道/秒最大切换速度；60VDC 或 30V（有效值）最大电压；

（3）矩阵包括：4×32（1 线）、8×16（1 线）和 4×16（2 线）；

（4）400mA 最大电流；

（5）多路复用器包括：128×1（1 线）、64×1（2 线）、32×1（4 线）和 8 组 16×1（1 线）。

7.3.4 串口通讯模块的选型

控制计算机与适配器之间选择了串行通讯模式，因此 PXI 机箱内专门配置了串行通讯卡，所选择的是 NI PXI-8430 卡。

NI PXI-8430 是一款用于与 RS-232 设备进行 1Mb/s 高速通讯的高性能 16 端口串行接口。高性能的 RS-232 接口有 2 端口、4 端口和 8 端口可供选择。NI PXI-8430 能以 57 ~ 1000000b/s 的可变速率进行数据传输，对于非标准传输速率可达 1% 精度，标准传输速率下可达 0.01% 精度。借助高性能 DMA 引擎，不仅能实现高数据处理能力，而且对 CPU 占用最小。使用超线程与多核处理器的强大能力，能利用最先进的 PC 技术，实现更快速更高效的性能。PXI-8430 能够维持全部 16 个端口的满载荷同步工作。NI 还提供了易用且强大的软件，从而极大地缩短了通过 PXI-8430 来进行串口通讯的系统开发时间。另外，PXI-8430/16 提供的新型集成化分支电缆（breakout cable）可取代传统 PXI-8420 上的中断盒（breakout box）。

PXI-8430 的主要性能如下：

（1）兼容 Windows 和 LabVIEW Real-Time 操作系统；

（2）高速 DMA 接口最大限度地降低了 CPU 开销（overhead）；

（3）57 ~ 1000000b/s 可变的标准和非标准波特率；

（4）128B 传输和接收 FIFO；全部 16 个端口上的传输速率高达 1Mb/s；

（5）完全支持多核处理器与超线程；

（6）2 条电缆（68 针 VHDCI 转 8 个 DB9 公口）。

7.3.5 PXI 机箱的选型

现场检测诊断平台的机箱选择了 NI PXI-1042 8 槽 3U 机箱。该机箱带通用电源，可满足各种测试和测量应用的需求。NI PXI-1042 系列包括 PXI-1042（0 ~ 55℃ 扩展温度范围）和 PXI-1042Q（噪声低至 43dB(A)）。PXI-1042 系列机箱具有最新 PXI 规范的所有特性，包括内置 10 MHz 参考时钟、PXI 触发总线、星型触发和局部总线。

其主要特性如下：

（1）操作温度范围扩展到 0 ~ 55℃（PXI-1042）；

（2）仅 43dB(A) 的低噪声（PXI-1042Q）；

（3）可接受 3U PXI 和 CompactPCI 模块；

（4）符合 PXI 和 CompactPCI 规范；

（5）可拆卸的高性能交流电源；

（6）风扇有 AUTO 和 HIGH 两档，优化了冷却和噪声性能。

7.3.6 嵌入式控制器的选型

NI 的嵌入式控制器为用户提供了一个高性能的 PXI 嵌入式计算机（位于槽位 1）。当需要一个紧凑而强大的 PXI 控制器时，可以选择嵌入式控制器，该控制器提供了工业标准的计算机技术，采用创新的 3U PXI 尺寸。同时，PXI 控制器使用了标准的计算机组件，包括硬盘、软驱、USB、串口、并口、鼠标、键盘和显示适配器。此外嵌入式控制器使用了微软的 Windows 操作系统，以确保兼容 NI 的其他硬件和其他 PXI 硬件厂商的产品。为了便于检测系统在恶劣复杂的现场环境下的可靠工作，充分发挥 PXI 嵌入式仪器系统的功能，选用了 NI PXI-8187 嵌入式控制器。

PXI-8187 是一种高性能的系统控制器，集成了标准的计算机 I/O 设备，包括视频、个 RS-232 串口、一个并口、2 个高速 USB 2.0 端口、10/100Mb/s 以太网端口、键盘鼠标、PXI 触发端子和基于 PCI 的 GPIB 控制器。PXI-8187 的 CPU 主频为 2.5GHz。

7.3.7　显示控制单元的设计与选型

显示控制单元采用彩色液晶屏显示，键盘、鼠标作为输入设备，硬盘作为存储介质。以 Windows 为软件平台，便于界面设计。显示控制单元为人机对话的接口。操作员借此可输入操作指令并显示各测试结果。

7.4　适配器设计

7.4.1　适配器简介

适配器由盒体、数据采集与控制板和航空插座等组成，如图 7-4 所示。适配器正面的航空插座通过电缆和被测设备相连，反面则采用 VPC90 标准接口与 PXI 计算机系统相连。

图 7-4　适配器外形及内部结构

适配器完成 A/D、D/A、数字 I/O、串口和 CAN 总线等功能，在测试功能软件的控制下产生被测设备所需的输入信号，通过电路网络送到连接器。被测设备响应的输出信号通过连接器、电路网络输入到模块化电路，主控计算机通过测试功能软件检测其响应是否正确，由此判断被测设备的完好性。检测过程程序化进行，需要人工干预时，测试软件给出明确提示。当测出异常信号时，系统可查询数据库，给出相应的故障原因以及维修步骤。

数据采集与控制板包括上装设备数据采集板和底盘仪表数据采集板组成，每块数据采集板又由数据通讯模块、电源模块和接口模块组成，如图 7-5 所示。

数据通讯模块负责完成 CAN 总线数据的采集以及与控制计算机的 RS-232 数据通讯。

电源模块负责产生设备各模块工作所需的 + 2.5V、+ 5V、± 12V、+ 24V 内部工作电压。

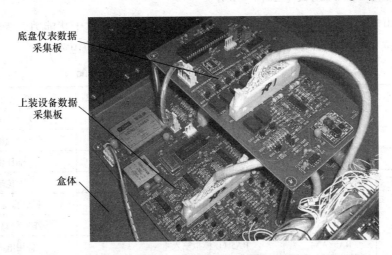

底盘仪表数据
采集板

上装设备数据
采集板

盒体

图 7-5 数据采集与控制板

接口模块负责将全部模拟量传感器，开关量传感器，上装作业控制器，执行机构，内外操作盒激励响应信号连接到相应的数据采集模块。

7.4.2 上装电子设备检测板

上装电子设备检测板的电路主要包括单片机电路、接近开关检测、操纵盒供电检测、模拟量传感器检测、阀回路电流检测、车速里程传感器信号检测与模拟、RS-232 串口电平变换、CAN 总线数据收发与切换、A/D 转换和电源电路。

7.4.2.1 单片机电路

单片机电路如图 7-6 所示，采用了 MICROCHIP 公司带 CAN 总线管理器的高级单片机 PIC18F458，其外围电路十分简单，只要一个频率合适的石英晶体就可，上电复位都可由单片机完成。该单片机采用 DIP40 封装，各引脚的功能及其在本设计中的资源分配见表 7-3。

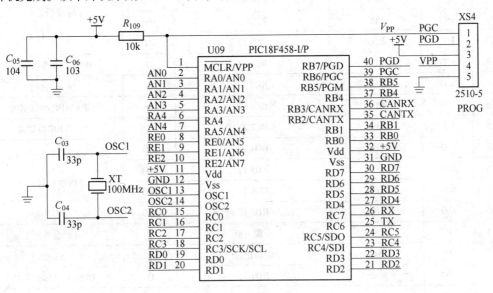

图 7-6 单片机电路

单片机电路采用独立的电源模块提供 5V 供电，可以提高抗干扰能力。为使引脚 1 能兼容上电复位和编程电压输入的双重功能，在该引脚上接有上拉电阻。

表 7-3 单片机 PIC18F458 引脚功能及资源分配

引脚号	I/O 类型	符 号	引脚功能	应用类型	资 源 分 配	
1	I/P	MCLR/VPP	复位/编程电压输入	I	复位/编程电压输入	
2	I/O	RA0/AN0	RA0 口/模拟输入 0	I	油温输入	
3	I/O	RA1/AN1	RA1 口/模拟输入 1	I	油压输入	
4	I/O	RA2/AN2	RA2 口/模拟输入 2	I	油位输入	
5	I/O	RA3/AN3/V_{REF}	RA3 口/模拟输入 3	I	操纵盒电压输入	
6	I/O	RA4	RA4 口，集电极开路输出	I	车速传感器输入	
7	I/O	RA5/AN4	RA5 口/模拟输入 4	I	备用电源检测	
8	I/O	RE0/AN5	RE0 口/模拟输入 5	O	开关量输出使能	
9	I/O	RE1/AN6	RE1 口/模拟输入 6	O	开关量输入使能 1	
10	I/O	RE2/AN7	RE2 口/模拟输入 7	O	开关量输入使能 2	
11	P	VDD	电源正极	P	+5V 供电	
12	P	VSS	电源负极	P	供电和参考电压地	
13	I	OSC1/CLKIN	晶振输入/外部时钟输入	I	晶振输入	
14	O	OSC2/CLKOUT	晶振输出/RC 方式下输出 $f_{osc1}/4$	O	晶振输出	
15	I/O	RC0	RC0 口	O	与 8 位 A/D TLC545 接口	时钟
16	I/O	RC1	RC1 口	O		地址
17	I/O	RC2	RC2 口	I		数据
18	I/O	RC3	RC3 口	O		片选
19	I/O	RD0	RD0 口	I/O	并行数据低 4 位	
20	I/O	RD1	RD1 口	I/O		
21	I/O	RD2	RD2 口	I/O		
22	I/O	RD3	RD3 口	I/O		
23	I/O	RC4	RC4 口	O	供电和参考电压地	
24	I/O	RC5	RC5 口	O	+5V 供电	
25	I/O	RC6	RC6 口	O	GPS/ADP 串口切换	
26	I/O	RC7	RC7 口	I	PC/VI 串口切换	
27	I/O	RD4	RD4 口	I/O	并行数据高 4 位	
28	I/O	RD5	RD5 口	I/O		
29	I/O	RD6	RD6 口	I/O		
30	I/O	RD7	RD7 口	I/O		
31	P	VSS	电源负极	P	供电和参考电压地	
32	P	VDD	电源正极	P	+5V 供电	
33	I/O	RB0	RB0 口	O	GPS/ADP 串口切换	
34	I/O	RB1	RB1 口	O	PC/VI 串口切换	

引脚号	I/O类型	符 号	引 脚 功 能	应用类型	资源分配	
35	I/O	RB2/CANTX	RB2口/CAN总线发送	O	CAN总线	发送
36	I/O	RB3/CANTX	RB3口/CAN总线接收	I		接收
37	I/O	RB4	RB4口	O	虚拟仪表CAN切换	
38	I/O	RB5/PGM	RB5口/低压编程模式	O	操纵盒CAN切换	
39	I/O	RB6/PGC	RB6口/串行编程时钟	I	单片机编程端口	
40	I/O	RB7/PGD	RB7口/串行编程数据	I		

注：I=输入；O=输出；P=电源。

7.4.2.2 接近开关检测

接近开关检测电路用于上装作业状态开关的检测与信号模拟，由8路完全相同的电路组成，每路包括2个开关量输入检测、1路电流检测和1路开关量输出变换，如图7-7所示。

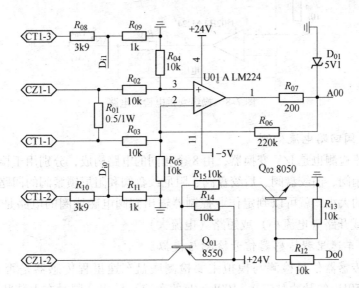

图7-7 接近开关检测电路

从接近开关或作业控制器输出的开关量信号经R_{08}/R_{09}（R_{10}/R_{11}）分压后送入后面的74LS244数据锁存器，并由单片机读取；接近开关的供电电流经R_{01}取样、U01A放大后送A/D转换器，以获取接近开关的供电情况；接近开关的输出可通过由Q_{01}和Q_{02}等组成的电子开关模拟输出。这样，在单片机的控制下可在线获得接近开关的工作状态，并在实装开关有故障时能由单片机模拟输出正确的开关状态。

7.4.2.3 操纵盒供电状态检测电路

操纵盒供电检测主要检测从作业控制器供往操纵盒的电源电流和电压，以获得操纵盒的电源消耗情况，借此来判断操纵盒的工作是否正常。该检测电路采用了一个与接近开关的供电电流检测相同的I/V变换电路和一个分压电路构成，见图7-8。

7.4.2.4 模拟量传感器检测

模拟量传感器检测主要检测传感器的供电电流和传感器的输出信号（电压），前者采用了一个与前面相同的 I/V 变换电路，可以判定传感器的工作是否正常，后者则采用了一个射集跟随器，以减小对原电路的影响，可以用于比较作业控制器的 A/D 转换部分是否正常。

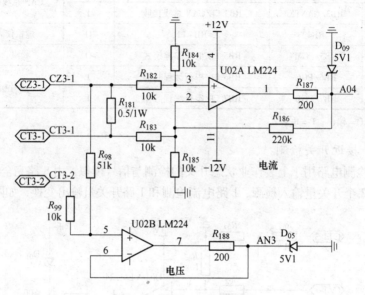

图 7-8 操纵盒供电检测电路

7.4.2.5 阀回路电流检测

阀回路电流检测也是 I/V 变换器，由 8 个相同的电路构成，分别用于检测插装阀、回转马达阀、拔销阀、前绞盘阀、后绞盘阀、阻尼绞盘阀和阻尼锁紧阀的回路电流。通过检测阀回路电流的大小，就可以判定作业控制器输出到阀电磁线圈的电路是正常（电流在正常范围内）或开路（电流小）或短路（电流大）。

7.4.2.6 车速里程传感器信号检测与模拟

车速里程传感器信号检测与模拟主要检测底盘车速里程传感器是否有正确的信号（频率为 0~2450Hz 的脉冲对应 0~100km/h 的车速）输出，同时在上装状态模拟检测时需要提供相应的模拟脉冲给作业控制器，以判断作业控制器是否正常。

车速里程传感器信号检测与模拟采用了简单的电平变换电路，见图 7-9。车速里程传感器输出的频率为 0~2450Hz 的幅度约为 10V 脉冲信号经 CZ5-1 送入由 Q_{31} 构成的电平变换器，转换为低垫片为 0V 高电平为 5V 的标准信号，送入单片机的 RA4 端口；同样，由单片机产生的脉冲信号经由 Q_{32} 和 Q_{33} 组成的电子开关，转换为幅度约为 24V 的脉冲给作业控制器，模拟底盘车速信号。

7.4.2.7 CAN 总线数据收发与切换

CAN 总线数据收发与切换负责完成适配器 CAN 总线与其他待检电子设备间的总线通讯，并在必要时断开某个或某几个待检电子设备间的 CAN 总线。

CAN 总线数据收发采用了一种高速 CAN 隔离收发器——CTM1050。CTM1050 是一款带隔离的高速 CAN 收发器芯片，该芯片内部集成了所有必需的 CAN 隔离及 CAN 收、发器件，这些都被集成在不到 $3cm^2$ 的芯片上。芯片的主要功能是将 CAN 控制器的逻辑电平

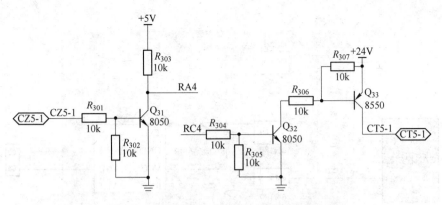

图7-9 车速里程传感器信号检测与模拟电路

转换为 CAN 总线的差分电平,并且具有 DC 2500V 的隔离功能及 ESD 保护作用。表7-4
为 CTM1050 芯片的引脚定义。

表7-4 CTM1050 引脚定义

引 脚 号	引 脚 名 称	引 脚 功 能
1	Vin	+5V 输入
2	GND	电源地
3	TXD	CAN 控制器发送端
4	RXD	CAN 控制器接收端
6	CANH	CANH 信号线连接端
7	CANL	CANL 信号线连接端
8	CANG	隔离电源输出地

注:用户未使用引脚8时,请悬空此引脚。如果使用带有 TVS 管防总线过压的 CTM1050T,也无需外接 TVS 管。

该芯片符合 ISO11898 标准,因此,它可以和其他遵从 ISO11898 标准的 CAN 收发器
产品互操作。

产品特性:

(1)具有隔离、ESD 保护功能;

(2)完全符合 ISO11898 标准的 CAN 收发器;

(3)通讯速率最高达 40kb/s~1Mb/s;

(4)隔离电压:DC 2500V;

(5)电磁辐射 EME 极低;

(6)电磁抗干扰 EMI 性极高;

(7)无需外加元件可直接使用;

(8)至少可连接 110 个节点;

(9)高低温特性好,能满足工业级产品技术要求。

CTM1050 与常规设计的比较可通过图 7-10 看出。

CTM1050 可以连接任何一款 CAN 协议控制器,只要采用与单片机共用的供电,也能
实现 CAN 节点的收发与隔离功能,而在常规设计中还需要光耦、DC/DC 隔离、CAN 收发

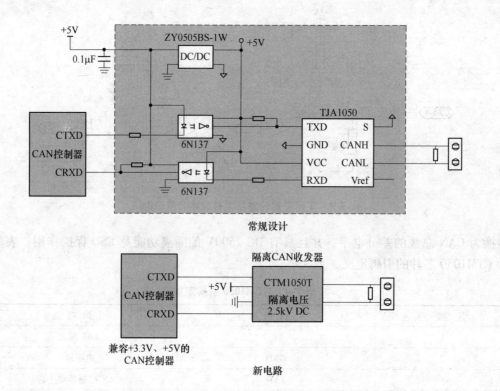

图 7-10　CTM1050 与常规设计的比较

器等电路。

CAN 总线的切换采用继电器完成，见图 7-11。通过三个继电器 $K_3 \sim K_5$ 的组合使用，可以完成虚拟仪表、操纵盒和作业控制器与适配器的 CAN 总线交互连接。

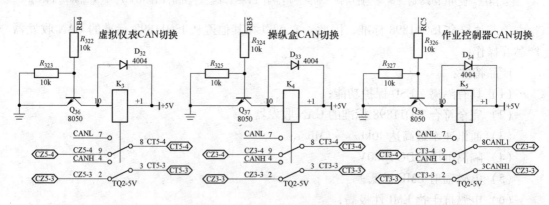

图 7-11　CAN 总线切换

7.4.2.8　A/D 转换

本适配器采用了两种 A/D 转换，（1）单片机自带的 10 位 A/D 转换器，用了其中的 5 路（最多可以有 8 路），由单片机的 AN0 ~ AN4 完成；（2）由 TLC545 构成的 19 路 8 位 A/D 转换器，见图 7-12。

TLC545 是具有 20 路输入（其中一路用于电路的标定）的 8 位 AD 转换器，输入的 19

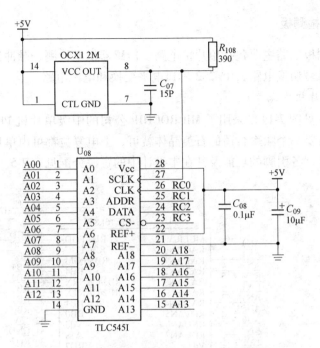

图 7-12 TLC545 构成的 19 路 A/D 转换器

路电压信号从 A00～A18 送入转换器，单片机通过 3 总线（24～26 脚）与转换结果通讯读取。OCX1 为 TLC545 提供工作时钟。AD 转换的参考电压（0～5V）可从管脚 REF + 和 REF － 输入。

7.4.2.9 电源电路

电源电路为适配器提供供电，即将由市电通过开关电源转换输出的 24V 直流电源或由装备提供的 26 ±4V 车电变换为上装电子设备检测板需要的 +5V 和 ±12V 稳定电源，见图 7-13。这里采用了两种军用级电源模块，功率为 30W、输出电压为 5V 的 U_{14} 主要用于数字电路供电，而功率为 5W、输出电压为 ±12V 的 U_{15} 则为模拟电路提供供电。

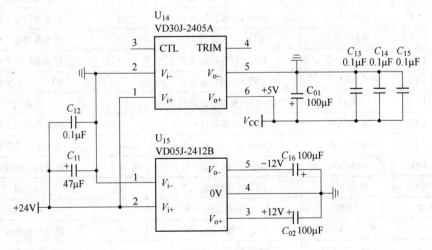

图 7-13 电源电路

7.4.3 底盘仪表检测板

底盘仪表检测板电路主要包括单片机电路、传感器供电检测、脉冲信号调理、温度传感器信号调理、信号切换电路、RS-232 串口电平变换和电源电路。

7.4.3.1 单片机电路

单片机电路（见图 7-14）采用了 MICROCHIP 公司的中级单片机 PIC16F877，其外围电路十分简单，只要一个频率合适的石英晶体就可，上电复位都可由单片机完成。该单片机采用 DIP40 封装，各引脚的功能及其在本设计中的资源分配见表 7-5。

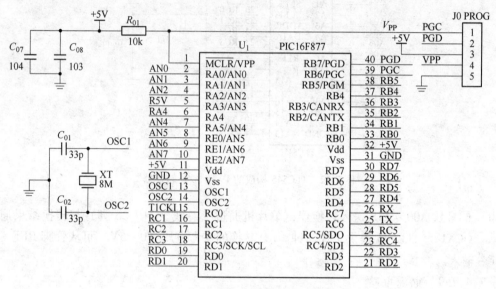

图 7-14　底盘仪表检测单片机电路

表 7-5　单片机 PIC16F877 引脚功能及资源分配

引脚号	I/O 类型	符号	引脚功能	应用类型	资源分配
1	I/P	MCLR/VPP	复位/编程电压输入	I	复位/编程电压输入
2	I/O	RA0/AN0	RA0 口/模拟输入 0	I	传感器供电 1 电流
3	I/O	RA1/AN1	RA1 口/模拟输入 1	I	传感器供电 1 电压
4	I/O	RA2/AN2	RA2 口/模拟输入 2	I	传感器供电 2 电流
5	I/O	RA3/AN3/V_{REF}	RA3 口/模拟输入 3	I	5V 参考电压输入
6	I/O	RA4	RA4 口，集电极开路输出	I	备用
7	I/O	RA5/AN4	RA5 口/模拟输入 4	I	传感器供电 2 电压
8	I/O	RE0/AN5	RE0 口/模拟输入 5	I	电压型传感器输出
9	I/O	RE1/AN6	RE1 口/模拟输入 6	I	电阻型传感器输出
10	I/O	RE2/AN7	RE2 口/模拟输入 7	I	备用
11	P	VDD	电源正极	P	+5V 供电
12	P	VSS	电源负极	P	供电和参考电压地
13	I	OSC1/CLKIN	晶振输入/外部时钟输入	I	晶振输入

引脚号	I/O 类型	符 号	引 脚 功 能	应用类型	资 源 分 配
14	O	OSC2/CLKOUT	晶振输出/RC 方式下输出 $f_{osc1}/4$	O	晶振输出
15	I/O	RC0	RC0 口	I	脉冲型信号输入
16	I/O	RC1	RC1 口	O	脉冲型信号输出
17	I/O	RC2	RC2 口	O	备用
18	I/O	RC3	RC3 口	O	
19	I/O	RD0	RD0 口	O	发动机油压切换
20	I/O	RD1	RD1 口	O	变速箱油压切换
21	I/O	RD2	RD2 口	O	传动箱油压切换
22	I/O	RD3	RD3 口	O	补偿油压切换
23	I/O	RC4	RC4 口	O	备用
24	I/O	RC5	RC5 口	O	
25	I/O	RC6	RC6 口	O	串口发送
26	I/O	RC7	RC7 口	O	串口接收
27	I/O	RD4	RD4 口	O	百叶窗油压切换
28	I/O	RD5	RD5 口	O	系统油压切换
29	I/O	RD6	RD6 口	O	发动机水温切换
30	I/O	RD7	RD7 口	O	发动机油温切换
31	P	VSS	电源负极	P	供电和参考电压地
32	P	VDD	电源正极	P	+5V 供电
33	I/O	RB0	RB0 口	O	发动机转速信号切换
34	I/O	RB1	RB1 口	O	底盘车速信号切换
35	I/O	RB2	RB2 口	O	备用
36	I/O	RB3	RB3 口	I	
37	I/O	RB4	RB4 口	O	
38	I/O	RB5/PGM	RB5 口/低压编程模式	I	单片机编程端口
39	I/O	RB6/PGC	RB6 口/串行编程时钟	I	
40	I/O	RB7/PGD	RB7 口/串行编程数据	I	

注：I = 输入；O = 输出；P = 电源。

7.4.3.2　传感器供电检测电路

传感器供电检测电路由两路完全相同的电路组成，用于检测虚拟仪表输出到底盘传感器的两路供电情况，包括供电电流和供电电压。图 7-15 是其中的 1 路。由 R_{101} 和 U3A 构成的 I/V 变换器将虚拟仪表输出的 12V 电压的电流进行采样，同时由 U3B 组成的射集跟随器把电压采样，一同送入单片机的 10 位 A/D 转换器。通过检测传感器的供电情况来判断传感器的工作是否正常。

7.4.3.3　脉冲信号调理电路

脉冲信号调理电路与上装电子设备检测板中的车速里程传感器信号检测与模拟电路相

同，采用了简单的电平变换电路，只是调理的信号不仅有车速信号，还有发动机转速信号，两者通过信号切换电路进行切换。

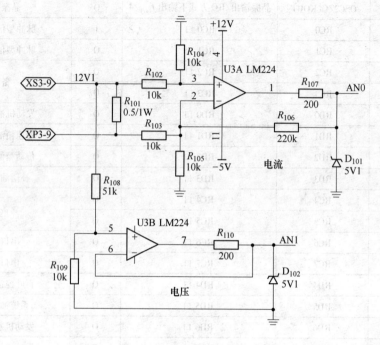

图 7-15 传感器供电检测电路

7.4.3.4 温度传感器信号调理电路

温度传感器信号调理电路是一个 R/V 变换器，将来自信号切换电路的发动机水温或油温传感器信号（电阻型，$1000 \sim 1570\Omega$ 对应 $0 \sim 150℃$）变换为 $0 \sim 5V$ 的电压，送入单片机进行 A/D 转换，如图 7-16 所示。

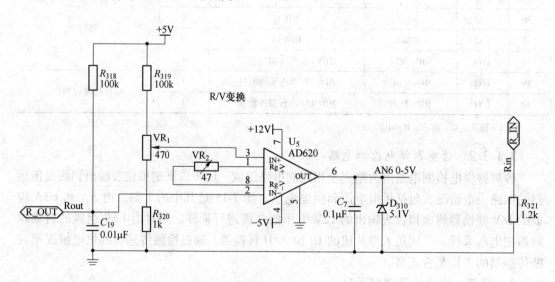

图 7-16 温度传感器信号调理电路

7.4.3.5 信号切换电路

信号切换电路负责将虚拟仪表的各种传感器信号进行归类和切换，包括脉冲型信号（底盘车速和发动机转速）、电阻型信号（发动机水温和油温）和电压型信号（发动机油压、变速箱油压、传动箱油压、补偿油压、百叶窗油压和系统油压）。信号切换电路由 10 个完全相同的电路组成，如图 7-17 所示的车速信号切换电路，主要通过继电器的动作将信号切换到到相应的调理电路上。

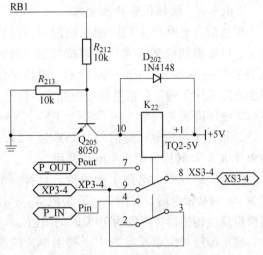

图 7-17 车速信号切换电路

7.4.3.6 RS-232 串口电平变换

RS-232 串口电平变换也是标准电路，以实现单片机 USART 与计算机 RS-232 串口的电平变换，如图 7-18 所示。

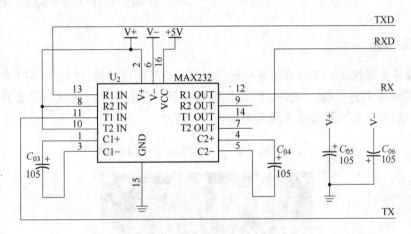

图 7-18 RS-232 串口电平变换电路

7.4.3.7 电源电路

电源电路包括两部分，把从虚拟仪表输出的 +12V 电压转换成需要的 +5V 和 -5V 电压，如图 7-19 所示。图中 U_6 为三端稳压器，将从虚拟仪表输出的 +12V 电压转换成 +5V 供单片机使用，同时该 5V 电压经 U_7 变换为 -5V 电压供模拟电路使用。

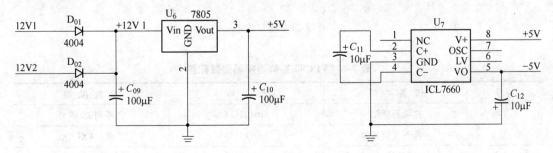

图 7-19 电源电路

7.4.3.8 模拟信号产生电路

模拟信号电路产生相应的正确信号，包括电压型、电阻型和频率型信号给虚拟仪表，以测试虚拟仪表的准确性。如图 7-20 所示，电压型信号产生电路采用了两片高精度稳压电路 TL431A，将 +12V 电压降压为两个 Vref 和一个 R5V，Vref 为 2.5V，可用于模拟电压型信号；R5V 为 +5V，作为单片机 A/D 转换器的参考电压使用。

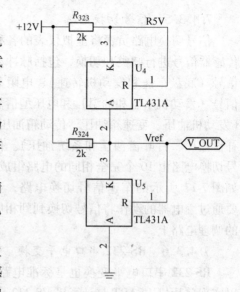

图 7-20 电压型模拟信号发生器

电阻型信号产生电路十分简单，只有一个精度为 1% 的精密电阻，见图 7-20 中的 R_{321}。该电阻模拟温度传感器在温度为 79℃ 时的阻值。

频率型信号由单片机产生。利用单片机产生 1000Hz 和 2000Hz 的方波，分别模拟底盘车速传感器在 40.8km/h 和发动机转速传感器在 720r/min 的信号。

7.4.4 接口设备

接口设备主要指从 PXI 计算机系统到适配器的信号连接设备，包括各板卡的配套连接端子和 VPC90 系列连接器，完成适配器与检测诊断平台电气连接，接口设备外形图如图 7-21 所示。VPC90 系列连接器资源配置如表 7-6 所示。

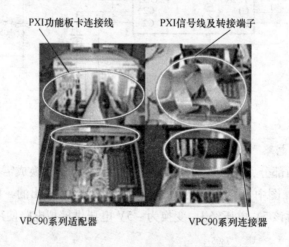

图 7-21 接口设备

表 7-6 VPC90 系列连接器资源配置

序 号	仪器类型	型 号	参 数 说 明
1	连接器框架	310104114	单列 25 槽
2	连接器安装框架	310113316	25 槽 VXI 8U
3	适配器框架	410104111	25 槽 适配器

序号	仪器类型	型号	参数说明
4	16 芯连接模块	510104206（连接器） 510108178（适配器）	16 芯 耐 115℃
5	16 芯电源连接件	610116112（连接器插孔） 610115124（适配器插针）	1500V 50A
6	96 芯低频信号 连接模块	510104136（连接器） 510108126（适配器）	96 芯 耐 115℃ 500V 5A 500MHz
7	96 芯电源连接件	610110101（连接器插孔） 610110108（适配器插针）	300V 5A

7.4.5 信号接口电缆

接口电缆适配器端采用 XC 型防水插头，与适配器面板连接。另一端采用被测设备专用接插件，与被测设备连接，如图 7-22 所示。

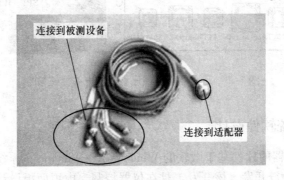

图 7-22 信号连接电缆

设计中，适配器面板上的 16 个插座按不同的功能分别选用了不同的型号（见表 7-7），能够防止电缆连接出错。在适配器面板插座的文字标识中标明了插座的编号和对应的被测设备名称，在连接电缆的端头的标签上清晰写明了该电缆插头连接的适配器面板插座编号和被测设备面板插座编号，如图 7-23 所示。

表 7-7 适配器插座型号

序号	对应设备	型号	芯数	插座编号
1	限位开关（输入）	XCH27F19ZD1	19	SP1
2	模拟量传感器（输入）	XCH22F10ZD1	10	SP2
3	操纵盒（输入）	XCH22F14ZD1	14	SP3
4	虚拟仪表接口（输入）	XCH18F7ZD1	7	SP4
5	执行元件（输入）	XCH36F40ZD1	40	SP5
6	GPS 通讯串口（输入）	XCH18F5ZD1	5	SP6
7	底盘仪表传感器（输入）	XCH27F24ZD1	24	SP7

序号	对应设备	型号	芯数	插座编号
8	通讯串口	XCH14F4ZD1	4	SP8
9	限位开关（输出）	XCH27F19ZD1	19	SP9
10	模拟量传感器（输出）	XCH22F10ZD1	10	SP10
11	操纵盒（输出）	XCH22F14ZD1	14	SP11
12	虚拟仪表接口（输出）	XCH18F7ZD1	7	SP12
13	执行元件（输出）	XCH36F40ZD1	40	SP13
14	GPS 通讯串口（输出）	XCH18F5ZD1	5	SP14
15	底盘仪表传感器（输出）	XCH27F24ZD1	24	SP15
16	电源插座	XCH18F4ZD1	4	SP16

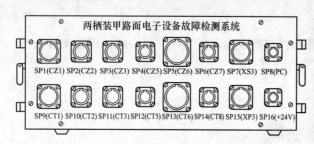

图 7-23 适配器面板插座编号与电缆标签编号

7.5 故障检测系统软件设计

检测系统虚拟仪器的软件基于微软的 Windows XP/Windows 7 系统运行，采用 Labwindows/CVI 程序语言进行开发。该开发工具在仪器控制、虚拟面板设计、信号分析与处理、硬件访问方面具有强大功能。

检测诊断软件采用系统管理控制、检测功能模块、板卡硬件驱动和诊断维修数据库等相结合的多层次的模块化结构体系，数据库可根据需要进行补充、增添相应的元素，完善检测诊断软件的诊断维修性能，软件层次清晰，移植性好、开放性强，具有较好的软件升级性能。

7.5.1 软件开发环境特点与选择

7.5.1.1 虚拟仪器软件开发环境介绍

虚拟仪器系统的核心技术是软件技术，一个现代化测控系统性能的优劣很大程度上取决于软件平台的选择与应用软件的设计。

目前，能够用于虚拟仪器系统开发且比较成熟的软件开发平台主要有两大类：一类是通用的可视化软件编程环境，主要包括 Microsoft 公司的 Visual C ++、Visual Basic 以及 Inprise 公司的 Delphi 和 C ++ Builder 等；另一类是一些公司推出的专用于虚拟仪器开发软件编程环境，主要有 Agilent 公司的图形化编程环境 Agilent VEE、NI 公司的图形化编程环境 LabVIEW、文本编程环境 LabWindows/CVI 和 Measurement Studio 工具套件。

在这些软件开发环境中，面向仪器的交互式 C 语言开发平台 LabWindows/CVI 具有编程方法简单直观、提供程序代码自动生成功能及有大量符合 VPP 规范的仪器驱动程序源代码可供参考和使用等优点，是国内虚拟仪器系统集成商使用较多的软件编程环境。Agilent VEE 和 LabVIEW 则是一种图形化编程环境或称为 G 语言编程环境，采用了不同于文本编程语言的流程图式编程方式，十分适合对软件编程了解较少的工程技术人员使用。

此外，作为虚拟仪器软件主要供应商的 NI 公司还推出了用于数据采集、自动测试、工业控制与自动化等领域的多种设备驱动软件和应用软件，包括 LabVIEW 的实时应用版本 LabVIEW RT、工业自动化软件 BridgeVIEW、工业组态软件 Lookout、基于 Excel 的测量与自动化软件 Measure、即时可用的虚拟仪器平台 VirtualBench、生理数据采集与分析软件 BioBench、测试执行与管理软件 TestStand，还包括 NI-488.2、NI-VISA、NI-VXI、NI-DAQ、NI-IMAQ、NI-CAN、NI-FBUS 等设备驱动软件，以及各种 LabVIEW 和 LabWindows/CVI 的扩展软件工具包。虚拟仪器开发人员可以根据实际情况做出选择。如选择 NI 公司的软件开发环境，可按表 7-8 所给出的选择指南进行。

表 7-8　虚拟仪器应用软件开发环境选择指南

开发环境	LabVIEW	LabWindows/CVI	Microsoft Visual Studio（Measurement Studio）
易用性	最好	更好	更好
测量与分析能力	最好	最好	好
驱动软件集成特性	最好	最好	好
培训和支持	最好	最好	更好
平台无关性	最好	更好	更好
数据和报告显示特性	最好	更好	好
防过时特性	最好	最好	更好

综合考虑各种因素，选择 LabWindows/CVI 作为故障检测仪的软件开发平台。

7.5.1.2　LabWindows/CVI 语言特点

LabWindows/CVI 是 NI 公司提供的一个完全的 ANSI C 虚拟仪器开发环境，可用于仪器控制、自动测试、数据处理等。该平台以 ANSI C 为核心，将功能强大、使用灵活的 C 语言平台与用于数据采集、分析和显示的测控专业工具有机地结合起来。它的交互式开发平台、交互式编程方式、丰富的功能面板和函数库大大增强了 C 语言的功能，为熟悉 C 语言的开发人员建立自动化检测系统、数据采集系统、过程控制系统提供了一个理想的软件开发环境。

LabWindows/CVI 软件把 C 语言的有力与柔性同虚拟仪器的软件工具库结合起来，包含了各种总线、数据采集和分析库，同时，LabWidows/CVI 软件提供了国内外知名厂家生产的三百多种仪器的驱动程序。LabWindows/CVI 软件的重要特征就是在 Windows 和 Sun 平台上简化了图形化用户接口的设计，使用户很容易地生成各种应用程序，并且这些程序可以在不同的平台上移植。

LabWindows/CVI 的最新版本是 LabWindows/CVI 2017，但应用比较广泛的是 LabWindows/CVI 2013 和 2015，其中 LabWindows/CVI 2015 基于新开发的 LabWindows/CVI 优化编译器，包含了 Clang 3.3，Clang 是 LLVM 编译器基础架构的 C 语言编译器前端。Lab-

Windows/CVI 2013 首次引入 LLVM，这是一种业界标准的编译器基础架构，为编程人员提供了经优化且开箱即用的代码。Clang 3.3 可通过增加错误和警告消息来高亮显示薄弱环节，帮助开发人员确保代码的可靠性。

LabWindows/CVI 2015 专为高稳定性而开发，包含了超过 50 个漏洞修复和改进，提供了强大的开发平台来构建重要的测试测量应用。开发人员利用 LabWindows/CVI 2013 包含的 OpenMP 和网络流等所有新功能来提高应用程序的性能，而无需大幅修改代码。通过最新编译器和并行编程技术，LabWindows/CVI 2015 可让开发人员专注于程序逻辑和 I/O 的开发。LabWindows/CVI 2015 的其他主要特性如下。

A　执行优化编译器

在 LabWindows/CVI 2013 中，编译器使用了具有 Clang C 前端的 LLVM 编译器基础架构。这个编译器可生成经优化的代码，这意味着不再需要使用外部优化编译器来优化代码。

B　基于 OpenMP 的灵活多线程执行

可移植且可扩展的 OpenMP API 可帮助开发人员无需大量编辑即可轻松并行执行现有代码。OpenMP（开放式多处理）是一套编译器指令及相关子句、应用程序编程接口（API）和环境变量的集合，可帮助用户创建多个线程上执行的应用程序。OpenMP 模型可允许用户完成以下任务：

（1）定义代码的并行区域和创建执行并行区域的线程组；

（2）规定同一组中不同线程之间的任务共享方式（循环迭代）；

（3）规定线程间可共享的数据以及每个线程专用的数据；

（4）同步线程、防止并发访问共享数据，并定义由单个线程专门执行区域。

C　无损的网络数据流

网络流 API 为分布式 LabWindows/CVI 或 LabVIEW 应用提供了无损的单向点对点通讯通道。利用网络流，用户能在网络上或在同一台计算机上共享数据。

网络流是一种易于配置、紧密集成的动态通讯方法，适用于应用程序之间的数据传输，具有可与 TCP 相媲美的吞吐量和延迟特性。网络流也增强了连接管理，如果由于网络故障或其他系统故障导致连接中断，网络流可自动恢复网络连接。网络流利用缓存无损通讯策略来确保写入网络流的数据即使在网络连接不顺畅的环境下也不会丢失。

D　高性能数据流盘

NI 技术数据管理流（TDMS）文件格式是将测量数据保存到磁盘上的最快速、最灵活方式。开发人员长期以来一直使用 LabWindows/CVI TDMS API，在数据流盘时将定时信息和自定义属性关联到测量数据上。将数据存储为 TDMS 文件省去了设计和维护自定义数据文件格式的需要，同时获得了记录详细、易于查询且可移植到任意平台的数据集。

E　强大的构建系统

LabWindows/CVI 构建功能可减少花在等待构建完成的时间，使开发人员能够继续进行代码编辑，同时在后台构建项目。构建系统专门针对提高构建速度和需要并行构建多个独立源文件的项目进行优化，以便用户充分利用多核处理器的优势。

F　强大的源代码浏览

LabWindows/CVI 中提供了丰富的编程体验，为用户提供了直观控件、导航和源文件信息。程序员可以使用源代码窗口中工具栏的下拉列表来查看和定位到源文件的函数。

此外，开发人员可以在编辑文件的同时生成源代码浏览信息，这样开发人员可以在编程的同时实时浏览代码，而不需要先编译。该选项是 LabWindows/CVI 环境的一个全局功能，源代码浏览信息包含于发布和调试配置中。

G 批量格式和自动代码缩进

为了帮助开发人员创建更简洁、易读的代码，LabWindows/CVI 提供了定制批量格式和自动缩进工具。选择选项→编辑器首选项，然后单击格式选项按钮来指定括号风格和缩进选项。为了保持一致性，开发人员可以选择普通缩进和括号风格，并使用预览窗口来预览自定义选择的格式样例。如果指定自动缩进的代码行，可选择源窗口中的文本行，然后选择编辑→格式选择。如果是自动缩进整个文件，则选择编辑→格式文件。

H 发布的软件依赖关系支持

在创建发布时，开发人员可以选中或忽略任何包含软件依赖关系的 NI 安装程序组件的软件依赖关系。产品的软件依赖关系是指产品可能需要或不需要的组件，根据应用程序的特定需求而异。通过"编辑安装程序"对话框的驱动和组件选项卡可选择软件依赖关系。

有关 LabWindows/CVI 的更详细的信息可参考 LabWindows/CVI 开发手册或相关的参考文献。

7.5.2 总体设计

7.5.2.1 设计思想

传统的监测类软件开发方式的弊病是：即使户的需求有一点细小的变化，也需要软件开发者修改软件代码来实现用户需求的变更。如此一来，用户对软件没有自主管理的权利，软件开发者也陷于无穷无尽的代码修改中，给用户和软件开发者都造成了很大的麻烦。

在本书的软件设计中，考虑到上述问题，通过引进工作流的设计理念，解决了上述问题。在工作流的设计理念方式下，整个监测软件的运行依靠信息流和工作流进行，充分优化了工控机的内存资源和进程管理，程序在事件触发和工作流程的有机协调下有序运行，保证了正常状态信息的显示、出现异常时的故障报警和对故障的实时检测与分析。

7.5.2.2 软件系统流程设计

根据状态监测系统功能要求和被测系统的分析，在硬件设计的基础上，确定检测系统软件的开发需求，建立整体系统的设计思路。检测系统软件设计采用模块化思想，对各个模块进行程序设计，最后进行程序的调试与优化，并根据检测流程编写用户手册和帮助文档。检测系统软件设计流程图如图 7-24 所示。

7.5.2.3 开发及运行环境

操作系统：Windows XP SP3、Windows

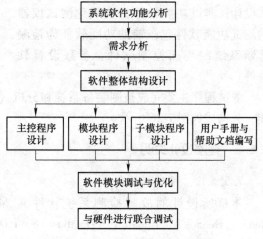

图 7-24 检测软件系统设计流程

7 系统；

开发环境：Microsoft Visual Studio 2010 及以上版本，LabWindows/CVI，LabWindows/CVI SQL Toolkit；

数据库：SQL Server 2005；

其他工具：MS Word 2003。

7.5.3   软件功能

该软件具有人机交互、设备测试、故障分析、维修辅助以及记录保存等功能。

（1）人机交互功能：用于输入作业信息、选择被测设备、进行操作提示、显示测试流程、查看历史记录等。

（2）设备测试功能：用于向被测设备输出有关激励或调试信号，接收被测设备输出的响应信号或其他特征信号。

（3）故障诊断（分析）功能：进行设备测试后，根据检测到的响应信号的有无、时序、量值等情况，对被测设备的某项功能、性能作出正常与否的判断，对有故障设备给出故障定位。

（4）维修辅助功能：依据信号测试和故障分析的结果，给出修复设备故障的操作提示或进一步对故障进行测试分析的建议。

（5）记录保存功能：检测诊断软件对每次检测的操作信息、测试过程、分析结果等都予以记录和保存。保存的记录可以查询、删除。

7.5.4   软件方案

检测诊断系统软件结构如图 7-25 所示，主控程序提供测试与诊断软件的主操作界面，完成检测诊断系统和测试任务的管理；工具软件完成虚拟仪器的设置、调试和自检；测试程序完成对装备系统和分机（或组合）的测试流程管理和测试功能软件与辅助功能软件的调用，测试流程采用描述语言方式设计；测试功能软件为模块化测试仪器的测试功能软件包；辅助功能软件为检测诊断系统的界面控制软件、参数设置软件等。

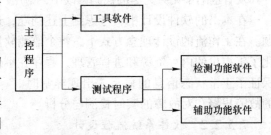

图 7-25   故障检测软件程序结构图

测试程序主要完成被测装备系统和分机（或组合）的技术状态测试与故障诊断等功能，其构成如图 7-26 所示。

7.5.5   程序设计说明

7.5.5.1   程序模块结构

本章所设计的故障检测系统软件共 24 个内部模块：Face. c、Entry. c、amph. c、Rec. c、RecSel. c、Repair. c、DataBase. c、HDInterface. c、U1_1. c、U1_2. c、U1_3. c、U1_4. c、U1_5. c、U2_1. c、U2_2. c、U2_3. c、U2_4. c、U2_5. c、U2_6. c、U2_7. c、U4_

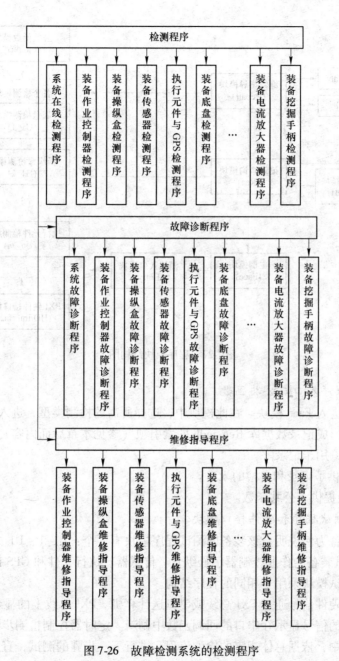

图 7-26 故障检测系统的检测程序

1. c、U4_2. c、U4_3. c 和 U4_4. c。调用了两个 ACCESS 数据库：Rec. mdb 和 Repair. mdb。各模块关系参见图 7-27。

7.5.5.2 程序设计说明

本程序所含模块中 Face 模块为顶层模块，Entry 为测试入口模块，amph. c 为公共函数、Rec 为记录查询模块、RecSel 为记录选择、Repair 为维修模块、DataBase 为数据库模块、HDInterface 为 PXI 总线硬件接口模块、U1_x 为第一种工程装备各单元的检测模块、U2_x 为第二种装备各单元的检测模块、U4_x 为第三种装备各单元的检测模块。

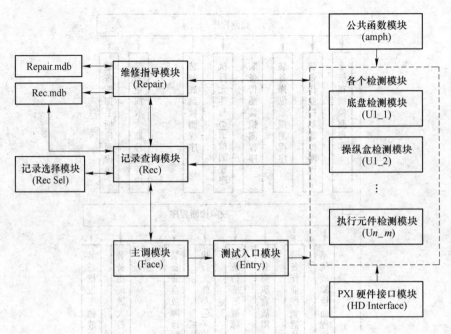

图 7-27　程序模块结构图

7.5.5.3　程序入口与公共函数

程序启动后进入 Face 模块。在此模块中，选择所需的检测类型，进入 Entry 模块，选取日期和时间，形成记录数据库 Rec. mdb 的索引项（参见本章后面内容）。同时输入用户和被测设备信息，用于记录。

Face 中还提供了记录和自检的入口。

amph 模块中提供了公共函数。

7.5.5.4　测试程序和硬件接口模块

以第一种装备为例说明，该装备的测试程序模块有 5 个：U1_1、U1_2、U1_3、U1_4 和 U1_5 分别测试装备的作业控制器、操纵盒、传感器、执行元件和 GPS 以及底盘虚拟仪表及传感器。测试模块采用了相同的程序结构。

在检测中，硬件信号通过 PXI 总线或串口送计算机。PXI 总线上的显示通过定时器定时刷新，串口送的信号显示在串口的回调函数中刷新。定时器控制检测步骤的改变；每一个检测周期事件中，依据总体规定的检测流程，进行下一步骤的测试，直至检测结束。

检测软件通过 HDInterface 模块定义的函数操作 PXI 硬件；通过 amph 中的处理函数操作串口控制的硬件。PXI 硬件端口的宏名在 HDInterface. h 中进行定义，串口控制的硬件的宏名在 amph. h 中进行定义。硬件操作函数如表 7-9 所示。

各检测程序的流程以控件 Table 的形式列出，供用户观察。

7.5.5.5　记录查询、故障维修和数据库

记录的查询和故障维修分别依赖于数据库 Rec. mdb 和 Repair. mdb。数据库格式为微软的 ACCESS 格式。程序通过 CVI/SQL 工具箱，用 SQL 语言实现对记录的保存、分类和查询。

表7-9 硬件操作函数

函数根名称	功 能 描 述	函数根名称	功 能 描 述
PxiOpenCom	打开串行端口	GetDVal	串口数字端口检测
PxiCloseCom	关闭串行端口	GetAVal	串口模拟电压端口检测
PxiDILine	PXI 数字端口检测	GetIVal	串口模拟电流端口检测
PxiDOLine	PXI 数字端口输出	GetPVal	串口脉冲占空比检测
PxiAILine	PXI 模拟量采样	SetDVal	串口数字端口设置
PxiAOLine	PXI 模拟量输出	SetAVal	串口模拟端口设置
PxiWILine	PXI 连续波形采样	底盘仪表传感器（输出）	XCH27F24ZD1
PxiResetAll	PXI 数字和模拟端口复位	电源插座	XCH18F4ZD1

A 记录查询

在模块 Rec 中调用 Rec. mdb 数据库实现记录查询功能。Rec. mdb 中有两类表格：一个索引表 TESTREC 和记录数据表。索引表各项有对应检测发生的日期和时间，记录数据表名和索引表项一一对应。这样通过索引表项可查询到相应的记录项。

在模块 RecSel 中，通过对检测时间、检测人员、检测类型和被检设备的选择，从索引表中选出符合条件的项，并显示出来。这样方便了对记录的检索。

B 故障维修

在模块 Repair 中调用 Repair. mdb，实现对检出故障的维修指导。Repair. mdb 为故障维修知识数据库，共有 48 个表，对应于 16 项检测，每项检测有 A、B 和 C 项目表。A 表是故障列表，各项和检测流程各项一一对应，记录了检测各项所有故障的代码；B 表是故障代码列表，列出各故障代码对应的故障现象；C 表是维修表，列出各故障维修的步骤。

7.5.6 主要程序模块开发

7.5.6.1 主调模块开发

主调模块（Face）是整个状态监测和故障诊断软件的核心，也是整个程序的主体支撑框架。该模块主要完成主界面的生成、消息回调函数的设定、数据库链接的创建和外设触发事件、控件动作事件、Windows 消息等的响应处理等功能。整个状态监测与故障诊断软件的各个模块均在此模块的管理调度之下。

该模块的主调函数程序代码如下：

```
int main( int argc,char * argv[ ])
{
    char strDriver[2000];
    int DirSize;
    if( InitCVIRTE(0,argv,0) = = 0)
      return-1;    /* out of memory */
    if( ( panelFace = LoadPanel(0,"Face. uir",P_SELECT)) <0)
      return-1;
    InstallWinMsgCallback ( panelFace, WM _ DELAY, WinMsgDelay, VAL _ MODE _ IN _ QUEUE, NULL,
&nWndHdl);  //Windows 消息处理设置函数
    GetProjectDir( projectDir);
    strcpy( recDir,projectDir);
    if( FileExists( "record",&DirSize) = =0)
```

```
    MakeDir("Record");
  strcat(recDir,"\\record\\rec.mdb");
  CreatDatabase(recDir,"mdb");
  hdbc = DBConnect("DSN = DiggerRec");

  SetWaitCursor(1);
  if( RegisterTCPServer( portNum,ServerTCPCB,0) <0)
    MessagePopup("TCP Server","Server registration failed!");
  else
    {
    //其他初始化代码
    }
  RemoveWinMsgCallback(panelFace,WM_DELAY);
  DBDisconnect(hdbc);
  return 0;
}
```

　　该段代码主要处理程序运行初始界面的加载、初始化和 Windows 消息的安装任务。每一种检测对象的选择操作都会触发 Windows 消息机制，发出相应的消息，回调函数根据消息参数值调用对应的检测程序模块，执行装备被测单元的信号检测、故障诊断和维修指导等操作。

　　Windows 消息安装回调函数的原型为：

InstallWinMsgCallback (panelHandle, WM _ CLOSE, MyCallback, VAL _ MODE _ INTERCEPT, NULL, &postHandle);

　　该函数是 LabWindows/CVI 语言中为发送给面板的特定的 Windows 消息安装回调函数，函数的输入/输出参数如表 7-10 所示。

表 7-10　InstallWinMsgCallback（panelHandle，WM_CLOSE，MyCallback，VAL_MODE_INTERCEPT，NULL，&postHandle）函数

项目	类　型	参数名称/返回值代码		描　　述
输入参数	int	panelHandle		指向安装 Windows 消息处理回调函数面板的句柄
	int	messageNumber		安装回调函数对应的消息值
	WinMsgCallback	callbackFunction		指定的 Windows 消息的回调函数名称，当消息处理器检测到指定的消息，就将所有的窗口数据传递此函数，然后驱动程序调用此函数
	int	callbackMode	VAL_MODE_IN_QUEUE	消息处理器收到消息后把消息请求放入正常的用户界面事件队列中
			VAL_MODE_INTERCEPT	在 CVI 消息处理器收到消息之前，面板得到消息就立刻执行。在这种模式下，CVI 不处理此消息，事件被发送给默认的 Windows 例程，该例程触发默认发生的事件操作
	void *	callbackData		与标准的用户接口回调机制相似，传递给消息回调函数的指针

项目	类 型	参数名称/返回值代码		描 述
输出 参数	Intptr_t	postingHandle		Windows 窗口句柄（HWND），需要发 布消息（Post）时，用于向 CVI 面板发 布消息
返回值	int	status	0	表示函数执行正常
			负值	表示函数执行失败

注：该函数应采用原型：int CVICALLBACK MyCallback（panelHandle, message, * wParam, * lParam, callbackData）;，其参数值可参见表 7-11。

表 7-11 MyCallback（panelHandle, message, * wParam, * lParam, callbackData）函数

项目	类 型	参数名称/返回值代码		描 述
输入 参数	int	panelHandle		指向安装 Windows 消息处理回调函数面 板的句柄
	int	message		消息常量标识符
	unsigned int	* wParam		指向指定的消息常量值（类型 WPARAM） 指针
	unsigned int	* lParam		指向指定的消息常量（类型 LPARAM） 值指针
	void *	callbackData		与标准的用户接口回调机制相似，传递 给消息回调函数的指针
返回值	int	status	0	表示函数执行正常
			负值	表示函数执行失败

当在程序中运行 InstallWinMsgCallback（）函数以后，就为 Windows 消息设置了相应的回调函数，此时，对应的回调函数必须按表 8-10 的参数格式进行设置。在本程序中该函数的定义如下：int CVICALLBACK WinMsgDelay（int panelHandle, int message, UINT * wParam, UINT * lParam, void * callbackData）。当面板接收到 Windows 消息后，就执行此函数，并根据所传递参数的（message）值进入相应的执行分支，如下述程序代码所示。

```
int CVICALLBACK WinMsgDelay( int panelHandle, int message, UINT * wParam, UINT * lParam, void *
callbackData)
{
char chMessage[256] = {0};
    int R,TreeIndex;
    if( message == WM_DELAY)
    {
    switch( * wParam)
```

```
            }
        case 1:
            GetCtrlIndex(panelFace,P_SELECT_TREE,&TreeIndex);
            DeleteImage(panelFace,P_SELECT_PICTURE);
            switch(TreeIndex)
                {
                case 0:
                    if(FileExists("2730. BMP",&R))DisplayImageFile(panelFace,P_SELECT_PICTURE,
"2730. BMP");
                ResetTextBox(panelFace,P_SELECT_INVOLOVED,"左手柄、右手柄、控制器、左扶手箱、右扶
手箱、传感器和开关、监控器、液压系统");
                ResetTextBox(panelFace,P_SELECT_TEXTBOX,"");
                    break;
                case 1:
            if(FileExists("U21. BMP",&R))DisplayImageFile(panelFace,P_SELECT_PICTURE,"U21. BMP");
            ResetTextBox(panelFace,P_SELECT_INVOLOVED,"左手柄、右手柄");
            ResetTextBox(panelFace,P_SELECT_TEXTBOX,"")
                    break;
                ......//其他的执行分支
                default:
                    break;
                }
                break;
        case 2:
            {
            switch(ENTRY)
                {
                case 1:
                    strcpy(chMessage,"U21C");
                    break;
                case 2:
                    strcpy(chMessage,"U22C");
                    break;
                ......//其他的执行分支
                default:
                    break;
                }
            GetNumTableRows(panelRepair,PANEL_REPA_TABLE_REPAIR,&R);
            DeleteTableRows(panelRepair,PANEL_REPA_TABLE_REPAIR,1,R);
            GetNumTableRows(panelRepair,PANEL_REPA_TABLE_PIC,&R);
            DeleteTableRows(panelRepair,PANEL_REPA_TABLE_PIC,1,R);
            RepairDisp(chMessage);
            PicDisp();
```

```
        break;
        }
        …//其他的执行分支代码
        }
    }
    return 0;
}
```

7.5.6.2 程序检测流程的控制

故障检测系统对被测单元进行故障检测时,按提示首先连接好相应信号电缆并进行硬件的调试检查后,在检测面板上点击相应按钮并按照提示操作,即可进行故障检测流程的自动执行。实现这一自动检测流程的原理是利用定时器(timer)及其回调函数,采用定时触发功能,进行检测步骤的自动顺次进行。检测流程的执行可以分为两种,第一种是检测仪根据需要确定是否发出激励信号并自动读入故障参数,与标准值进行比对确定正常或故障,不需要人工进行干预;第二种是检测仪自动读入故障参数,但需根据提示由检测人员判断读入参数状态,并输入确定信号,然后程序自动根据检测人员输入信息做出故障断送,并自动执行下一步诊断。以下对其实现方法进行基本介绍。

A 全自动故障检测功能实现

程序代码如下所示,该段代码中,TestCount 动态记录自动检测流程当前次数,其第一次开始检测时初始化为0,然后读入检测数值并进行范围检测随检测进程自动加1,至该参数值3时完成一个参数的完整检测,并将其重新初始化为0,此时检测对象数(TestStep)也加1,表明完成一个参数检测并开始下一个参数的检测。程序段关键代码后面都加有注释,描述了程序的执行过程。

```
void U24Test1(int TstCtrl,double LowerLimit,double UpperLimit)
{
//参数定义
double Val;
char Read[20] = {0} ,DispRead[20];
TestCount ++ ;
switch(TestCount)
{
  case 1: //第1次检测
    SetTableSelection(panelU24,PANEL_U24_TABLE,MakeRect(TestStep,1,1,4)); //在检测流程表中
定位到第4列即检测结论位置
    GetCtrlAttribute(panelU24,TstCtrl,ATTR_CTRL_VAL,&Val); //获取检测值
    sprintf(Read,"%.1f",Val); //将数值量转化为字符形式
    if((Val > LowerLimit)&&(Val < UpperLimit)) //判断测量的参数值是否正常
    {
        SetTableCellAttribute(panelU24,PANEL_U24_TABLE,MakePoint(3,TestStep),ATTR_CTRL_
VAL,Read);  //将参数值(字符化)写入表格检测结果单元
    //在结论单元写入诊断结论("正常")
```

```
        SetTableCellVal(panelU24,PANEL_U24_TABLE,MakePoint(4,TestStep),"正常");
            }
        else  //故障
            {
            SetTableCellAttribute(panelU24,PANEL_U24_TABLE,MakePoint(3,TestStep),ATTR_CTRL_
VAL,Read);  //将参数值(字符化)写入表格检测结果单元
            //在结论单元写入诊断结论("故障")
            SetTableCellVal(panelU24,PANEL_U24_TABLE,MakePoint(4,TestStep),"故障");
            }
        break;
        case 3://第三次检测
            TestCount=0;//检测次数清零,为下一个参数检测做好准备
            TestStep++;   //检测步数加1,表明要开始下一个参数检测
            break;
        default:
            break;
        }
    }
```

B 需检测人员辅助故障检测程序

程序代码如下所示。该段代码与自动检测程序代码的不同之处,在于需要检测人员根据读入参数显示的结果和给出的提示标准数值进行比较,做出正确的回答,程序根据检测人员输入的回答结果进行故障的判断与显示。

```
void U24Test3(char * Question,char * Res1,char * Res2)
    {
    SetTableSelection(panelU24,PANEL_U24_TABLE,MakeRect(TestStep,1,1,4));
    SetCtrlAttribute(panelU24,PANEL_U24_TIMER_TEST,ATTR_ENABLED,0);
    if(ConfirmPopup("回答",Question))
        {
        SetTableCellVal(panelU24,PANEL_U24_TABLE,MakePoint(3,TestStep),Res1);
        SetTableCellVal(panelU24,PANEL_U24_TABLE,MakePoint(4,TestStep),"正常");
        }
    else
        {
        SetTableCellVal(panelU24,PANEL_U24_TABLE,MakePoint(3,TestStep),Res2);
        SetTableCellVal(panelU24,PANEL_U24_TABLE,MakePoint(4,TestStep),"故障");
        }
    TestStep++;
    SetCtrlAttribute(panelU24,PANEL_U24_TIMER_TEST,ATTR_ENABLED,1);
    }
```

C 定时器回调函数

定时器回调函数代码如下所示(有删节)。该段代码根据 TestStep 参数值,按顺序顺

次完成各个参数的检测，包括全自动检测和人工辅助检测，该段代码完成了 13 个参数的检测。

```
int CVICALLBACK U24_TIMER_TEST_CALLBACK(int panel, int control, int event,
      void * callbackData, int eventData1, int eventData2)
{
   switch(event)
   {
   case EVENT_TIMER_TICK:
      switch(TestStep)
      {
      case 1:
         U24Test1(PANEL_U24_NUM_V, 24.0, 28.0);
         break;
      case 2:
         U24Test3("水温传感器输出是否正常?", "水温测量正常", "水温测量异常");
         break;
      case 3:
         U24Test3("液温传感器输出是否正常?", "液温测量正常", "液温测量异常");
         break;
      case 4:
         U24Test3("油位传感器输出是否正常?", "油位测量正常", "油位测量异常");
         break;
      ......//第5到第13个参数的检测。
      case 14:
         U24StopProcedure();
         break;
      default:
         break;
      }
      break;
   }
   return 0;
}
```

7.6 用户界面设计

程序主要界面分为 4 类，即入口界面、检测界面、记录界面和维修指导界面。

7.6.1 入口界面

入口界面由七个控件组成，三个文本控件中有一个用户可控控件，即左上角的标题为"选择测试项目"的树控件，另两个文本控件和图片控件随测试项目改变，如图 7-28 所示。

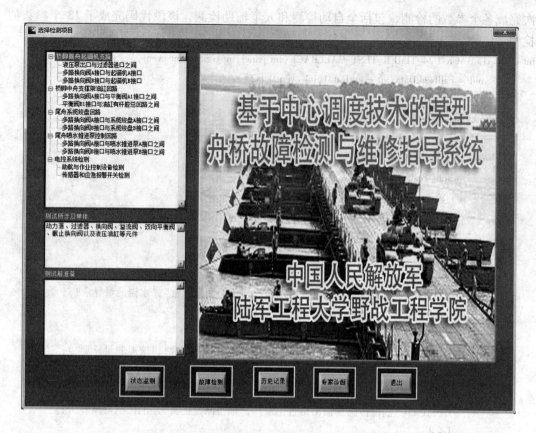

图 7-28　程序入口界面

按键区域的几个按键控件通过左键点击进入下一层。

7.6.2　检测界面

检测界面按统一格式设计，图 7-29 以 PLC 箱检测界面为例予以说明。检测界面分三个大区：图形显示区、流程和结果显示区和操作区。

图形显示区显示当前各信号状态。采用的显示方式统一规定如下：被测二态数字信号或状态信号用圆形指示灯显示，亮为逻辑"1"，灭为逻辑"0"；三态状态信号用圆形指示灯显示，用绿、红和黑三色显示；二态激励信号用方形指示灯显示，亮为逻辑"1"，灭为逻辑"0"；模拟信号输入输出采用数显控件完成；用文本框显示传输的 ASCII 字符。

流程和结果显示区采用表格的形式给出检测的每一步骤，并给出检测结果和结论。此格式便于存储和维修指导的处理。

操作区采用六个按键"检测开始"、"检测终止"、"故障诊断"、"记录保存"、"记录显示"和"返回"，有效事件均为单击左键。

7.6.3　记录界面

记录界面如图 7-30 所示。记录界面分三个大区：索引区、记录显示区和操作区。其

图形显示区　　　　　　　　　　　　　　流程和结果显示区

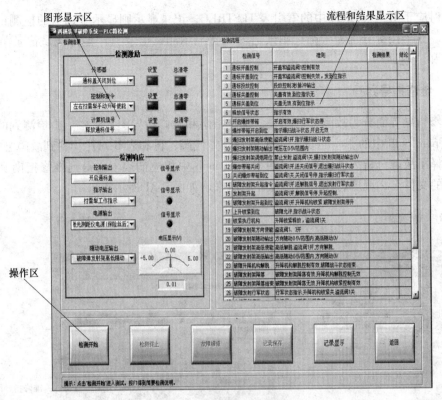

图 7-29　故障检测界面

索引区　　　　　　　　　　　　　　记录显示区

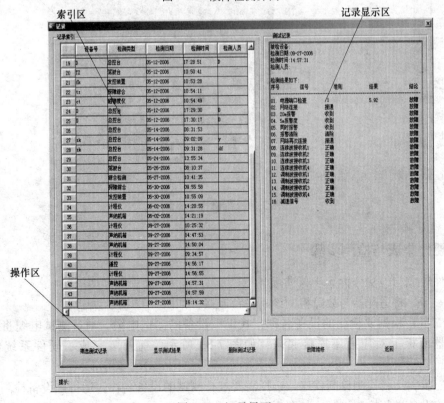

图 7-30　记录界面

中索引对应于 Record. mdb 中的索引表 TESTREC，记录显示则显示了选择的检测记录表中的内容。五个按键分别为"筛选测试记录"、"显示测试记录"、"删除测试记录"、"故障维修"和"返回"。

7.6.4 维修指导界面

维修指导界面分为故障分析列表、维修指南和维修指导图片三栏。由检测到的故障信号和 Repair. mdb 中的相应的表 A 对比得到故障代码，再和表 B 对比，得到故障分析列表。用户选择了故障分析表中的项，对照 Repair. mdb 中相应的表 C，得到维修指南和维修指导图片的文件名，程序将相应的图片显示出来，如图 7-31 所示。

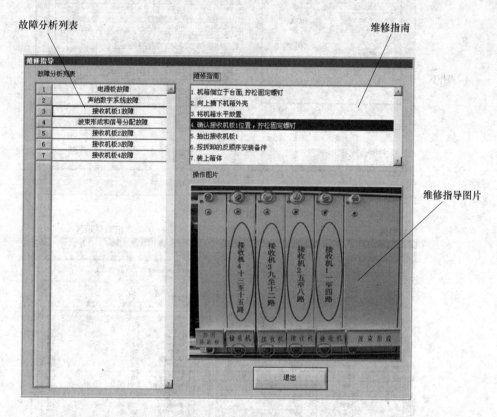

图 7-31 维修指导界面

7.7 硬件集成与检测步骤

硬件集成与检测分为 5 步骤进行。

第一步，将适配器与故障检测诊断平台连接，如图 7-32 所示。

第二步，根据要检测的设备名称，找出该设备的测试电缆，通过测试电缆将该设备与适配器面板上对应插座连接起来，如图 7-33 所示。前两步完成了硬件系统的集成步骤。

第三步，运行检测诊断程序，选择需要进行测试的设备名称，运行该设备检测诊断程序，对该设备进行检测诊断，如图 7-34 所示。

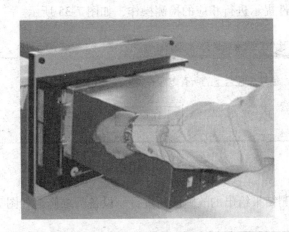

图 7-32 连接适配器

图 7-33 连接电缆

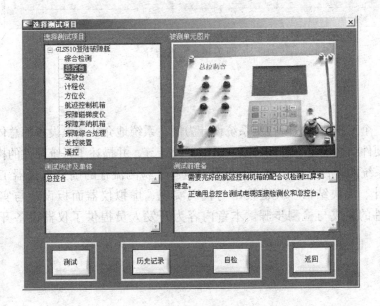

图 7-34 选择被测设备

第四步，根据软件提示进行相应的检测操作，如图 7-35 所示。

图 7-35　操作提示

第五步，依据检测结果给出的故障诊断进行该设备的维修，如图 7-36 所示。

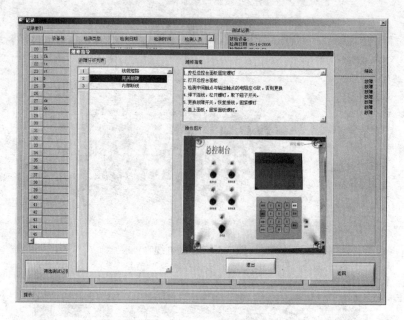

图 7-36　维修指导

小　结

本章以一个工程装备故障检测系统设计为例，系统地介绍了该设备的总体设计，包括需求分析、硬件结构确定、总线选型、适配器设计等，并描述了系统硬件的构建与集成以及介绍了该系统的软件开发要求及开发平台选择，检测流程的确定与仪器工作原理和软件的功能设计、模块结构、关键技术与代码实现、虚拟仪器面板设计与实现。最后介绍了系统硬件的集成与检测步骤。本章内容为开发人员提供了仪器设备开发与集成的有益参考。

 ## 习　题

7-1　简述 LabWindows/CVI 虚拟仪器开发平台的特点。

7-2　简述利用数据库和 LabWindows/CVI 开发维修指导系统的步骤，并设计一个简单的电子设备维修指导系统。

7-3　试概括工程装备故障检测系统的硬件系统设计与集成的基本步骤以及在信号连接与调理过程中的注意事项。

7-4　试介绍工程装备故障检测系统软件程序的开发步骤，并大致画出故障检测的软件逻辑流程图。

参 考 文 献

［1］ 王建新，隋美丽．LabWindows/CVI 虚拟仪器测试技术及工程应用［M］．北京：化学工业出版社，2016．

［2］ 任家富，庹先国，陶永莉．数据采集与总线技术［M］．北京：北京航空与航天大学出版社，2008．

［3］ 刘君化，申忠如，郭福田．现代测试技术与系统集成［M］．北京：电子工业出版社，2004．

［4］ 赵会兵．虚拟仪器技术规范与系统集成［M］．北京：清华大学出版社，北京交通大学出版社，2003．

［5］ 董景新，刘桂雄，邓焱．机电系统集成技术［M］．北京：机械工业出版社，2009．

［6］ 秦红磊，路辉，郎荣玲．自动测试系统：硬件及软件技术［M］．北京：高等教育出版社，2007．

［7］ 丁天怀，李庆祥．测量控制与仪器仪表现代系统集成技术［M］．北京：清华大学出版社，2005．

［8］ 阎芳，郭奕崇，刘军．虚拟仪器与数据采集［M］．北京：机械工业出版社，2014．

［9］ 杨小强，李焕良，李华兵．机械参数虚拟测试实验教程［M］．北京：冶金工业出版社，2016．

［10］ 杨小强，韩金华，李华兵，等．军用机电装备电液系统故障监测与诊断平台设计［J］．工兵装备研究，2017，36（1）：61-65．

［11］ 韩金华，杨小强，张帅，等．基于虚拟仪器技术的布雷车电控系统故障检测仪［J］．工兵装备研究，2017，36（2）：55-59．

［12］ 杨小强，张帅，李沛，等．新型履带式综合扫雷车电控系统故障检测仪［J］．工兵装备研究，2017，36（2）：60-64．

［13］ 孙琰，李沛，杨小强．机电控制电路在线故障检测系统研制［J］．机械与电子，2015（10）：34-37．

［14］ Yong Zhao, Xiaoqiang Yang. Fault Diagnosis of New Mine Sweeping Plough's Electircal Control System Based on Data Fusion［C］. Applied Mechanics and Materials, Vols. 713-715（2015）pp 539-543.

［15］ Ren Yanxi, Yang Xiaoqiang. Fault Diagnosis System of Engineering Equipment's Electrical System Using Dedicated Interface Adapter Unit［C］. Key Engineering Materials Vol. 567（2013）pp155-160.

［16］ Xiong Yun, Yang Xiaoqiang. Fault Test Device of Electrical System Based on Embedded Equipment［J］. Journal of Theoretical and Applied Information Technology. Vol. 45, No. 1（2015）pp 58-62.

［17］ Guohou Cao, Xiaoqiang Yang. Intelligent Monitoring Systgem of Special Vehicle Based on the Internet of Things［C］. Proceedings of Internatonal Conference on Computer Science and Information Technology, Advances in Intelligent and Computing 255, Springer 2013, pp 309-316.

［18］ Han Jinhua, Yang Xiaoqiang. Error Correction of Measured Unstructured Road Profiles Based on Accelerometer and Gyroscope Data［J］. Mathematical Problems in Engineering, 2017.